AF576500

Martina Lorenz | Joachim Lorenz

Handbuch Straßenbau
Grundlagen für Ausbildung und Praxis

Martina Lorenz | Joachim Lorenz

Handbuch Straßenbau
Grundlagen für Ausbildung und Praxis

Fraunhofer IRB Verlag

Bibliografische Information der Deutschen Bibliothek
Die Deutsche Bibliothek verzeichnet diese Publikation in der Deutschen Nationalbibliografie; detaillierte bibliografische Daten sind im Internet über <http.//dnb.ddb.de> abrufbar.

ISBN: 978-3-8167-7083-1

Herstellung und Layout: Dietmar Zimmermann
Satz: Nils Hoffmann, Mögglingen
Umschlaggestaltung: Martin Kjer
Druck: Druck: BoD – Books on Demand, Norderstedt

Alle Rechte vorbehalten
Dieses Werk ist einschließlich aller seiner Teile urheberrechtlich geschützt. Jede Verwertung, die über die engen Grenzen des Urheberrechtsgesetzes hinausgeht, ist ohne schriftliche Zustimmung des Fraunhofer IRB Verlages unzulässig und strafbar. Dies gilt insbesondere für Vervielfältigungen, Übersetzungen, Mikroverfilmungen sowie die Speicherung in elektronischen Systemen.
Die Wiedergabe von Warenbezeichnungen und Handelsnamen in diesem Buch berechtigt nicht zu der Annahme, dass solche Bezeichnungen im Sinne der Warenzeichen- und Markenschutz-Gesetzgebung als frei zu betrachten wären und deshalb von jedermann benutzt werden dürften.
Sollte in diesem Werk direkt oder indirekt auf Gesetze, Vorschriften oder Richtlinien (z.B. DIN, VDI, VDE) Bezug genommen oder aus ihnen zitiert werden, kann der Verlag keine Gewähr für Richtigkeit, Vollständigkeit oder Aktualität übernehmen. Es empfiehlt sich, gegebenenfalls für die eigenen Arbeiten die vollständigen Vorschriften oder Richtlinien in der jeweils gültigen Fassung hinzuzuziehen.

© by Fraunhofer IRB Verlag, 2006
Fraunhofer-Informationszentrum Raum und Bau IRB
Postfach 80 04 69, D-70504 Stuttgart,
Telefon (0711) 970-2500, Telefax (0711) 970-2599
E-Mail: irb@irb.fraunhofer.de
http://www.baufachinformation.de

Vorwort

Ein intaktes Straßensystem ist für ein funktionierendes Wirtschaftssystem unerlässlich. Und jeder Beteiligte, ob Bauzeichner, Schreibkraft, Ingenieur oder Handwerker im Ingenieurbüro, in der Verwaltung oder in der Baufirma kann zu Recht stolz darauf sein, etwas dazu beizutragen, dass dieses System auch tatsächlich funktioniert.

Es gibt zahlreiche hervorragende Literatur, die uns bei dieser Arbeit unterstützt und die einzelnen Themenschwerpunkte ausführlich beschreibt. Das vorliegende Buch ist als eine Art »Zusammenfassung« zu verstehen. Es spannt einen Bogen über das gesamte Thema »Straßenbau«, beginnend bei den ersten Verkehrsuntersuchungen für eine neue Strecke über die Planung, den Bau bis hin zur späteren Unterhaltung. Denn neben dem Anwenden von Spezialwissen ist im Berufsalltag auch der »Blick über den Tellerrand« wichtig. Zumindest erleichtert es die Kommunikation und die Zusammenarbeit aller Beteiligten, wenn Grundkenntnisse über die Arbeit des Anderen vorhanden sind.

Die Planung und der Bau von Straßen sind eine verantwortungsvolle Aufgabe. Dabei geht es nicht allein darum, den motorisierten Verkehr in den Mittelpunkt zu stellen. Jeder Verkehrsteilnehmer, egal ob Lkw-Fahrer, Radfahrer oder Fußgänger, verdient die gleiche Aufmerksamkeit.

Große und auch kleine Straßenbaumaßnahmen greifen regelmäßig in bestehende Strukturen ein. Unsere Aufgabe ist es, Kompromisse zu finden und wirtschaftliche Lösungen aufzuzeigen, mit denen alle Beteiligten zufrieden sind. Ein achtsamer Umgang mit der Natur sollte ebenso selbstverständlich sein wie ein fairer und höflicher Umgang mit den betroffenen Bürgern. Für den Anlieger ist eine neue Straße vor der Haustür eben mehr als ein paar Quadratmeter Asphalt. Daneben gilt es, die Bedürfnisse der schwächsten Verkehrsteilnehmer besonders zu beachten und zu schützen.

Das Buch gibt Studierenden und Praktikern einen kompakten und praxisnahen Einblick in den Straßenbau.

Die erste Auflage dieses Buch kann nicht alle Punkte vollständig und erschöpfend erfassen. Deshalb freuen wir uns über Anregungen und Hinweise.

Wildeshausen, im April 2006

Martina und Joachim Lorenz
Burgstraße 28
27793 Wildeshausen
Tel. 04431709847
Fax 04431709848
info@lorenz-plan-concept.de
www.lorenz-plan-concept.de

Inhalt

1 Grundlagen

1.1 Straßenbaugeschichte

Die Bedeutung der Straße für den Menschen ist so alt wie die Menschheit selbst. Zunächst folgten die Nomaden auf ihrer Jagd den Pfaden des Wildes. Mit dem Sesshaft-Werden und dem Beginn des Handels wurden die Wegenetze immer wichtiger.

Bereits vor etwa 4000 Jahren haben die Babylonier, Ägypter und Perser Straßen angelegt. Die Römer haben im Altertum besondere Leistungen im Straßenbau hervorgebracht. Neben dem Handel standen hierbei militärische Belange im Vordergrund. Die erste künstlich hergestellte Straße in Europa ist die Via Appia von Rom nach Brindisi, die im Jahre 313 v. Chr. errichtet worden ist. Das mit Steinen befestigte Straßennetz hatte eine Gesamtlänge von mehr als 80 000 Kilometern. Als billige Arbeitskräfte wurden dabei Häftlinge und Sklaven eingesetzt.

Einige dieser alten Straßenzüge sind heute noch in Deutschland vorhanden. Bei der Planung der damaligen Straßen sind schon Überlegungen über die geografische Lage und die Auswirkungen auf den Menschen eingeflossen. So beschreibt der römische Baumeister Marcus Vitruvius Pollio, genannt Vitruv, (~ 80–10 v. Chr.), in seinem Werk *»Zehn Bücher über Architektur«*:

> *»Gesunde Anlage des Straßennetzes der Städte mit besonderer Berücksichtigung der Windströmungen*
>
> *Hat man eine Stadt mit dem nötigen Festungsgürtel umgeben, so sei das nächste Augenmerk auf die ordnungsgemäße Einteilung der Straßen sowie Seitengässchen im Stadtplane mit Berücksichtigung der vorteilhaften Himmelsgegenden gerichtet. Ihre Anlage wird aber zweckentsprechend sich bewähren, wenn man mit Vorbedacht den heftigen Windzug von den Nebengässchen abgewendet hat, da nach Erfahrung der kalte die Gesundheit angreift, der zu heiße die Menschen erschlafft, während der zu feuchte schadenbringende körperliche Leiden verursacht...«.* [1]

Das Straßennetz zerfiel mit dem Untergang des Römischen Reiches und der gesamte Straßenbau geriet bis in das späte Mittelalter in Vergessenheit. Mit der Einführung von Straßenzöllen konnten die Verwaltungen der einzelnen Länder wieder Geld für den Straßenbau zur Verfügung stellen. Bedeutende Neuentwicklungen im Straßenbau kamen im 18. Jahrhundert. Dabei haben sich besonders die französischen Ingenieure hervorgetan. So war es Pierre-Marie-Jérôme Trésaguet (1726–1796), der die ersten Straßen plante und baute, die höheren Anforderungen entsprachen. Außerdem lehrte er, dass zwei Bedingungen für dauerhafte Straßen unerlässlich sind: ein ausreichend tragfähiger Unterbau und eine wasserdichte Deckschicht. Die Straßen von Trésaguet bestanden aus einer Packlage aus schweren Steinen, die in den unbefestigten Untergrund gesetzt wurden. Diese Form der Befestigung ist heute noch unter vielen Straßen zu finden.

Die Erfolge der Franzosen spornten auch andere europäische Ingenieure zu intensiven Forschungen an. Hier ist der Schotte John MacAdam (1757–1836) zu nennen, der eine Möglichkeit zur Reduzierung der Baukosten fand, ohne die Gebrauchstauglichkeit der Straßen herab zu setzen. Dabei wurden die einzelnen Schichten aus unterschiedlichen großen Gesteinen hergestellt. Die untere Schicht bestand aus grobem Material, die nachfolgende Schicht aus mittel grobem Material und zuletzt eine Schicht aus feinerem Gestein. Unter der Verkehrsbelastung verkeilten sich die einzelnen Schichten miteinander und bildeten ein tragfähiges Gefüge.[2]

Der gegen Ende des 18. Jahrhunderts vermehrt einsetzende Verkehr erforderte eine Verbesserung der vorhandenen Straßen und ließ die Straßenbautechnik wieder aufleben. Die Erfindung des Autos gegen Ende des 19. Jahrhunderts und die damit neu gewonnene Mobilität machten einen Ausbau des vorhandenen Straßennetzes und die Entwicklung neuer Technologien notwendig.

An der Bedeutung der Straße für den Menschen hat sich auch in der heutigen Zeit nichts verändert. Die Straße ist immer noch das wichtigste Element für unsere Verkehrs- und Transportsysteme. In Deutschland werden 89 % des Personenverkehrs und 64 % des Güterverkehrs über die Straße abgewickelt.[3]

Die Verkehrspolitik in Deutschland ist eng mit einem Namen verbunden: Georg Leber. Als Bundesverkehrsminister und späterer Verteidigungsminister unter Kanzler Georg Kiesinger im Rahmen der großen Koalition zwischen CDU und SPD (1966–1969) arbeitete er ein verkehrspolitisches Programm aus, das unter dem »Leber-Plan« bekannt ist. Dabei sollte sowohl die Bahn gestärkt als auch die Mobilität jedes Einzelnen vergrößert werden. Die Entfernung zum »persönlichen« Autobahnanschluss sollte höchstens 10 km betragen. Dieses Ziel ist heute beinahe erreicht.

Bei der heutigen Straßenplanung spielen nicht mehr nur wirtschaftliche Aspekte eine Rolle, vielmehr sind auch die Belange der Umwelt und des Naturschutzes zu berücksichtigen. Zum Ausgleich der dadurch entstehenden Konflikte ist ein fachübergreifendes Wissen erforderlich, um die Eingriffe, die der Aus- und Neubau von Straßen mit sich bringt, zu minimieren. So sind neben den planerischen Fähigkeiten auch Kenntnisse im Bereich der Landschaftspflege, des Lärmschutzes, des Immissionsschutzes, des Naturschutzes sowie des Baurechtes notwendig.

1.2 Grundsätze der Raumordnung und der Landesplanung

Bei der Planung für ein Straßenbauvorhaben sind die Ziele der Raumordnung und der Landesplanung zu berücksichtigen. Dabei ist es unerheblich, ob sich der Planungsträger für einen Bebauungsplan oder ein Planfeststellungsverfahren entscheidet. Bei einem Planfeststellungsverfahren sind entsprechende Regelungen in den Straßen- und Wegegesetzen der Länder enthalten. Für einen Bebauungsplan ist das Baugesetzbuch maßgebend. Dabei sind die Bauleitpläne den Zielen der Raumordnung und Landesplanung anzupassen.

Im Gegensatz zur Bauleitplanung sind Raumordnung und Landesplanung überörtliche Planungen, die sich nicht auf die Planungen der Grundstücksnutzung beschränken, sondern auch den Raum erfassen, wie die Wirtschaft, den Verkehr und die Umwelt.

Es ist zwischen den folgenden Planungsstufen zu unterscheiden:

1. Bundesraumordnung
2. Landesplanung
3. Regionalplanung
4. Ortsplanung.

Die Raumordnung umfasst das gesamt Gebiet der Bundesrepublik Deutschland. Die Landesplanung erstreckt sich auf die Ebenen der einzelnen Bundesländer.

Die Aufgabe und die Ziele der Raumordnung sind in § 1 des Raumordnungsgesetztes wie folgt beschrieben:

(1) Der Gesamtraum der Bundesrepublik Deutschland und seine Teilräume sind durch zusammenfassende, übergeordnete Raumordnungspläne und durch Abstimmung raumbedeutsamer Planungen und Maßnahmen zu entwickeln, zu ordnen und zu sichern. Dabei sind

1. unterschiedliche Anforderungen an den Raum aufeinander abzustimmen und auf der jeweiligen Planungsebene auftretende Konflikte auszugleichen,
2. Vorsorge für einzelne Raumfunktionen und Raumnutzungen zu treffen.

(2) Leitvorstellungen bei der Erfüllung der Aufgabe nach Absatz 1 ist eine nachhaltige Raumentwicklung, die die sozialen und wirtschaftlichen Ansprüche an den Raum mit seinen ökologischen Funktionen in Einklang bringt und zu einer dauerhaften, großräumig ausgewogenen Ordnung führt. Dabei sind

1. die freie Entfaltung der Persönlichkeit in der Gemeinschaft und in der Verantwortung gegenüber künftigen Generationen zu gewährleisten,
2. die natürlichen Lebensgrundlagen zu schützen und zu entwickeln,

3. *die Standortvoraussetzungen für wirtschaftliche Entwicklungen zu schaffen,*
4. *Gestaltungsmöglichkeiten der Raumnutzung langfristig offen zu halten,*
5. *die prägende Vielfalt der Teilräume zu stärken,*
6. *gleichwertige Lebensverhältnisse in allen Teilräumen herzustellen,*
7. *die räumlichen und strukturellen Ungleichgewichte zwischen den bis zur Herstellung der Einheit Deutschlands getrennten Gebieten auszugleichen,*
8. *die räumlichen Voraussetzungen für den Zusammenhalt in der Europäischen Gemeinschaft und im größeren europäischen Raum zu schaffen.*

(3) Die Entwicklung, Ordnung und Sicherung der Teilräume soll sich in die Gegebenheiten und Erfordernisse des Gesamtraumes einfügen; die Entwicklung, Ordnung und Sicherung des Gesamtraumes soll die Gegebenheiten und die Erfordernisse seiner Teilräume berücksichtigen (Gegenstromprinzip).[4]

Für den Verkehr sind aus dem Raumordnungsgesetz Zielaussagen zur Mobilität und zur Entwicklung aber auch zum Umweltschutz zu entnehmen.

In den Funktionen von Verbinden, Erschließen und Entwickeln muss der Verkehr folgende Zielgedanken berücksichtigen:

- In allen Teilräumen sind die Lebensbedingungen für den Menschen gleichwertig
- Die freie Entfaltung der Persönlichkeit in der Gemeinschaft

Durch die ständige Entwicklung des Verkehrs und die damit verbundene Inanspruchnahme und Zerschneidung von Flächen, den Eingriff in das Landschaftsbild und den Naturhaushalt entwickelt sich der Verkehr in zunehmendem Maße zu einer erheblichen Beeinträchtigung des täglichen Lebens. Aus diesem Grund sind bei der Verkehrsplanung auch andere Ziele der Raumordnung zu berücksichtigen, nach denen die Raumstruktur so zu entwickeln ist, dass sie

- den Schutz, die Pflege und die Entwicklung der natürlichen Lebensgrundlagen sichert und
- die Gestaltungsmöglichkeiten der Raumnutzung langfristig offen hält.

1.3 Verkehrsplanung

Die Notwendigkeit für die Verlegung oder den Neubau einer Straße wird bestimmt durch das Verkehrskonzept für einen abgegrenzten Planungsraum. In diesem Konzept sind Angaben darüber enthalten, wie das Straßennetz, auch in Verbindung mit anderen Verkehrsträgern, geplant ist und wie sich die Verkehrsströme verlagern. Als Bestandteil des Verkehrswegeplanes gibt es für die Bundesrepublik Deutschland den Bedarfsplan für die Bundesfernstraßen. Gleichzeitig stellen die Bundesländer Gesamtverkehrspläne und Ausbaupläne für die Landesstraßen auf.

Für die Landkreise, Städte und Gemeinden gibt es Verkehrsentwicklungspläne, in denen Angaben zum vorhandenen und geplanten Straßennetz enthalten sind.[3]

1.4 Ziele und Grundsätze

Die Straßengesetze der Länder und auch das Bundesfernstraßengesetz sehen den Straßenbau als eine Verpflichtung, um die Sicherheit und die Leistungsfähigkeit des Verkehrs sicher zu stellen. Es wird dabei zwischen den folgenden Begriffen unterschieden:

- Neubau
  Eine neue Straße wird in das vorhandene Netz integriert.
- Verlegung
  Eine bereits vorhandene Straße wird durch eine neue Verbindung ersetzt und abgestuft oder auch eingezogen. Als Beispiel ist hier der Bau einer Ortsumgehung zu nennen.
- Ausbau
  Bei einem Ausbau wird eine vorhandene Straße verändert. Diese Veränderung kann sich auf den Querschnitt, die Linienführung oder auch auf die Anbindung mit dem restlichen Straßennetz beziehen. Nach dem Umfang des Ausbaus wird er unterschieden in:
  - Vollausbau
    Ein Vollausbau ist der fertige Ausbau einer Straße. Dabei entspricht er den jeweiligen Normen und Vorschriften.
  - Teilausbau
    Ein Teilausbau oder auch stufenweiser Ausbau entspricht einem Vollausbau. Einzelne Teile werden jedoch erst zu einem späteren Zeitpunkt fertig gestellt. In der Praxis wird ein Teilausbau nur für zweibahnige Straßen ausgeführt. Bei der Planung ist darauf zu achten, dass der endgültige Zustand ohne großen Aufwand durchgeführt werden kann.
  - Zwischenausbau
    Bei einem Zwischenausbau handelt es sich um einen Ausbau in vereinfachter Form. Als Beispiel ist hier die geringfügige Verbreiterung einer vierstreifigen Autobahn zu nennen. Dabei wird neben dem vorhandenen Standstreifen ein zusätzlicher Streifen angelegt. Mit einer veränderten Markierung auf sechs Fahrstreifen plus Standstreifen kann vorübergehend ein erhöhtes Verkehrsaufkommen aufgenommen werden. Da die einzelnen Fahrstreifen nicht die reguläre Breite haben, ist eine Geschwindigkeitsbeschränkung vorzusehen. Der endgültige Ausbau erfolgt dann zu einem späteren Zeitpunkt.

- Erneuerung/Instandsetzung
  Die Erneuerung und Instandsetzung ist auf bautechnische Maßnahmen beschränkt. Die Linienführung und auch der Querschnitt werden nicht verändert.

Ist der Bau einer neuen Straße vorgesehen, verläuft der Planungsprozess in mehreren Schritten. Die einzelnen Stufen sind den Leistungsphasen der »*Honorarordnung für Architekten und Ingenieure (HOAI)*« zugeordnet. Für kleinere Baumaßnahmen können Voruntersuchungen oder auch ein Planfeststellungsverfahren gegebenenfalls entfallen.

Die Planung von Gemeindestraßen erfolgt in der Regel im Rahmen der Bauleitplanung. Auf der Grundlage von Verkehrsentwicklungsplänen werden Flächennutzungspläne aufgestellt, die den Neubau von Straßen mit enthalten.

Der Neubau von Erschließungsstraßen in Neubaugebieten ist im Normalfall im jeweiligen Bebauungsplan geregelt. Ein Planfeststellungsverfahren ist nicht erforderlich.

Für alle Stufen der Planung ist die Prüfung der Umweltverträglichkeit ein wichtiger Bestandtei.[3]

Die Ziele und Grundsätze für die Anlage von innerstädtischen Hauptverkehrsstraßen sind in den »*Empfehlungen für die Anlage von Hauptverkehrsstraßen*« (EAHV) wie folgt definiert:

Planung und Entwurf von Hauptverkehrsstraßen müssen sich an den neuen Zielsetzungen orientieren, die sich aus dem allgemeinen Wertewandel in der Stadtverkehrsplanung ergeben. Aus Gründen der Verkehrssicherheit, der Umweltqualität, der Chancengleichheit aller Verkehrsteilnehmer und der Bewohnbarkeit der Städte und Gemeinden muss eine in der Vergangenheit häufig zu beobachtende Priorisierung des motorisierten Individualverkehrs durch eine ausgewogene Berücksichtigung aller Nutzungsansprüche an den Straßenraum ersetzt werden. Dabei wird vielfach, vor allem in Innenstädten, notwendig sein, die Menge oder zumindest die Ansprüche des motorisierten Individualverkehrs an Geschwindigkeit und Komfort zu reduzieren und den Fußgänger- und Radverkehr sowie den öffentlichen Personennahverkehr konsequent zu fördern. Dadurch lassen sich viele problematische Situationen an vorhandenen Hauptverkehrsstraßen verbessern und an geplanten Hauptverkehrsstraßen von vornherein vermeiden.
Das Hauptziel bei Planung und Entwurf von Hauptverkehrsstraßen ist die Verträglichkeit der Nutzungsansprüche untereinander und mit den Umfeldnutzungen, die auch die Verbesserung der Verkehrssicherheit einschließt. Diese Verträglichkeit muss in der Regel auf vorgegebenen Flächen unter Wahrung der städtebaulichen Zusammenhänge und unter Berücksichtigung gestalterischer und ökologischer Belange angestrebt werden.

Die Verträglichkeit des Kraftverkehrs ist in bebauten Gebieten, vor allem unter Berücksichtigung der künftigen Verkehrsentwicklung, mit Planungs- und Entwurfsmaßnahmen allein meist nicht zu gewährleisten. Es kann daher auch notwendig werden, stadtverträgliche Grenzen für Nutzungsansprüche (z. B. die Stärke des Kraftfahrzeugverkehrs) festzulegen und sie durch ordnungspolitische Maßnahmen zu stützen. Diese können in der Regel nur im Rahmen gesamtgemeindlicher Planungen festgelegt werden. [5]

1.5 Ablauf der Planung

1.5.1 Planungsphasen

Vorplanung (Linienentwurf)

↓

Raumordnungsverfahren*

↓

Linienbestimmung*

↓

Genehmigungsentwurf (Vorentwurf)

↓

Prüfung und Genehmigung des Entwurfes

↓

Entwurf für Planfeststellung

↓

Durchführung des Planfeststellungsverfahrens

↓

Ausführungsplanung

* wenn erforderlich

1.5.2 Voruntersuchung

Eine Voruntersuchung wird durchgeführt, wenn eine neue Straße erforderlich ist und die politischen Gremien zugestimmt haben. Bei dieser Vorstudie oder Vorplanung wird zunächst der Planungsraum definiert. Alle für die Planung wichtigen Daten werden zusammengetragen und ausgewertet. Hierzu gehören:

- vorhandene und geplante Wohn- und Gewerbegebiete
- vorhandene und geplante Straßen
- Bestand und Eingriff in den Naturhaushalt.

Im Rahmen der Voruntersuchung werden verschiedene Varianten erarbeitet und die Vor- und Nachteile der einzelnen Varianten dargelegt. Dabei ist auch die Null-Variante (keine neue Straße) zu berücksichtigen. Folgende Kriterien haben beim Vergleich der unterschiedlichen Linien eine besondere Bedeutung:

- Auswirkungen auf den Menschen und den Naturhaushalt
- Folgen für das vorhandene Straßennetz
- Bau- und Unterhaltungskosten.

Bei der Bewertung der jeweiligen Varianten darf nicht nur der Status quo (Ist-Zustand) zum Maßstab genommen werden. Die zukünftigen Entwicklungen des Planungsraumes und die Auswirkungen einer neuen Straße darauf müssen stets in die Überlegungen einbezogen werden. Nur mit einer sorgfältigen und sensiblen Planung können Fehlentscheidungen vermieden oder reduziert werden. Bereits in diesem frühen Stadium kann der Weg für den späteren Bau einer Straße vereinfacht oder auch erheblich erschwert werden. Ein höflicher und respektvoller Umgang mit allen Betroffenen sollte im Rahmen der gesamten Planungs- und Bauphase selbstverständlich sein. Jeder mit der Planung Betraute muss sich immer vor Augen halten, dass es nicht bei schön gestalteten Plänen bleibt. Irgendwann werden die Pläne in die Realität umgesetzt. Die Eingriffe und Auswirkungen (z. B. Grunderwerb) können existentielle Sorgen auslösen. Daher ist es unerlässlich, durch Gespräche Fragen zu beantworten und Ängste zu beseitigen.[3]

1.5.3 Vorentwurf

Auf der Grundlage der bisherigen Erkenntnisse wird der Vorentwurf aufgestellt. Die wichtigsten Eigenschaften der Straße werden festgelegt. Der Vorentwurf bildet die Basis für das Planfeststellungsverfahren und die Bereitstellung der Finanzmittel. Für Bundesfernstraßen ist der Vorentwurf dem Bundesverkehrsministerium zur Genehmigung vorzulegen. Die Aufstellung der Planunterlagen erfolgt nach den »Richtlinien für die Gestaltung von einheitlichen Entwurfsunterlagen im Straßenbau (RE 1985)«.

1.5.4 Planfeststellungsverfahren

Allgemeines

Für den Bau von Hoch- und Tiefbaumaßnahmen ist in der Regel eine behördliche Genehmigung erforderlich. Diese wird bei Gebäuden und sonstigen baulichen Anlagen privater Bauherrn durch einen Bauantrag auf der Grundlage der jeweiligen Landesbauordnung eingeholt.

Beim Bau und bei der wesentlichen Änderung von Baumaßnahmen der öffentlichen Hand ist im Allgemeinen vor Baubeginn ein Planfeststellungsverfahren nach den »Planfeststellungsrichtlinien (PlafeR)« durchzuführen.

Unterlagen	Bemerkungen
Erläuterungsbericht	
Übersichtskarte	i. M. 1:25 000 bis 1:100 000
Übersichtslageplan	i. M. 1:5000 bis 1:25 000
Übersichtshöhenplan	Längenmaßstab wie im Übersichtsplan, Höhenmaßstab 10fach überhöht
Straßenquerschnitt	i. M. 1:50
Kostenberechnung	
Lageplan	i. M. 1:250, 1:1000 oder 1:5000
Höhenplan	Längenmaßstab wie im Übersichtsplan, Höhenmaßstab 10fach überhöht
Bodenuntersuchungen	
Bauwerksverzeichnis	Für Brücken und andere Ingenieurbauwerke
Bauwerksskizze	Vereinfachte Darstellung des Bauwerks
Bauwerksplan	Enthält alle wichtigen Angaben über Maße zum Bauwerk und wichtige Details
Ergebnisse der schalltechnischen Untersuchung	
Lageplan der Lärmschutzmaßnahmen	Nur erforderlich, wenn im Lageplan nicht enthalten
Höhenplan der Lärmschutzanlagen	Nur erforderlich, wenn im Höhenplan nicht enthalten
Landschaftspflegerischer Bestands- und Konfliktplan	
Lageplan der landschaftspflegerischen Maßnahmen	
Ergebnisse der wassertechnischen Untersuchung	
Lageplan der Entwässerungseinrichtungen	Nur erforderlich, wenn im Lageplan nicht enthalten
Höhenplan der Entwässerungseinrichtungen	Nur erforderlich, wenn im Höhenplan nicht enthalten
Grunderwerbsplan	
Knotenpunkte	
Querprofile	
Tank- und Rastanlagen	
Nebenanlagen, Nebenbetriebe	

Tab. 1: Vorentwurfsunterlagen

Der § 17 des FStrG besagt:

> (1) *Bundesfernstraßen dürfen nur gebaut oder geändert werden, wenn der Plan vorher festgestellt ist. Bei der Planfeststellung sind die von dem Vorhaben berührten öffentlichen und privaten Belange einschließlich der Umweltverträglichkeit im Rahmen der Abwägung zu berücksichtigen.* [9]

Zweck der Planfeststellung

Bauvorhaben greifen in vorhandene, tatsächliche Verhältnisse ein und berühren bestehende Rechtsverhältnisse. In der Planfeststellung werden alle durch das Vorhaben berührten öffentlich-rechtlichen Beziehungen zwischen dem Straßenbaulastträger und anderen Behörden und sonstigen Betroffenen rechtsgestaltend geregelt. In der Planfeststellung wird darüber entschieden:

- welche Grundstücke oder Grundstücksteile für das Vorhaben benötigt werden oder auf Verlangen übernommen werden müssen
- wie die öffentlich-rechtlichen Beziehungen im Zusammenhang mit dem Bauvorhaben gestaltet werden
- welche Folgemaßnahmen an anderen Anlagen notwendig werden
- wie die Kosten bei Kreuzungsanlagen zu verteilen sind und die Unterhaltungskosten abgegrenzt werden
- ob und welche Lärmschutzmaßnahmen erforderlich sind
- welche Ausgleichs- und Ersatzmaßnahmen im Sinne des Bundesnaturschutzgesetzes und der entsprechenden Regelungen der Länder zum Schutz von Natur und Landschaft erforderlich sind
- ob Vorkehrungen oder die Errichtung und Unterhaltung von Anlagen zum Wohl der Allgemeinheit oder zur Vermeidung nachteiliger Wirkungen auf Rechte anderer erforderlich sind und welche dies sind
- ob eine Entschädigung in Geld anzuerkennen ist, wenn solche Vorkehrungen oder Anlagen mit dem Bauvorhaben unvereinbar sind.

Erforderlichkeit der Planfeststellung

Bundesfernstraßen und deren Nebenanlagen dürfen nur gebaut oder geändert werden, wenn der Plan vorher festgestellt ist. Das gilt ebenso für Nebenbetriebe an Bundesautobahnen.

Wenn ein anderes Bauvorhaben, z. B. der Bau einer Eisenbahnstrecke oder einer Wasserstraße, zur Folge hat, dass eine Bundesfernstraße geändert werden muss, wird über die Folgemaßnahmen an der Bundesfernstraße in dem gesetzlich vorgeschriebenen Zulassungsverfahren für das andere Bauvorhaben entschieden. Eine Planfeststellung nach dem Bundesfernstraßengesetz wegen der Änderung der Bundesfernstraße ist nicht nötig.

Die Unterhaltung oder Instandsetzung einer Bundesfernstraße ist keine Änderung.

Planfeststellung beim Zusammentreffen mehrerer Bauvorhaben

Ein Bauvorhaben kann so mit einem anderen Bauvorhaben zusammentreffen, dass für die Vorhaben, oder auch Teile davon, nur eine einheitliche Entscheidung möglich ist. Dabei muss es sich um selbstständige Vorhaben handeln, die räumlich in einem nicht trennbaren Zusammenhang stehen. In diesem Fall wird **ein** Planfeststellungsverfahren durchgeführt. Es ist das Verfahren zu wählen, das den größeren Kreis öffentlich-rechtlicher Beziehungen berührt.

Plangenehmigung

In besonderen Fällen kann statt eines Planfeststellungsbeschlusses eine Plangenehmigung erteilt werden, wenn

- Rechte anderer nicht oder nur unwesentlich beeinträchtigt werden oder die Straßenbaubehörde mit den Betroffenen schriftliche Vereinbarungen über die Inanspruchnahme des Rechts abgeschlossen hat oder zumindest schriftliche Einverständniserklärungen der Betroffenen hierzu vorliegen,
- öffentliche Belange nicht berührt werden oder mit den Trägern öffentlicher Belange, deren Aufgabenbereich berührt wird, ein Einvernehmen hergestellt worden ist.

Dabei muss der Kreis der Betroffenen klar erkennbar und abgrenzbar sein.
Unwesentliche Beeinträchtigungen sind z. B. die

- Inanspruchnahme von unbedeutenden Einzelparzellen oder bei nur geringer Inanspruchnahme von Grundstücken, ohne deren Nutzung zu beeinträchtigen
- Verlegung einer Zufahrt, ohne dabei die zulässige Grundstücksnutzung zu beeinträchtigen
- geringfügige Überschreitung der Grenzwerte der Bundesimmissionsschutzverordnung.

Der Antrag zur Erteilung einer Plangenehmigung ist von der Straßenbaubehörde bei der Planfeststellungsbehörde zu stellen.

Unterbleiben der Planfeststellung und der Plangenehmigung

Bei Maßnahmen von unwesentlicher Bedeutung entfallen eine Planfeststellung und eine Plangenehmigung. Unabhängig vom Umfang der Straßenbaumaßnahme liegen Fälle mit unwesentlicher Bedeutung vor, wenn

- Rechte Dritter nicht beeinflusst werden oder die Straßenbaubehörde mit den Betroffenen entsprechende Vereinbarungen geschlossen hat
- öffentliche Belange nicht berührt werden oder die notwendigen öffentlich-rechtlichen Entscheidungen vorliegen und sie dem Plan nicht entgegenstehen.

Planfeststellung und Bebauungspläne

Bebauungspläne nach dem Baugesetzbuch ersetzen die Planfeststellung. Regelungen, die nicht in einem Bebauungsplan festgesetzt werden können, sind gegebenenfalls in einem Planfeststellungsverfahren zu regeln, wie z. B.

- Regelungen über Unterhaltungspflichten
- Auflagen zur Unterhaltung
- Regelungen über passiven Lärmschutz.

Wird auf Grund einer abweichenden Planfeststellung ein rechtsverbindlicher Bebauungsplan geändert, ergänzt oder aufgehoben und deshalb neu aufgestellt, so hat der Straßenbaulastträger der Gemeinde die dadurch verursachten Kosten zu erstatten.

Umfang der Planfeststellung

Die Planfeststellung erstreckt sich auf

- die Straßenbestandteile, wie den Straßenkörper mit dem Luftraum darüber, das Zubehör
- Nebenanlagen
- Nebenbetriebe
- Flächen zur vorübergehenden Inanspruchnahme während der Baudurchführung
- Folgemaßnahmen an anderen Anlagen wie die
  - Verlegung von Wegen, Gewässern und Versorgungsleitungen
  - Absenkung von Gleisen
  - Überführung von Straßen
  - Umsetzung oder Umgestaltung von Baudenkmälern
  - Verlegung von Vermessungsfestpunkten
- Ausgleichs- und Ersatzmaßnahmen
- Lärmschutz
- sonstige Maßnahmen und Regelungen zur Unterhaltung von Anlagen, die zum Wohl der Allgemeinheit oder zur Vermeidung nachteiliger Wirkungen auf Rechte anderer erforderlich sind (z. B. Leichtflüssigkeitsabscheider an Gewässern).

Die Festsetzung von Flächen für Anlagen an Bundesfernstraßen, die der Sicherheit und Ordnung dienen, können in die Planfeststellung einbezogen werden, wenn diese Anlage eine direkte Zufahrt zur Bundesfernstraße erhalten. Zu diesen Anlagen gehören Polizeistationen, Einrichtungen der Unfallhilfe, Hubschrauberlandeplätze und auch Zollanlagen.

Grundsätze für die Aufstellung des Planes

Der Plan für das Straßenbauvorhaben ist nach den Richtlinien für die Entwurfsgestaltung im Straßenbau (RE) aufzustellen. Wurde ein Linienbestimmungsverfahren durchgeführt, bildet dieses die Grundlage für die weitere Entwurfsbearbeitung.

Im Erläuterungsbericht sind die untersuchten Varianten darzustellen und die wesentlichen Gründe darzulegen, die zum Entwurf geführt haben.

Die öffentlichen und privaten Belange müssen im Rahmen des planerischen Ermessens gegeneinander und untereinander abgewogen werden. Kein Belang darf dabei von vorn herein bevorzugt werden. Dabei sind besonders zu beachten:

- die Belange der betroffenen Bürger in Bezug auf deren Eigentum, Nutzungsrechte oder die Frage einer Übernahme, wenn das Grundstück nicht unmittelbar in Anspruch genommen wird, sich jedoch die Grundstückssituation durch die Maßnahme erheblich verändert
- die öffentlichen Belange im Hinblick auf die Verkehrssicherheit, die Wirtschaftlichkeit, die Wasserwirtschaft, den Immissionsschutz, den Natur- und Landschaftsschutz, den Bodenschutz, den Denkmalschutz und die Denkmalpflege sowie die Belange anderer öffentlicher Planungsträger.

Eine besonders sorgfältige Abwägung ist geboten, wenn ein Planbetroffener in seiner Existenz gefährdet ist, z. B. bei einem Haupterwerbsbetrieb. In diesem Fall ist eine gutachterliche Untersuchung erforderlich.

Umweltverträglichkeitsprüfung

Die Umweltverträglichkeitsprüfung wird als nicht selbstständiger Teil des Planfeststellungsverfahrens durchgeführt. Sie umfasst die Ermittlung, Beschreibung und Bewertung der Auswirkungen eines Bauvorhabens auf die Umwelt. Im fortgeschrittenen Planungsprozess kann die Umweltverträglichkeitsprüfung auf die Variante beschränkt werden, die nach dem jeweils aktuellen Planungsstand ernsthaft in Betracht kommt.

Vorbereitung der Planunterlagen

Bereits bei der Vorbereitung des Planes wird mit den beteiligten Behörden und Stellen geklärt, ob und in welchem Umfang andere Planungen oder öffentliche Belange durch die Baumaßnahme berührt werden. Hierzu gehören:

- Gemeinden
- Kreise
- Bergbehörden
- Denkmalschutzbehörden
- Eisenbahn-Bundesamt
- Flurbereinigungsbehörden
- Forstbehörden
- Immissionsschutzbehörden
- Betreiber von Telekommunikationslinien

- Verkehrsunternehmen
- Versorgungsunternehmen
- Wasserbehörden
- Wasser- und Schifffahrtsbehörden
- Wehrbereichsbehörden.

Bei Vorhaben in Baugebieten ist die zuständige Gemeinde zu fragen, ob Bebauungspläne vorhanden sind. Die privaten Betroffenen werden ermittelt, das Grunderwerbsverzeichnis auf den letzten Stand gebracht und, soweit notwendig, die Katasterpläne überarbeitet.

Werden durch das Bauvorhaben Bauwerke, Wege, Gewässer und sonstige Anlagen berührt, sind deren tatsächliche und rechtliche Verhältnisse zu ermitteln, z. B. durch Ortsbesichtigung oder durch Einsicht in die Straßenverzeichnisse. Mit den Baulastträgern, Unterhaltungspflichtigen, Eigentümern und Nutzungsberechtigten werden Vereinbarungen getroffen, in denen die Herstellungs- und Änderungskosten, die Kostenbeteiligung und die künftige Unterhaltung der Anlagen geregelt werden.

Es ist zu prüfen, ob Dritte zu den Kosten des Vorhabens beizutragen haben. In diesem Fall ist eine Vereinbarung zwischen den beteiligten Parteien abzuschließen.

Vorarbeiten auf Grundstücken

Für Vorarbeiten auf den Grundstücken zur Vorbereitung des Planes besteht eine Duldungspflicht der Eigentümer oder sonstigen Nutzungsberechtigten. Wohnungen dürfen jedoch nur mit Zustimmung des Wohnungsinhabers betreten werden. Zu den Vorarbeiten zählen

- Vermessungen
- Bodenuntersuchungen
- Grundwasseruntersuchungen
- das Aufbringen von Markierungszeichen.

Maßnahmen, die bereits einen Teil der Straßenbaumaßnahme darstellen, fallen nicht unter die Vorarbeiten.

Die Straßenbaubehörde teilt den Eigentümern oder sonstigen Nutzungsberechtigten schriftlich oder durch ortsübliche Bekanntmachung mit, zu welchem Zeitpunkt und in welchem Umfang sie die Durchführung von Vorarbeiten beabsichtigt. Lehnt ein Eigentümer die Durchführung von Vorarbeiten ab, kann die Weigerung als Ordnungswidrigkeit geahndet werden.

Unterlagen	Bemerkungen
Erläuterungsbericht	Beschreibt die Maßnahme
Übersichtslagepläne	
Lagepläne	
Höhenpläne	
Ausbauquerschnitt	
Bauwerksverzeichnis	Verzeichnis der betroffenen Wege, Grundstücke, Leitungen, Zufahrten usw. sowie die hierfür vorgesehenen Regelungen, Regelungen bei Kreuzung der Straße mit Straßen anderer Baulastträger, Bahnstrecken, Leitungen oder Gewässern zu Fragen der Kostenteilung und der Zuständigkeit des Um-/Neubaus bzw. der späteren Unterhaltung
Grunderwerbspläne	Geben Auskunft darüber, in welcher Größenordnung ein Grundstück in Anspruch genommen wird
Grunderwerbsverzeichnis	Verzeichnis der Katasterbezeichnung, des Eigentümers sowie der jetzigen und der geplanten Nutzung eines Grundstückes
Wasserwirtschaftliche Unterlagen	Verzeichnis der Einleitungsmengen und Darstellung der Einleitungsstellen des Straßenoberflächenwassers in die Vorfluter oder den Untergrund sowie evtl. erforderliche Maßnahmen wie z. B. Regenrückhaltebecken
Lärmtechnische Unterlagen	Darstellung der zu erwartenden Lärmpegel und der geplanten Schallschutzmaßnahmen
Landschaftspflegerischer Begleitplan	Darstellung der Ausgleichs- und Ersatzmaßnahmen

Tab. 2: Planfeststellungsunterlagen

Muster zur ortsüblichen Bekanntmachung für die Vorarbeiten auf Grundstücken

...., den ....
(Straßenbaubehörde)

Bekanntmachung

Betr.: Planung für ....(Bauvorhaben)
Hier: Vorarbeiten auf Grundstücken

Die Straßenbauverwaltung beabsichtigt, in der Gemeinde
....
zur Verbesserung der Verkehrsverhältnisse und Erhöhung der Verkehrssicherheit das o.a. Bauvorhaben durchzuführen. Um das Vorhaben ordnungsgemäß planen zu können, müssen auf verschiedenen Grundstücken in der Zeit vom .... bis zum ....
Vorarbeiten durchgeführt werden, und zwar:.......................................

Folgende Grundstücke sind betroffen:
....(Gemarkung, Flur, Flurstück)

Da die genannten Arbeiten im Interesse der Allgemeinheit liegen, hat das Bundesfernstraßengesetz (FStrG) die Grundstücksberechtigten verpflichtet, sie zu dulden (§ 16a FStrG). Die Arbeiten können auch durch Beauftragte der Straßenbauverwaltung durchgeführt werden. Etwaige durch diese Vorarbeiten entstehende unmittelbare Vermögensnachteile werden in Geld entschädigt.

Sollte eine Einigung über eine Entschädigung in Geld nicht erreicht werden können, setzt der/die/das ....(Behörde) auf Antrag der Straßenbaubehörde die Entschädigung fest.

Durch diese Untersuchung wird nicht über die Ausführung der geplanten Straße entschieden.

Rechtsbehelfsbelehrung: (nach Landesrecht)

Mit freundlichen Grüßen

Einleitung des Anhörungsverfahrens

Die planaufstellende Behörde (Straßenbauamt) übersendet die Planunterlagen der Anhörungsbehörde und teilt ihr mit, welche Behörden und Stellen ihrer Auffassung nach zu beteiligen sind. Die zuständige Baugenehmigungsbehörde erhält einen Lageplan und wird auf die Veränderungssperre hingewiesen.

Die Planunterlagen sollen in so vielen Ausfertigungen versandt werden, dass in den Gemeinden, in denen sich das Vorhaben voraussichtlich auswirkt, eine Ausfertigung ausgelegt werden kann. Für jede beteiligte Behörde und Stelle ist ebenso eine Ausfertigung vorzusehen.

Die Anhörungsbehörde prüft die Planunterlagen auf Vollständigkeit und veranlasst innerhalb von drei Monaten nach Eingang der Planunterlagen deren Auslegung in den Gemeinden. Sie unterrichtet die anerkannten Verbände von der Auslegung der Planunterlagen unter Übersendung einer Übersichtskarte.

Stellungnahme der beteiligten Behörden und Stellen

Die Anhörungsbehörde leitet die Planunterlagen innerhalb eines Monats an die beteiligten Behörden und Stellen weiter und fordert sie zur Stellungnahme auf. Sie bestimmt eine Frist für die Abgabe der Stellungnahme, die drei Monate nicht überschreiten darf.

Beteiligt sind die Behörden und Stellen, deren Aufgabenbereich durch die Baumaßnahme berührt wird. Hierzu zählen besonders die Behörden, deren Planfeststellung, Genehmigung, Erlaubnis, Bewilligung, Verleihung oder sonstige Verwaltungsentscheidung infolge dieser Planfeststellung nicht erforderlich ist. Die Gemeinden und Kreise, auf deren Gebiet sich das Vorhaben voraussichtlich auswirkt, sind regelmäßig zu beteiligen. In ihren Stellungnahmen sollen sich die beteiligten Behörden und Stellen auf ihren Aufgabenbereich beschränken.

Auslegung des Planes, Bekanntmachung

Auf Veranlassung der Anhörungsbehörde werden die Planunterlagen in den betroffenen Gemeinden einen Monat lang zu jedermanns Einsicht ausgelegt. Dabei müssen die Planunterlagen während der Dienststunden unter Berücksichtigung der ortsüblichen Handhabung zu jeder Zeit vollständig eingesehen werden können.

Die Gemeinden machen das Bauvorhaben mit dem Beginn der Auslegung auf ihre Kosten ortsüblich bekannt. In der Bekanntmachung wird darauf hingewiesen, dass

- diese Anhörung auch die Einbeziehung der Öffentlichkeit nach dem Umweltverträglichkeitsprüfungsgesetz ist
- die Anhörungsbehörde nach dem rechtzeitigen Eingang von Einwendungen einen Erörterungstermin durchführen wird
- bei Einwendungen, die von mehr als 50 Personen auf Unterschriftslisten unterzeichnet oder in Form vervielfältigter gleichlautender Texte eingereicht werden, auf jeder mit einer Unterschrift versehenen Seite ein Unterzeichner als Vertreter der übrigen Unterzeichner zu benennen ist; andernfalls können diese Einwendungen unberücksichtigt bleiben
- Einwendungen, die nach Ablauf der Frist eingehen, ausgeschlossen werden können.

Betroffene, die ihren Sitz oder ihre Wohnung nicht im Gebiet der entsprechenden Gemeinde haben, sollen durch die Gemeinde rechtzeitig von der Auslegung benachrichtigt werden.

Nach Ablauf der Einwendungsfrist gibt die Gemeinde unverzüglich die Planunterlagen mit den bei ihr erhobenen Einwendungen zurück.

Vereinfachtes Anhörungsverfahren

Wenn der Kreis der Betroffenen klar abzugrenzen und bekannt ist, kann auch ein vereinfachtes Anhörungsverfahren durchgeführt werden. Bei Verfahren mit Lärmauswirkungen in Höhe der maßgeblichen Immissionsgrenzwerte fehlt in der Regel die klare Abgrenzung der Betroffenen. Aus diesem Grund sind Maßnahmen mit Lärmauswirkungen in Höhe der Immissionsgrenzwerte nicht für ein vereinfachtes Anhörungsverfahren geeignet.

Bei einem vereinfachten Anhörungsverfahren wird auf die ortsübliche Bekanntmachung und eine Auslegung der Planunterlagen verzichtet. Dafür teilt die Anhörungsbehörde den Betroffenen mit,

- bei welcher Dienststelle innerhalb einer angemessenen Frist (im Normalfall innerhalb eines Monats) nach Erhalt des Schreibens die Planunterlagen eingesehen werden können
- dass sie innerhalb weiterer zwei Wochen Einwendungen erheben können
- dass Einwendungen gegen den Plan nach Ablauf der Einwendungsfrist ausgeschlossen sind
- dass nach rechtzeitigem Eingang von Einwendungen ein Erörterungstermin durchgeführt wird.

Muster für die ortsübliche Bekanntmachung zur Auslegung des Planes

...., den ....
(Gemeinde)

Bekanntmachung

Planfeststellung für ....(Bauvorhaben)
von .... bis .... in der/den Gemeinde(n) ....

Der/Die/Das................................(Straßenbaubehörde) hat für das o. a. Bauvorhaben die Durchführung des Planfeststellungsverfahrens beantragt. Für das Bauvorhaben einschließlich der landschaftspflegerischen Ausgleichs- und Ersatzmaßnahmen werden Grundstücke in den Gemarkungen .... beansprucht. Der Plan (Zeichnungen und Erläuterungen) liegt in der Zeit vom .... bis .... in .... während der Dienststunden von .... bis .... zur allgemeinen Einsichtnahme aus.

1. Jeder kann bis spätestens zwei Wochen nach Ablauf der Auslegungsfrist, das ist bis zum .... (Tag), bei der .... (Anhörungsbehörde) oder bei der Gemeinde .... (Dienststelle angeben) Einwendungen gegen den Plan schriftlich oder zur Niederschrift erheben. Die Einwendung muss den geltend gemachten Belang und das Maß seiner Beeinträchtigung erkennen lassen.

   Nach Ablauf dieser Frist sind Einwendungen ausgeschlossen (§ 17 Abs. 4 Satz 1 Bundesfernstraßengesetz).

   Bei Einwendungen, die von mehr als 50 Personen auf Unterschriftslisten unterzeichnet oder in Form vervielfachter gleichlautender Texte eingereicht werden (gleichförmige Eingaben), ist auf jeder mit einer Unterschrift versehenen Seite ein Unterzeichner mit Namen, Beruf und Anschrift als Vertreter der übrigen Unterzeichner zu bezeichnen. Andernfalls können diese Einwendungen unberücksichtigt bleiben.

2. Rechtzeitig erhobene Einwendungen

- werden in einem Termin erörtert, der noch ortsüblich bekannt gemacht wird/ den die Anhörungsbehörde auf den .... (Tag), ...(Uhrzeit), in .... (Ort) anberaumt hat *)
- können in einem Termin erörtert werden, der ggf. noch ortsüblich bekannt gemacht wird. *)

Diejenigen, die rechtzeitig Einwendungen erhoben haben, bzw. bei gleichförmigen Einwendungen der Vertreter, werden von dem Termin gesondert benachrichtigt. Sind mehr als 50 Benachrichtigungen vorzunehmen, so können sie durch öffentliche Bekanntmachung ersetzt werden.

Die Vertretung durch einen Bevollmächtigten ist möglich. Die Bevollmächtigung ist durch eine schriftliche Vollmacht nachzuweisen, die zu den Akten der Anhörungsbehörde zu geben ist.

Bei Ausbleiben eines Beteiligten in dem Erörterungstermin kann auch ohne ihn verhandelt werden. Das Anhörungsverfahren ist mit Abschluss des Erörterungstermins beendet.

Der Erörterungstermin ist nicht öffentlich.

3. Durch Einsichtnahme in die Planunterlagen, Erhebung von Einwendungen, Teilnahme am Erörterungstermin oder Vertreterbestellung entstehende Kosten werden nicht erstattet.

4. Entschädigungsansprüche, soweit über sie nicht in der Planfeststellung dem Grunde nach zu entscheiden ist, werden nicht in dem Erörterungstermin, sondern in einem gesonderten Entschädigungsverfahren behandelt.

5. Über die Einwendungen wird nach Abschluss des Anhörungsverfahrens durch die Planfeststellungsbehörde entschieden. Die Zustellung der Entscheidung (Planfeststellungsbeschluss) an die Einwender kann durch öffentliche Bekanntmachung ersetzt werden, wenn mehr als 50 Zustellungen vorzunehmen sind.

6. Die Nrn. 1, 2, 3 und 5 gelten für die Anhörung der Öffentlichkeit zu den Umweltauswirkungen des Bauvorhabens nach § 9 Abs. 1 des Gesetzes über die Umweltverträglichkeitsprüfung entsprechend.

7. Vom Beginn der Auslegung des Planes treten die Anbaubeschränkungen nach § 9a Bundesfernstraßengesetz in Kraft. Darüber hinaus steht ab diesem Zeitpunkt dem Träger der Straßenbaulast ein Vorkaufsrecht an den vom Plan betroffenen Flächen zu (§ 9a Abs. 6 Bundesfernstraßengesetz).

....

(Amtliches Veröffentlichungsblatt der Gemeinde) (Unterschrift)

*) *Nichtzutreffendes ist zu streichen*

Verfahren bei Änderung des Planes nach Auslegung

Wird eine Änderung des ausgelegten Planes erforderlich und werden dadurch der Aufgabenbereich einer Behörde oder die Belange Dritter anders als bisher berührt, so ist diesen die Änderung mitzuteilen. Der geänderte Plan wird ihnen zugesandt und ihnen die Möglichkeit zu Stellungnahmen und Einwendungen gegeben.

Der geänderte Plan hat nach Form und Inhalt den RE zu entsprechen. Er muss ein Aufstellungsdatum und eine Unterschrift enthalten. Ist der Kreis der durch die Änderung Betroffenen nicht bekannt, ist der Plan unverzüglich auszulegen. Wirkt sich die Änderung des Planes auch auf eine andere Gemeinde aus, so ist der geänderte Pan dort ebenfalls auszulegen.

Verfahren, falls keine Einwendungen erhoben werden

Der Erörterungstermin wird von der Anhörungsbehörde so festgesetzt, dass sie die Erörterung innerhalb von drei Monaten nach Ablauf der Einwendungsfrist abschließen kann. Es ist sinnvoll, dass die Anhörungsbehörde die Einwendungen und Stellungnahmen der Straßenbaubehörde zusendet, damit diese sich dazu äußern kann.

Der Erörterungstermin ist mindestens eine Woche vorher ortsüblich bekannt zu machen. Beteiligte Behörden und Stellen, der Straßenbaulastträger und diejenigen, die rechtzeitig Einwendungen erhoben haben, werden von dem Erörterungstermin gesondert benachrichtigt. Dies gilt ebenso für die Vertreter bei mehr als 50 gleichförmigen Unterschriften.

Bei mehr als 50 Benachrichtigungen können diese auch durch öffentliche Bekanntmachung ersetzt werden. Die Benachrichtigung durch öffentliche Bekanntmachung ersetzt nicht die ortsübliche Bekanntmachung.

Sind im Anhörungsverfahren mehr als 50 Personen beteiligt, die gleiche Interessen vertreten, soll die Anhörungsbehörde sie auffordern, innerhalb eines Monats einen gemeinsamen Vertreter zu bestellen. Kommen sie dieser Aufforderung nicht rechtzeitig nach, kann die Anhörungsbehörde einen gemeinsamen Vertreter bestellen. Auf diese Möglichkeit soll in der Aufforderung hingewiesen werden.

Die Anhörungsbehörde unterrichtet diejenigen, deren Einwendungen auf Grund eines nicht fristgerechten Eingangs ausgeschlossen sind. Sollen gleichförmige Einwendungen ausgeschlossen werden, weil sie nicht der vorgeschriebenen Form entsprechen, muss diese Entscheidung durch öffentliche Bekanntmachung mitgeteilt werden.

Die öffentliche Bekanntmachung erfolgt durch die Mitteilung im amtlichen Veröffentlichungsblatt und in den örtlichen Tageszeitungen, die in dem Bereich verbreitet sind, in dem sich das Vorhaben voraussichtlich auswirkt. Wird der Erörterungstermin öffentlich bekannt gemacht, muss dies mindestens eine Woche vorher erfolgen.

Der Erörterungstermin wird sinnvoller Weise in der Gemeinde oder in dem Ortsteil abgehalten, in dem der Schwerpunkt des Bauvorhabens liegt. Kommt die Mehrzahl der Einwendungen und Stellungnahmen aus einer anderen Gemeinde oder einem anderen Ortsteil, ist es zweckmäßig, den Erörterungstermin dort abzuhalten. Die Anhörungsbehörde legt den Ort und den Zeitpunkt des Erörterungstermins fest. In begründeten Fällen kann der Termin auch außerhalb der Dienststunden am Abend durchgeführt werden.

Erörterungstermin

Im Erörterungstermin werden die rechtzeitig erhobenen Einwendungen mit den Beteiligten und Betroffenen besprochen, mit dem Ziel, eine Einigung zu erzielen.

Ein Vertreter der Anhörungsbehörde leitet die nicht öffentliche Verhandlung und bestimmt deren Ablauf. Der Verhandlungsleiter kann Personen, die seine Anweisungen nicht befolgen, vom Termin ausschließen. Zu Beginn des Erörterungstermins wird die geplante Baumaßnahme von Vertretern der Straßenbaubehörde vorgestellt. Die anschließende Erörterung kann in Gruppen erfolgen, z. B. nach

- Behörden
- Stellen
- anerkannten Verbänden
- Privaten.

Wenn nach Gruppen verhandelt wird, kann den Einwendern die Möglichkeit gegeben werden, während des gesamten Erörterungstermins anwesend zu sein.

Der Verhandlungsleiter wirkt darauf hin, dass unklare Anträge erläutert und ungenügende Angaben ergänzt werden.

Verlangt ein Beteiligter, dass mit ihm in Abwesenheit der anderen Teilnehmer verhandelt wird, ist dem zu entsprechen, wenn er ein berechtigtes Interesse an der Geheimhaltung seiner persönlichen Verhältnisse oder an der Wahrung von Betriebs- und Geschäftsgeheimnissen glaubhaft macht.

Über die mündliche Verhandlung wird eine Niederschrift gefertigt, die enthält,

- welche Einwendungen zurückgenommen worden sind
- welche Einwendungen aufrecht erhalten bleiben
- welchen Einwendungen stattgegeben wird und wie ihnen Rechnung getragen werden soll
- welche Einwendungen verspätet vorgetragen worden sind.

Beendigung des Anhörungsverfahrens

Wenn Einwendungen und Stellungnahmen berücksichtigt werden sollen, ändert oder ergänzt die Straßenbaubehörde die Planunterlagen entsprechend und übersendet sie der Anhörungsbehörde. Dort wird geprüft, ob auf Grund der Änderungen eine erneute Anhörung erforderlich ist. Haben sich Einwendungen und Stellungnahmen erledigt, werden die Unterlagen entsprechend berichtigt.

Die Anhörungsbehörde leitet die vollständigen Planunterlagen, die Stellungnahmen und Einwendungen, die Niederschrift über den Erörterungstermin, ihre eigene Stellungnahme und eine zusammenfassende Darstellung nach dem UVPG innerhalb eines Monats nach dem Erörterungstermin der Planfeststellungsbehörde zu.

Ist die Anhörungsbehörde zugleich Planfeststellungsbehörde, wird nur eine Niederschrift über den Erörterungstermin gefertigt.

Die Anhörungsbehörde sendet eine Durchschrift ihrer Stellungnahme mit der Niederschrift über den Erörterungstermin an die Straßenbaubehörde. Die beteiligten Behörden und Stellen sowie diejenigen, die Einwendungen erhoben haben, erhalten auf Antrag den sie betreffenden Teil der Niederschrift über den Erörterungstermin.

Einstellung des Verfahrens

Soll das Verfahren auf Antrag der planaufstellenden Behörde ohne Planfeststellungsbeschluss beendet werden, ist es einzustellen. Hat der Plan bereits ausgelegen, veranlasst die Anhörungsbehörde die ortsübliche Bekanntmachung der Einstellung und gibt die Einstellung den Beteiligten bekannt.

Vorbereitung des Planfeststellungsbeschlusses

Die Planfeststellungsbehörde prüft die Unterlagen sowie den Ablauf und die Ergebnisse des Anhörungsverfahrens. Sie überzeugt sich davon, dass

- die Formvorschriften eingehalten wurden
- die Einwendungen gegen den Plan ausreichend erörtert wurden
- alle beteiligten Behörden und Stellen Gelegenheit zur Stellungnahme hatten
- den nach dem Bundesnaturschutzgesetz anerkannten Verbänden die Gelegenheit zur Beteiligung gegeben wurde.

Allgemeine Regeln und Entscheidungen des Planfeststellungsbeschlusses

Die Planfeststellungsbehörde stellt den Plan fest. Sie bewertet die Umweltauswirkungen auf der Grundlage der zusammenfassenden Darstellung und berücksichtigt diese Bewertung bei ihrer Entscheidung.

Sie entscheidet auch über

- wasserrechtliche Erlaubnisse und Bewilligungen
- Einwendungen und Stellungnahmen, über die im Anhörungsverfahren nur eine vorläufige oder keine Einigung erzielt worden ist
- die Behandlung von verspätet erhobenen Einwendungen
- Ansprüche auf Übernahme von Grundstücken oder Grundstücksteilen
- das Vorliegen der Voraussetzungen für Lärmschutzmaßnahmen an baulichen Anlagen
- Auflagen
- Kosten, die andere Beteiligte auf Grund gesetzlicher Regelungen zu tragen haben.

Einwendungen, die Entschädigungsforderungen betreffen, sind nur Gegenstand der Planfeststellung, sofern eine grundsätzliche Entscheidung erforderlich ist. Die Höhe von Entschädigungen wird nicht im Planfeststellungsverfahren behandelt. Die Entscheidung über die Ansprüche erfolgt im Entschädigungsverfahren.

Können einzelne öffentlich-rechtliche Beziehungen noch nicht abschließend geregelt werden oder werden bestimmte Bauabschnitte, Bauwerke oder sonstige Regelungen vom Planfeststellungsbeschluss ausgenommen, so ist in dem Beschluss darauf hinzuweisen. Dies kann zum Beispiel der Fall sein, wenn die Lage einer Gehwegüberführung noch nicht festgestellt werden kann, weil die städtebauliche Anschlussplanung noch fehlt.

Bei der Formulierung des Planfeststellungsbeschlusses sind die datenschutzrechtlichen Bestimmungen zu beachten.

Auflagen

Auflagen können zum Wohl der Allgemeinheit oder zur Vermeidung nachteiliger Wirkungen auf die Rechte anderer erforderlich sein. Für die Beurteilung der Erforderlichkeit von Auflagen ist von dem Zustand der Straße auszugehen, wie er sich nach Beendigung des Bauvorhabens auf Grund der Planfeststellung ergibt. Es kommen auch Auflagen für die Bauausführung in Betracht.

Beispiel: Der Einbau von Bohrpfählen statt Rammpfählen, um die Erschütterungen und den Lärm zu reduzieren.

Die Planfeststellungsbehörde prüft bei der Entscheidung über Auflagen, ob diese technisch durchführbar und wirtschaftlich zu vertreten sind.

Ergibt die Prüfung, dass die geforderten Auflagen in keinem Verhältnis zum Nutzen stehen oder mit dem Straßenbauvorhaben nicht vereinbar sind, ist dies im Planfeststellungsbeschluss ausdrücklich festzustellen. Den Betroffenen ist jedoch ein Anspruch auf eine angemessene Entschädigung in Geld anzuerkennen.

Werden durch das Bauvorhaben die maßgeblichen Immissionsgrenzwerte nach der Bundesimmissionsschutzverordnung überschritten, ist dem Straßenbaulastträger die Errichtung von Lärmschutzanlagen aufzuerlegen. Stehen die Kosten für Lärmschutzanlagen in keinem Verhältnis zum angestrebten Nutzen oder sind sie mit dem Straßenbauvorhaben nicht vereinbar, sind die allgemeinen Voraussetzungen zur Erstattung von Aufwendungen für passiven Lärmschutz festzustellen.

Werden Lärmschutzmaßnahmen nicht ausgeführt oder können die Grenzwerte nach dem Bundesimmissionsschutz nicht eingehalten werden, ist dem Betroffenen ein Anspruch auf eine angemessene Entschädigung anzuerkennen. Die Höhe der Entschädigung ist dabei nicht Bestandteil des Planfeststellungsverfahrens.

Weitere Entscheidungen im Planfeststellungsbeschluss

Im Rahmen des Planfeststellungsbeschlusses kann die Änderung einer Sondernutzung geregelt oder eine bestehende Sondernutzungserlaubnis geändert werden.

Die Änderung oder Beseitigung von vorhandenen Zufahrten oder Zugängen kann im Planfeststellungsbeschluss geregelt werden. Das gilt auch für die Anlage neuer Zufahrten oder Ersatzwege, die die Benutzung der Anliegergrundstücke sichern oder Zufahrten ersetzen.

Bei der Änderung oder beim Neubau von Kreuzungen von Bundesfernstraßen mit anderen Verkehrswegen werden die Vereinbarungen über deren Bau, Änderung und Unterhaltung in den Planfeststellungsbeschluss nachrichtlich aufgenommen.

Beispiel: Durch den Bau einer Bundesfernstraße wird die Verlegung einer Gemeindestraße notwendig. Im Planfeststellungsbeschluss kann bestimmt werden, wer für die Unterhaltung des verlegten Straßenstückes zuständig ist.

Waldungen und Gehölze können zu Schutzwaldungen erklärt werden.

Im Planfeststellungsbeschluss nicht zu treffende Entscheidungen

Die Widmung, Umstufung oder Einziehung einer Bundesfernstraße wird im Planfeststellungsbeschluss nicht ausgesprochen. Ebenso kann die Einleitung eines Flurbereinigungsverfahrens nicht angeordnet werden.

Die Mitbenutzung von Straßen für Leitungen der öffentlichen Versorgung und Entsorgung richtet sich nach dem bürgerlichen Recht. Das gleiche gilt für andere Leitungen, die im öffentlichen Interesse stehen, z. B. Mineralölfernleitungen.

Im Planfeststellungsbeschluss, besonders im Bauwerksverzeichnis, sind in Bezug auf die vorgenannten Leitungen keine Kostenregelungen zu treffen. Es werden jedoch Hinweise gegeben, dass Vereinbarungen und Kostenregelungen außerhalb des Verfahrens abgeschlossen werden.

In der Planfeststellung wird aber darüber entschieden, ob und in welchem Umfang Leitungen verlegt, gesichert oder beseitigt werden.

Die Errichtung und Unterhaltung von Wildschutzzäunen können dem Straßenbaulastträger im Rahmen der Planfeststellung nicht auferlegt werden. Ausnahmen:

- Die Errichtung ist auf Grund der objektiven Gefahrenlage notwendig.
- Der vorhandene Wildbestand macht die Errichtung entsprechender Vorrichtungen erforderlich.

Rechtswirkung der Planfeststellung

Mit der Planfeststellung wird die Zulässigkeit des Bauvorhabens im Hinblick auf alle von ihm berührten öffentlichen Belange festgestellt. Es werden alle öffentlich-rechtlichen Beziehungen zwischen dem Straßenbaulastträger und den Betroffenen geregelt.

Andere behördliche Entscheidungen sind neben der Planfeststellung nicht erforderlich, besonders nicht die

- Planfeststellung für Folgemaßnahmen an anderen Verkehrswegen und Anlagen
- Zustimmung der Luftverkehrsbehörden zur Errichtung von baulichen und sonstigen Anlagen nach dem Luftverkehrsgesetz
- Anordnung von Sicherheitseinrichtungen für Eisenbahnen, Anschlussbahnen und -gleise
- sonstige Schienenbahnen oder Seilbahnen nach der Eisenbahnbau- und -betriebsordnung und Straßenbahnen sowie ihren Sonderformen nach der Verordnung über den Bau und den Betrieb der Straßenbahnen.

Verhältnis zum Privatrecht

Planfeststellung und die Plangenehmigung greifen nicht in Privatrechte ein, sie schaffen jedoch die Voraussetzungen für die Enteignung. Sie machen die Verhandlungen mit Grundstückseigentümern und sonstigen Berechtigen nicht überflüssig.

Zustellung und Auslegung des Planfeststellungsbeschlusses

Mit seinem Zugang wird der Planfeststellungsbeschluss als Verwaltungsakt wirksam. Er ist den Beteiligten mit Rechtsbehelfsbelehrung zuzustellen.

Eine Ausfertigung des Beschlusses mit Rechtsbehelfsbelehrung und eine Ausfertigung des festgestellten Planes sind in den Gemeinden, in denen sich das Vorhaben auswirkt, zwei Wochen zur Einsicht auszulegen. Ort und Zeit der Auslegung werden ortsüblich bekannt gemacht. Mit dem Ende der Auslegungsfrist gilt der Beschluss auch den übrigen Betroffenen als zugestellt.

Ist der Planfeststellungsbeschluss mehr als 50 Beteiligten zuzustellen, können diese Zustellungen durch öffentliche Bekanntmachung ersetzt werden. Die Bekanntmachung wird im amtlichen Veröffentlichungsblatt der Planfeststellungsbehörde, in den örtlichen Tageszeitungen und ortsüblich bekannt gegeben.

Rechtsbehelf

Gegen den Planfeststellungsbeschluss bzw. die Plangenehmigung kann Klage vor dem Oberverwaltungsgericht erhoben werden.

Die Tatsachen und Beweismittel, die der Begründung der Klage dienen, sind innerhalb einer Frist von sechs Wochen nach Klageerhebung anzugeben.

Ist für eine Baumaßnahme der vordringliche Bedarf festgestellt oder die sofortige Vollziehung angeordnet worden, haben Anfechtungsklagen keine aufschiebende Wirkung.

Außerkrafttreten bzw. Verlängerung des Plans

Der festgestellte/genehmigte Plan tritt außer Kraft, wenn mit seiner Durchführung nicht innerhalb von fünf Jahren nach Eintritt der Unanfechtbarkeit begonnen worden ist. Als Beginn der Durchführung ist jede nach außen erkennbare Tätigkeit anzusehen, die zu seiner Verwirklichung durchgeführt wird, wie z. B.

- Grunderwerb
- Abbruch von Gebäuden
- Verlegung von Versorgungsleitungen
- Entfernen von Bewuchs.

Unanfechtbar ist der Planfeststellungsbeschluss oder die Plangenehmigung, wenn er oder sie innerhalb der Frist für den Rechtsbehelf nicht angefochten worden ist oder wenn im Falle der Anfechtung des Beschlusses oder der Genehmigung eine rechtskräftige Entscheidung vorliegt.

Aufhebung des Planfeststellungsbeschlusses oder der Plangenehmigung

Wenn ein Bauvorhaben nach Erlass des Planfeststellungsbeschlusses/der Plangenehmigung endgültig aufgegeben wird, hat die Planfeststellungsbehörde den Beschluss oder die Genehmigung aufzuheben. Dies gilt auch für den Fall, dass mit der Durchführung des Bauvorhabens schon begonnen worden ist. Der frühere Zustand ist dann wieder herzustellen oder durch entsprechende Maßnahmen auszugleichen.

Planänderung vor Fertigstellung des Bauvorhabens

Ein bereits festgestellter oder genehmigter Plan kann noch geändert werden, auch wenn er unanfechtbar geworden ist. Für wesentliche Planänderungen ist dann ein neues Verfahren durchzuführen.

Bei unwesentlichen Änderungen entfällt eine Planfeststellung oder Plangenehmigung. Dies gilt besonders, wenn Belange anderer nicht berührt werden oder die Betroffenen der Änderung zugestimmt haben.

Der festgestellte oder genehmigte Plan kann auch durch Planfeststellung/Plangenehmigung auf Grund anderer Gesetze oder durch einen Bebauungsplan geändert werden.

Beispiel: Änderung einer Straße durch die Planfeststellung für eine Wasserstraße

Vorzeitige Besitzeinweisung

Der Baulastträger kann bei der Enteignungsbehörde Antrag auf vorzeitige Besitzeinweisung stellen, wenn

- der Planfeststellungsbeschluss oder die Plangenehmigung zugestellt ist oder als zugestellt gilt und entweder unanfechtbar oder vollziehbar ist
- das Grundstück oder Grundstücksteile für die beabsichtigte Ausführung der Baumaßnahme einschließlich der notwendigen Folge-, Ausgleichs- und Ersatzmaßnahmen erforderlich sind
- der sofortige Baubeginn geboten ist
- der Eigentümer oder Besitzer sich geweigert hat, den Besitz durch Vereinbarung unter Vorbehalt aller Entschädigungsansprüche zu überlassen.

Enteignung

Der Baulastträger hat zur Erfüllung seiner Aufgaben das Enteignungsrecht. Die Enteignung ist jedoch nur zulässig, wenn sie für die Ausführung eines festgestellten oder genehmigten Bauvorhabens notwendig ist und dem Wohle der Allgemeinheit dient. Eine Zulässigkeit der Enteignung ergibt sich jedoch nicht allein daraus, dass die Durchführung einer Baumaßnahme dem Allgemeinwohl gilt. Sie ist ebenfalls an dem rechtsstaatlichen Gebot der Verhältnismäßigkeit der Mittel zu messen. Daraus folgt, dass die Enteignung nur dann zulässig ist, wenn der beabsichtigte Zweck nicht durch eine andere und wirtschaftlich vertretbare Lösung erreicht werden kann.

1.5.5 Bauentwurf

Der Bauentwurf wird auf der Grundlage des Vorentwurfes mit den dort festgelegten Merkmalen bearbeitet. Er bildet die Basis für die Bauausführung und ist Bestandteil der Verträge zwischen Auftraggeber und Auftragnehmer.

Die folgenden Unterlagen sind in der Regel im Bauentwurf enthalten:

- Lageplan
- Höhenplan
- Querprofile
- Bauwerkspläne
- Lage und Höhe der Entwässerungseinrichtungen
- Grunderwerbsplan
- Absteckplan
- Bauzeitenplan
- Massenverteilungspläne
- Bepflanzungspläne
- Beschilderungs- und Markierungspläne.[3]

1.6 Umweltschutz

Der Bau einer neuen Straße bedeutet auch immer einen Eingriff in die Natur und Landschaft. Bei allen Planungen, für die ein Planfeststellungsverfahren durchgeführt wird, ist eine Umweltverträglichkeitsprüfung (UVP) durchzuführen. Einzelheiten sind im Gesetz über die Umweltverträglichkeit (UVPG) geregelt. Demnach kann eine Umweltverträglichkeitsprüfung im Rahmen der Genehmigungsplanung (z. B. Linienbestimmungsverfahren, Planfeststellungsverfahren) ablaufen.

Zur Abgrenzung der Einwirkung von Lärm und Abgasen ist das Bundesimmissionsschutzgesetz (BimSchG) anzuwenden.

In § 1 des UVPG ist der Zweck einer Umweltverträglichkeitsprüfung wie folgt beschrieben:

»Zweck dieses Gesetzes ist es sicherzustellen, dass bei bestimmten öffentlichen und privaten Vorhaben zur wirksamen Umweltvorsorge nach einheitlichen Grundsätzen

1. *die Auswirkungen auf die Umwelt frühzeitig und umfassend ermittelt, beschrieben und bewertet werden,*
2. *das Ergebnis der Umweltverträglichkeitsprüfung so früh wie möglich bei allen behördlichen Endscheidungen über die Zulässigkeit berücksichtigt wird«.*[6]

Im Rahmen der Umweltverträglichkeitsprüfung werden die Auswirkungen auf Schutzgüter (z. B. Menschen, Tiere, Pflanzen, Boden, Wasser, Luft, Klima, Landschaft, Kultur- und Sachgüter) ermittelt, beschrieben und bewertet.

Eine sachgerechte Umweltverträglichkeitsprüfung beinhaltet

- eine Beschreibung des Vorhabens in Bezug auf den Standort, die Art und den Umfang
- eine Beschreibung der Umwelt und ihrer Bestandteile im untersuchten Raum,
- eine Beschreibung der geprüften Varianten
- eine Beschreibung der zu erwartenden Auswirkungen der Baumaßnahme auf die Umwelt
- eine Beschreibung der Maßnahmen zur Vermeidung, zur Minderung, zum Ausgleich und zum Ersatz der geplanten Maßnahme
- eine Zusammenfassung in allgemein verständlicher Form.

Im Rahmen der Linienbestimmung wird die Umweltverträglichkeitsprüfung als Umweltverträglichkeitsstudie (UVS) nach dem »Merkblatt zur Umweltverträglichkeitsstudie in der Straßenplanung (MUVS)« durchgeführt.

Eine Umweltverträglichkeitsstudie verläuft in einzelnen Schritten:

- Abgrenzung des Planungsraumes und Erfassung der umweltrelevanten Belange
- Beschreibung und Bewertung der angetroffenen Flächenfunktionen
- Bestimmung konfliktarmer Bereiche
- Ausarbeitung von Trassenalternativen
- Vergleich der Alternativen.

Das Ergebnis der UVS enthält einen Vergleich der einzelnen Varianten mit ihren Auswirkungen auf die Umwelt in tabellarischer Form und einen Vorschlag zur Linie. Eine Grundlage für die Beachtung des Natur- und Landschaftsschutzes ist das Bundesnaturschutzgesetz (BNatSchG). Besonders die Vorgaben durch den § 8, Eingriffe in Natur und Landschaft, haben Einfluss auf die Straßenplanung. Dort heißt es:

> (1) *Eingriffe in Natur und Landschaft im Sinne dieses Gesetzes sind Veränderungen der Gestalt oder Nutzung von Grundflächen, die die Leistungsfähigkeit des Naturhaushalts oder das Landschaftsbild erheblich oder nachhaltig beeinträchtigen können.*
>
> (2) *Der Verursacher eines Eingriffs ist zu verpflichten, vermeidbare Beeinträchtigungen von Natur und Landschaft zu unterlassen sowie unvermeidbare Beeinträchtigungen innerhalb einer zu bestimmenden Frist durch Maßnahmen des Naturschutzes und der Landschaftspflege auszugleichen, soweit es zur Verwirklichung der Ziele des Naturschutzes und der Landschaftspflege erforderlich ist. Voraussetzung einer derartigen Verpflichtung ist, dass für den Eingriff in anderen Rechtsvorschriften eine behördliche Bewilligung, Erlaubnis, Genehmigung, Zustimmung, Planfeststellung, sonstige Entscheidung oder Anzeige an eine Behörde vorgeschrieben ist. Die Verpflichtung wird durch die für die Entscheidung oder Anzeige zuständige Behörde ausgesprochen.*

Ausgeglichen ist ein Eingriff, wenn nach seiner Beendigung keine erhebliche oder nachhaltige Beeinträchtigung des Naturhaushalts zurückbleibt und das Landschaftsbild landschaftsgerecht wiederhergestellt oder neu gestaltet ist.

(3) Der Eingriff ist zu untersagen, wenn die Beeinträchtigungen nicht zu vermeiden oder nicht im erforderlichen Maße auszugleichen sind und die Belange des Naturschutzes und der Landschaftspflege bei der Abwägung aller Anforderungen an Natur und Landschaft im Range vorgehen.

(4) Bei einem Eingriff in Natur und Landschaft, der auf Grund eines nach öffentlichem Recht vorgesehenen Fachplanes vorgenommen werden soll, hat der Planungsträger die zum Ausgleich dieses Eingriffs erforderlichen Maßnahmen des Naturschutzes und der Landschaftspflege im einzelnen im Fachplan oder in einem landschaftspflegerischen Begleitplan in Text und Karte darzustellen; der Begleitplan ist Bestandteil des Fachplanes.[7]

Der Landschaftspflegerische Begleitplan (LBP) wird parallel zum Straßenentwurf bearbeitet. Er basiert auf den Erkenntnissen der Umweltverträglichkeitsstudie. Dabei werden die zu erwartenden Konflikte und Beeinträchtigen besonders hervorgehoben und Maßnahmen zur Vermeidung, zum Ausgleich und zum Ersatz im Einzelnen behandelt.

Der LBP ist Bestandteil des RE-Entwurfs oder der Planfeststellungsunterlagen. Er besteht in der Regel aus den Bestands- und Konfliktplänen sowie aus den Lageplänen, in denen die landschaftspflegerischen Maßnahmen dargestellt sind.

Lärmschutz

Bei der Planung von Straßen ist der Lärmschutz ein wichtiger Bestandteil der einzelnen Planungsschritte. Ein wirksamer Lärmschutz kann durch planerische und bauliche Maßnahmen erzielt werden. Dabei ist folgende Reihenfolge zu beachten:

1. Die Linienführung ist nach Möglichkeit so festzulegen, dass der erforderliche Abstand zu schutzwürdigen Objekten eingehalten wird. Bereits im Rahmen der Bauleitplanung sollten empfindliche Gebiete nicht in der Nähe von stark befahrenen Straßen ausgewiesen werden. Entlang von Hauptverkehrsstraßen können jedoch Gebiete zur gewerblichen oder industriellen Nutzung ansiedeln.

   Der Verkehr sollte nach Möglichkeit auf den Hauptstrecken gesammelt werden, um die Nebenstrecken zu entlasten. Sinnvoll ist auch eine Verlagerung auf »vorbelastete« Bereiche, d.h. auf Abschnitte, wo bereits Auswirkungen durch den Lärm vorhanden sind.

2. Können die Grenzwerte durch eine bestimmte Linienführung nicht eingehalten werden, müssen bauliche Maßnahmen zum Lärmschutz errichtet werden (aktiver Lärmschutz) wie z. B. Lärmschutzwälle, Lärmschutzwände oder Wälle mit aufgesetzten Wänden. In besonderen Fällen können auch eine Troglage der Straße oder ein Lärmschutztunnel in Frage kommen. Die Lärmschutzanlage ist nach Möglichkeit nahe an die Fahrbahn zu legen.

   Die Bepflanzung mit Bäumen und Sträuchern entlang der Fahrbahn bietet keinen ausreichenden Schallschutz, wobei die psychologischen Auswirkungen sehr wohl eine Rolle spielen können (Lärm, den man nicht »sehen« kann, wird als nicht so laut empfunden).

   Eine weitere Alternative für den Lärmschutz ist die Verwendung eines lärmmindernden Straßenbelags. Die Wirkung eines solchen Belags lässt im Laufe der Zeit nach, da sich die Poren zusetzen. Aus diesem Grund ist der Unterhaltungsaufwand für diesen sogenannten »Flüsterasphalt« größer als bei einem herkömmlichen Straßenbelag.

3. Können keine Lärmschutzmaßnahmen entlang der Fahrbahn angebracht werden und wird durch andere Maßnahmen, wie z. B. das Aufbringen eines lärmmindernden Belages oder durch Geschwindigkeitsbegrenzungen kein ausreichender Lärmschutz erreicht, erfolgt eine Verbesserung des Schallschutzes am Immissionsort selbst (passiver Lärmschutz). Dieser kommt auch dann zum Einsatz, wenn der Aufwand für aktiven Lärmschutz in keinem Verhältnis zum Nutzen steht (z. B. für Einzelobjekte).

   Als sinnvolle Maßnahmen sind hier der Einbau entsprechender Fenster und Türen mit einer Schallschutzverglasung sowie das Anbringen spezieller Dämmstoffe im Wand- und Deckenbereich zu nennen.

Bei der Wahl der Lärmschutzmaßnahmen ist von folgender Reihenfolge auszugehen:

1. Wall
2. Wall-Wand-Kombination
3. Wand.

Beim Bau von Lärmschutzwällen ist zwischen Erdwällen und Steilwällen zu unterscheiden. Erdwälle haben folgende Vorteile:

- Die bei der Baumaßnahme anfallenden Bodenmassen können für die Dammschüttung verwendet werden. Der teure Abtransport zu einer Deponie entfällt.
- Durch eine entsprechende Bepflanzung fügen sich Lärmschutzwälle gut in die Landschaft ein.
- Eine Bepflanzung verringert die Schadstoffbelastung.
- Durch die Böschungsneigung erfolgt keine Reflektion des Schalls.

- Die Neigung der Böschung dient als Auffangschutz für Fahrzeuge, die von der Fahrbahn abkommen.
- Im Gegensatz zu Lärmschutzwänden werden an Wällen kaum Schäden durch Vandalismus verursacht.
- Im Winter entstehen nicht so schnell Schneeverwehungen. Auf den Böschungen kann im Rahmen des Winterdienstes der Schnee gelagert werden.

Als Nachteil von Erdwällen gegenüber den Wänden ist die erheblich größere Flächeninanspruchnahme zu nennen. In städtischen Bereichen sind deshalb Erdwälle kaum noch zu realisieren, aus städtebaulichen Gründen häufig auch nicht erwünscht. Ein weiter Nachteil ist der größere Abstand der Beugungskante zum Fahrbahnrand. Aus diesem Grund sind Wälle etwas höher auszuführen als eine Wand mit der gleichen Wirkung.

Erdwälle haben in der Regel einen trapezförmigen Querschnitt mit einer Kronenbreite von mindestens einem Meter und eine Böschungsneigung von 1:1,5.

Stehen keine ausreichenden Flächen für einen Erdwall zur Verfügung, können auch Steilwälle eingesetzt werden. Von verschiedenen Herstellern sind unterschiedliche Systeme erhältlich. Sie werden mit geeigneten Bodenmassen verfüllt und bepflanzt.

Bei beengten Platzverhältnissen werden Lärmschutzwände errichtet. Da sie bereits im Werk vormontiert werden können, wird für den Einbau wenig Zeit benötigt.[3]

Vor den Lärmschutzwänden sind aus Sicherheitsgründen Schutzplanken anzubringen. Zur Einbindung in die Landschaft kann die Lärmschutzwand beidseitig bepflanzt werden. Für die Herstellung von Lärmschutzwänden kommen verschieden Materialien in Frage, wie z. B.:

- Aluminium
- Holz
- Beton
- Ziegel
- Kunststoffe (auch transparent).

Die Planung von Lärmschutzmaßnahmen erfolgt vermehrt in Zusammenarbeit mit Architekten und Designern. Dabei steht nicht ausschließlich die lärmmindernde Wirkung im Vordergrund, sondern der optische Eindruck des Bauwerkes auf den Verkehrsteilnehmer, den Anlieger und auf das Umfeld.

Luftverschmutzung

Bei der Verunreinigung der Luft durch den Straßenverkehr ist zwischen Emissionen und Immissionen zu differenzieren. Bei den gas- und staubförmigen Emissionen ist zwischen dem Ausstoß, der mit dem Kraftstoffverbrauch zunimmt und dem motorabhängigen Verbrauch, zu unterscheiden.

Die vermehrte Verwendung von bleifreiem Kraftstoff und die größere Anzahl von Kfz mit Katalysator konnten die Luftverschmutzung in den letzten Jahren verringern.

Folgende Schadstoffe sind zu nennen:

- Kohlenmonoxid (CO),
  entsteht bei der unvollständigen Verbrennung von Kraftstoff, besonders beim Start.
- Kohlenwasserstoffe (HC),
  bei höherem Kraftstoffverbrauch nimmt der Ausstoß zu.
- Stickoxide (NO_x),
  der Ausstoß steigt bei zunehmender Motordrehzahl an.
- Blei (Pb),
  der Ausstoß ist vom Kraftstoffverbrauch abhängig.
- Schwefeldioxid (SO_2),
  der Ausstoß ist vom Kraftstoffverbrauch abhängig.
- Russpartikel,
  der Ausstoß ist motorabhängig.

Es ist festgestellt worden, dass der Ausstoß nicht bei allen Schadstoffen mit zunehmender Geschwindigkeit steigt. So ist beispielsweise der Schadstoffausstoß im Stadtverkehr bei vielen Ampelstops größer, als bei fließendem Verkehr, selbst wenn die Fahrgeschwindigkeit dabei geringer ist.

Mit zunehmendem Abstand zum Fahrbahnrand nimmt die Schadstoffbelastung der Luft ab. Dieser Effekt kann durch eine entsprechende Bepflanzung noch verstärkt werden.[3]

1.7 Straßennetzgestaltung

Unabhängig von der Klassifizierung der Straßen nach Baulastträgern ist die Einheit des gesamten Straßennetzes zu betrachten. Innerhalb dieser Einheit hat jede Straße darin ihre Aufgabe optimal zu erfüllen.

Aus der jeweiligen Verkehrsaufgabe einer Strecke im Netz ergibt sich eine Gliederung des Straßennetzes in Teilstrecken mit unterschiedlicher Gestaltung (Straßentypen). Die Aufgabe einer Straße wird durch die Verkehrsart und die Verkehrsmenge bestimmt.

Dabei ist die Dichte der Straßennetze abhängig von der Struktur des Umfeldes. In dicht besiedelten Räumen und in den angrenzenden Randbereichen ist eine größere Dichte erforderlich als in dünn besiedelten Gegenden. Dies bedeutet eine größere Anzahl von Netzknoten mit geringeren Abständen.

Großräumige Straßennetzplanung

Die großräumige Straßenetzplanung basiert auf der Verkehrspolitik, die vom Bundesministerium für Verkehr, Bau- und Wohnungswesen (BMVBW) festgelegt ist. Sie gliedert sich wie folgt:

- Primärnetz
  Fernstraßen, Fahrweiten >100 km
- Sekundärnetz
  Regionalstraßen, Fahrweiten 25 bis 100 km z. B. Berufspendler, Freizeitverkehr, Gütertransporte
- Tertiärnetz
  Nahverkehrsstraßen, Fahrweiten <25 km z. B. Querverbindungen.

Städtische Straßen- und Wegenetze

Bei der Einteilung städtischer Wegenetze gilt ebenso die Einteilung der Primär-, Sekundär- und Tertiärnetze.
Die dargestellten Formen genügen den heutigen Ansprüchen an ein gut funktionierendes Straßennetz nicht.

Aus diesem Grund werden größere Stadtgebiete in Zellen aufgeteilt, um eigene Bereiche zu schaffen, z. B. verkehrsarme und verkehrsstarke Bereiche. Das Netz ist dabei so zu strukturieren, dass für längere Fahrten die Strecken des Primär- und Sekundärnetzes genutzt werden (Vermeidung von »Schleichwegen«).

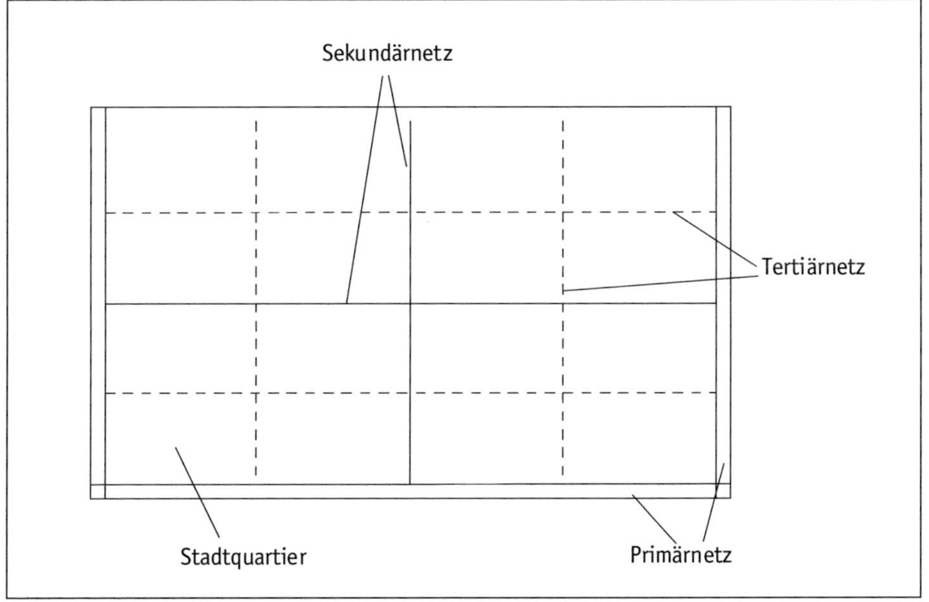

Abb. 1: Beispiel für die Erschließung von Stadtquartieren

Erschließung von Baugebieten

Die Erschließung umfasst alle Maßnahmen, die erforderlich sind, um Grundstücke in der geplanten Weise und entsprechend der Bauordnung zu nutzen.

Neben den Versorgungsanlagen sind die Energieversorgung sowie die Wasserversorgung, Abwasserentsorgung u. Ä. zu berücksichtigen.

Netzgestaltung von Erschließungsstraßen

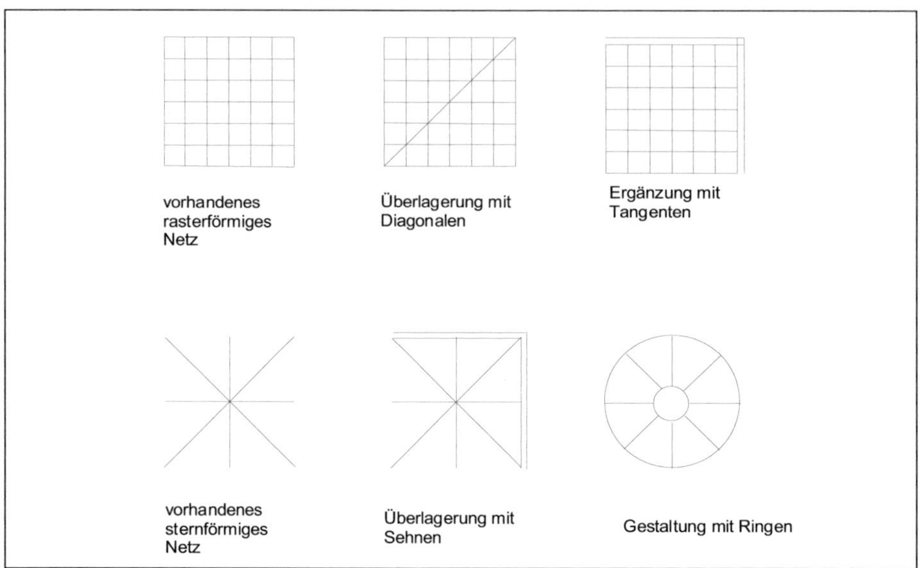

Abb. 2: Gestaltung von Straßen- und Wegenetzen

Rasternetz

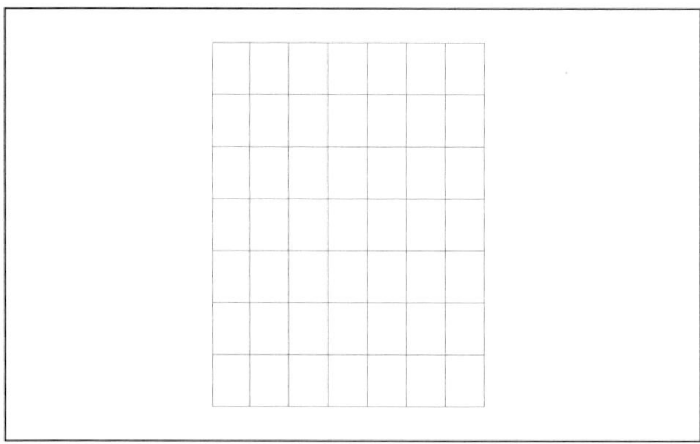

Abb. 3: Rasternetz

Vorteile:

- bei Staus genügend Ausweichmöglichkeiten
- ausgeglichene Verkehrsverteilung

Nachteile:

- unübersichtlich
- Verteilung der Verkehrsmengen nicht kontrollierbar
- viele Knotenpunkte
- viele Anbindungspunkte an das übergeordnete Netz

Innenringnetz

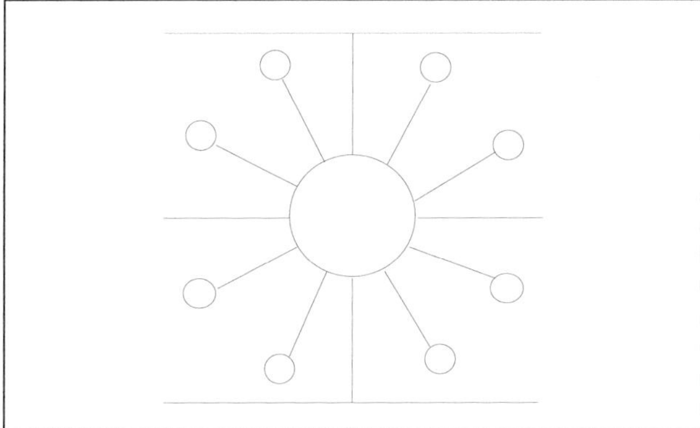

Abb. 4:
Innenringnetz

Vorteile:

- eindeutige Einstufung der Straße
- autofreie Zone im Zentrum
- gute Einbindung in die Umgebung
- gute Übersicht an den Knotenpunkten
- in den Erschließungsstraßen kein Durchgangsverkehr.

Nachteile:

- die Wohngebiete werden vom Zentrum durch stark befahrene Sammelstraßen getrennt
- hohe Lärmbelastung
- im Bereich von zentralen Einrichtungen stark belastete Knotenpunkte
- geringe Entfernung zwischen den Knotenpunkten.

Außenringnetz

Vorteile:

- Trennung von Geh- und Radverkehr
- Erschließung der zentralen Einrichtung durch ein zusammenhängendes Gehwegenetz innerhalb des Ringes.

Nachteile:

- Trennung des Gebietes von der Umgebung
- weite Entfernung zum Zentrum
- ungenügende Anbindung des ÖPNV.

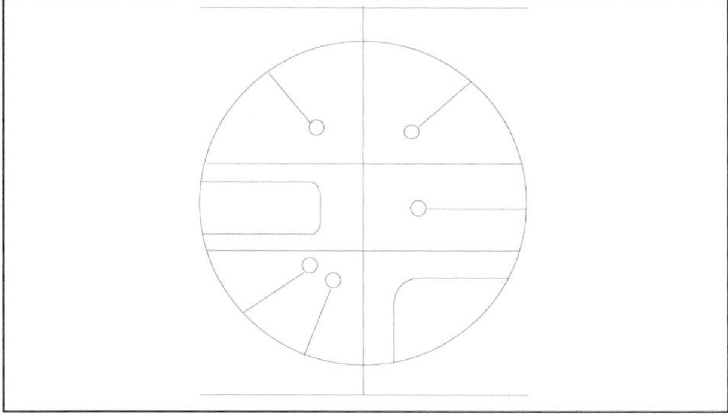

Abb. 5: Außenringnetz

Zangennetz

Vorteile:

- Trennung von Geh- und Radweg
- gute Einbeziehung von Natur- und Landschaft.

Nachteile:

- teilweise lange Fahrtstrecken
- starke Belastung im Verknüpfungsbereich
- schlechte Anbindung des ÖPNV.

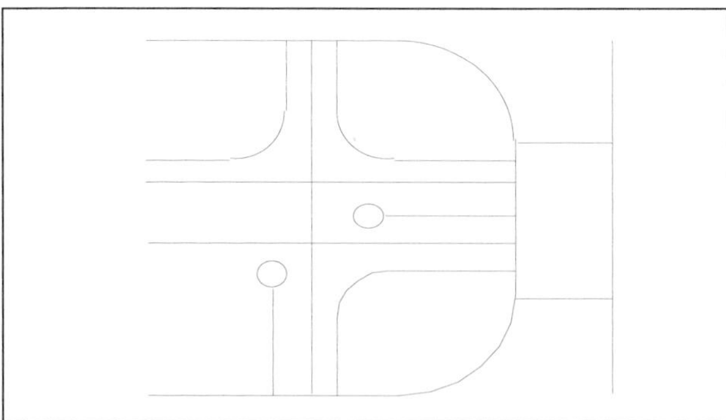

Abb. 6: Zangennetz

2 Straßenstatistik und Straßenverwaltung

2.1 Verkehrsentwicklung

Alle Straßen einer Region bilden ein zusammenhängendes Netz von Verkehrsverbindungen. Da diese Verbindungen unterschiedliche Aufgaben zu erfüllen haben, werden sie entsprechend ihrer Bedeutung eingeteilt. In der Bundesrepublik Deutschland erfolgt die Einteilung nach der behördlichen und finanziellen Zuständigkeit in Autobahnen, Bundesstraßen, Landesstraßen, Kreisstraßen und Stadt- bzw. Gemeindestraßen.

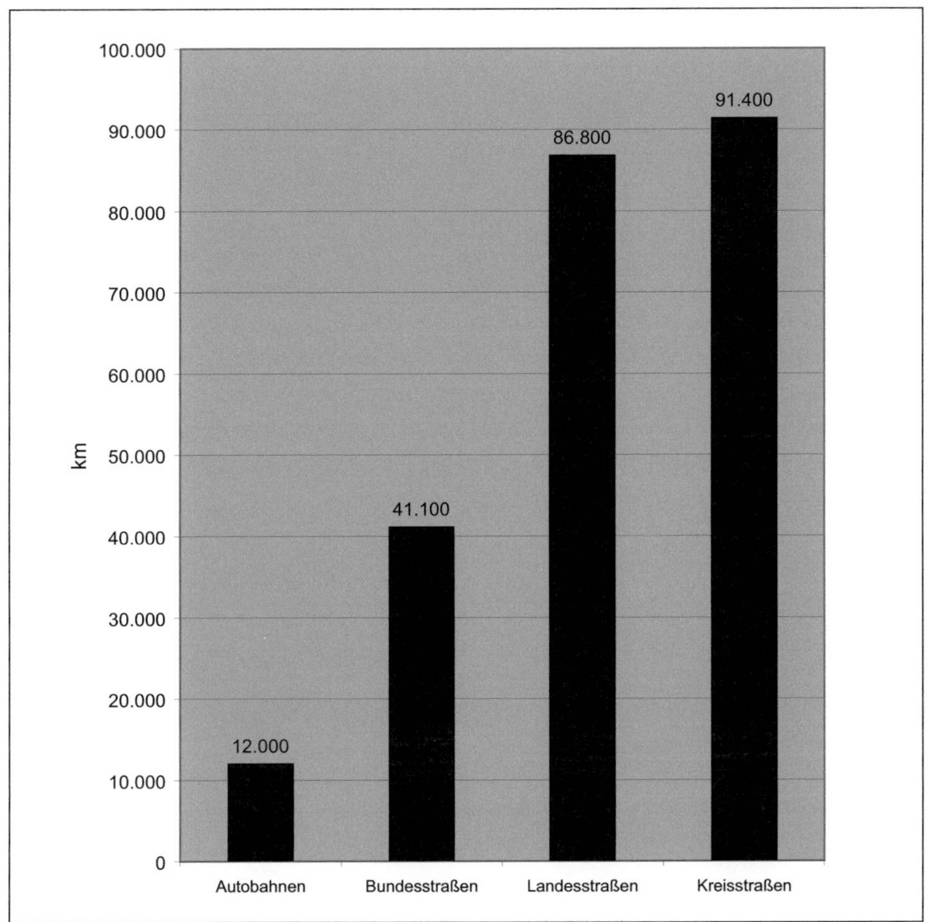

Abb. 7: Länge der Straßen des überörtlichen Verkehrs
(Stand 01.01.2004, Quelle: Statistisches Bundesamt Deutschland)

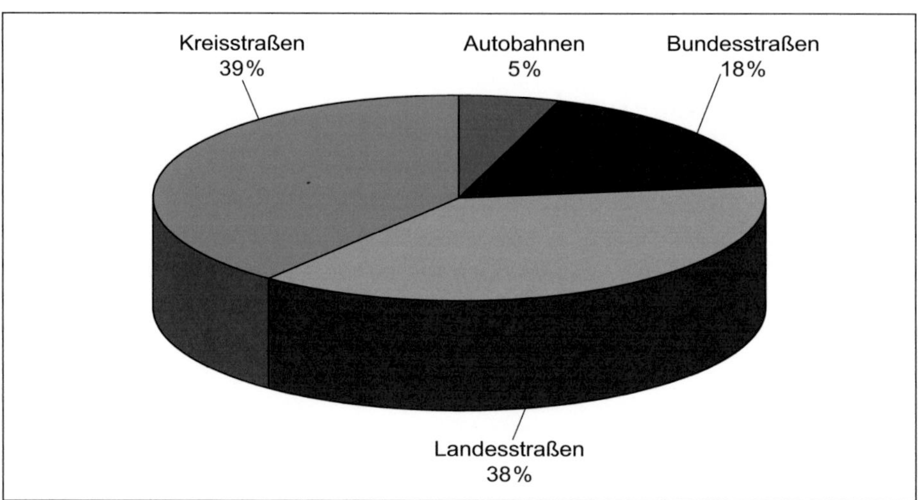

Abb. 8: Anteil der Straßen am Gesamtnetz 231 400 km
(Stand 01.01.2004, Quelle: Statistisches Bundesamt Deutschland)

Autobahnen und Bundesstraßen bilden zusammen die Bundesfernstraßen. Straßen, die im Wesentlichen nicht dem innerörtlichen Verkehr, sondern dem Verkehr von Ort zu Ort dienen, werden als überörtliche Straßen bezeichnet. Zur Kennzeichnung erhalten die Straßen einen Buchstaben und eine Nummer. Bundesautobahnen werden mit A, Bundesstraßen mit B, Landesstraßen mit L und Kreisstraßen mit K gekennzeichnet. Die Autobahnen in Nord-Südrichtung erhalten eine ungerade, in Ost-Westrichtung eine gerade Nummer (z. B. A 31 Ruhrgebiet-Emden, A 2 Dortmund-Berlin).

Am 01. 01. 2004 waren in der Bundesrepublik Deutschland 45 022 926 Personenkraftwagen registriert. Die Zahlen der vergangenen Jahre zeigen, dass die Anzahl der PKW ständig steigt.

Für die Bearbeitung von Straßenentwürfen, insbesondere bei der Berechnung der Lärmpegel und der Abgasemissionen, ist die Verkehrsstärke von Bedeutung. Sie wird für einzelne Straßenabschnitte in Kraftfahrzeugen je 24 Stunden, die im Jahresdurchschnitt einen bestimmten Straßenquerschnitt in beiden Richtungen passieren als DTV (durchschnittlicher täglicher Verkehr) angegeben.

Die Bundesfernstraßen nehmen für die Verkehrsabwicklung in Europa eine wichtige Stellung ein. Mit einem Anteil von ca. 23 % am gesamten Straßennetz nehmen sie mehr als die Hälfte der gesamten Jahresfahrleistungen der Kraftfahrzeuge auf. Dies verdeutlicht die Bedeutung der Bundesrepublik Deutschland als Transitland und die umfangreichen wirtschaftlichen Beziehungen zu den Nachbarländern.

Die grenzüberschreitenden Straßen bilden die höchstrangigen Verbindungen des Straßennetzes. Innerhalb Europas werden diese Verbindungen als Europastraßen ausgewiesen.

2.2 Gliederung der Straßenbauverwaltung

Das Bundesministerium für Verkehr, Bauen und Wohnen (BMVBW) mit seinen unterschiedlichen Abteilungen, z. B. Abteilung Straßenbau, ist die oberste Behörde der Straßenverwaltung. Die Bundesanstalt für Straßenbau in Bergisch-Gladbach ist dem BMVBW angeschlossen.

Zu ihren Aufgaben gehört:

- das Zusammentragen und Analysieren von Kenntnissen aus allen Bereichen des Straßenwesens
- die Forschung im Straßenwesen
- die Umsetzung der Ergebnisse von wissenschaftlichen Untersuchungen in die Praxis
- die Zulassung und Prüfung von Baustoffen, Bauteilen und sonstigen Verfahren (z. B. zur Bauausführung oder Qualitätssicherung)
- die Beratung des Bundes, der Länder und sonstiger Stellen zu allen Fragen des Straßenwesens
- die Weitergabe der Kenntnisse und Erfahrungen an Dritte durch Veröffentlichungen in der Fachliteratur und durch Schulungen des Straßenbaupersonals.

In den einzelnen Bundesländern sind die Landesministerien zuständig für den Straßenbau. Die Länder verwalten neben den Landesstraßen auch die Bundesfernstraßen im Auftrag des Bundes (Bundesauftragsverwaltung). Zur Erledigung der Aufgaben sind den Landesbaubehörden die Straßenbauämter untergeordnet. Jedes Straßenbauamt ist für einen festgelegten regionalen Bereich zuständig.

In einigen Bundesländern werden die Ämter entsprechend ihren Aufgaben eingeteilt in Straßenneubauämter und Unterhaltungsämter.

Den Straßenbauämtern sind die Autobahn- und Straßenmeistereien untergeordnet. Die Aufgabe der Meistereien ist die Unterhaltung und Instandsetzung der Straßen. Hierzu gehört auch der Winterdienst.

Die Kreisstraßen werden entweder von den Landkreisen selbst oder vom Land verwaltet. Die Unterhaltung und Instandsetzung sowie der Um- und Ausbau von Stadt- und Gemeindestraßen liegt im Zuständigkeitsbereich der Städte und Kommunen.

2.3 Einteilung der Straßen

Die Straßen für den öffentlichen Verkehr werden in den »Richtlinien für die Anlage von Straßen (RAS)« in fünf Kategorien eingeteilt:

- angebaut
- anbaufrei
- innerhalb bebauter Gebiete
- außerhalb bebauter Gebiete,
- Funktion (Verbindung, Erschließung oder Aufenthalt).

Entsprechend der Funktion für die Verbindung und Anbindung von Zielen im Straßennetz werden die Gruppen A bis E in 13 Straßenkategorien unterteilt.

Bei der Gestaltung von Straßennetzen wird zwischen den Funktionen unterschieden, die die Straßen im Netz übernehmen.

Zum Transport von Gütern und Personen hat die Straße eine Verbindungsfunktion. Für unser gesellschaftliches Leben und zum Erhalt der wirtschaftlichen Leistungsfähigkeit ist ein ausreichendes Netz von Verbindungsstraßen notwendig.

Die heutige Infrastruktur benötigt Verkehrsverbindungen, die leistungsfähige und sichere Transporte bei geringem Zeit- und Kostenaufwand gewährleisten. Die gleichen Eigenschaften werden vom Menschen für den Weg zur Arbeit, zum Einkaufen sowie bei Freizeitfahrten gefordert. Bei der Lösung dieser Aufgabe sind die Belange des Naturschutzes zu beachten.

Innerhalb bebauter Gebiete erfüllen Straßen die Funktion der Erschließung als Zufahrt zu den anliegenden Grundstücken und Häusern. Wenn die Zugänglichkeit für den regelmäßigen Verkehr und für die Rettungswege vorhanden ist, gilt die Erschließung als gewährleistet, selbst wenn gelegentlich Behinderungen auftreten.

Erfüllt eine Straße Erschließungs- und Verbindungsfunktion, ergeben sich häufig gegenseitige Behinderungen. Bei einer geringen Verbindungsfunktion kann die Funktion der Erschließung am besten übernommen werden.

Mit der Erschließung ist die Inanspruchnahme der Straße durch Fußgänger und Radfahrer verbunden, für die ausreichende Verkehrsflächen zur Verfügung stehen müssen. Ebenfalls vorzusehen sind entsprechende Querungsmöglichkeiten, um ein sicheres Überqueren der Straße zu ermöglichen.

Auf Grund der Konfliktsituation zwischen dem Durchgangsverkehr und dem Querverkehr sind eventuell Geschwindigkeitsbeschränkungen erforderlich.

Ein typisches Merkmal für angebaute Straßen ist ihre Aufenthaltsfunktion, die durch die starke Inanspruchnahme der beiderseitigen Bebauung verursacht wird. Hierzu gehört neben dem Spielen von Kindern auch der Zugang zu den Geschäften und öffentlichen Einrichtungen.

Durch das häufige Überqueren der Fahrbahn entstehen Konflikte mit dem Durchgangsverkehr. Wenn für den Aufenthalt keine ausreichenden Flächen zur Verfügung stehen, sind die Verkehrsbelastung und die Geschwindigkeit zu beschränken.

Außerhalb bebauter Gebiete erfüllen Straßen hauptsächlich die Funktion der Verbindung, die Erschließung ist von geringer Bedeutung.

Innerhalb bebauter Gebiete ist die Überlagerung der einzelnen Funktionen der Regelfall.

Kategoriengruppe A
- großräumige Verbindungen außerhalb bebauter Gebiete
- anbaufrei
- großer Abstand zwischen den Knotenpunkten
- je nach Bedarf mit Geh- und Radwegen neben dem Seitentrennstreifen.

Kategoriengruppe B
- anbaufreie Straßen innerhalb und im Vorfeld bebauter Gebiete
- Verbindung von innerörtlichen Zentren untereinander und mit Straßen der Kategoriengruppe A
- kleinere Abstände zwischen den Knotenpunkten
- Höchstgeschwindigkeiten in der Regel 50–80 km/h
- Geh- und Radwege bei Bedarf neben den Seitentrennstreifen.

Kategoriengruppe C
- angebaute oder anbaufreie Straßen zum Verbinden, Erschließen oder zum Aufenthalt
- beidseitige Gehwege und Parkflächen notwendig
- Höchstgeschwindigkeit in der Regel 50 km/h.

Kategoriengruppe D
- Sammel- und Anliegerstraßen zur Erschließung
- hoher Anteil an Fußgängern und Radfahrern
- eventuell mit Verkehrsberuhigungsmaßnahmen
- Trennung der einzelnen Verkehrsarten
- Höchstgeschwindigkeit max. 50 km/h.

Kategoriengruppe E
- Anliegerstraßen und Anliegerwege
- überwiegend zur Erschließung der angrenzenden Grundstücke und zum Aufenthalt
- Mischflächen müssen vorhanden sein
- Höchstgeschwindigkeit 30 km/h bzw. Schrittgeschwindigkeit.

Die Anforderung an das Netz, die sich aus der Verbindungsfunktion einer Straße ergibt, ist zur Bestimmung der Kategoriengruppe allein nicht ausreichend. Die Bedeutung der Verbindungsfunktion ist weiter zu differenzieren. So müssen großräumige Verbindungen über eine längere Strecke eine höhere Verkehrsqualität aufweisen als Verbindungen über kurze Entfernungen. Die Verkehrsqualität wird bestimmt durch die Reisegeschwindigkeit und die Gleichmäßigkeit des Fahrverlaufs. Hieraus ergeben sich die Grundlagen für die Entwurfsbearbeitung (z. B. Linienführung, Querschnitt usw.).

Nach Abwägung der Erfordernisse der Verkehrssicherheit, der Raumordnung und des Städtebaus sowie des Naturschutzes bestimmt die Verkehrsqualität maßgeblich die Grundlagen des Entwurfs.

Die Bedeutung der Verbindungsfunktion einer Straße ist im Wesentlichen von der Bedeutung der Orte abhängig, die sie miteinander verbindet. In Abstimmung mit der Raumplanung in der Bundesrepublik Deutschland wird die Bedeutung der überörtlichen Verbindungen durch das System der zentralen Orte bestimmt. Dies sind Gemeinden, die über den Bedarf ihrer Einwohner hinaus die Bevölkerung des Umlandes mit versorgen.

Entsprechend der Größe der Gemeinde und des Umlandes sowie der Bedeutung der zentralen Versorgungsfunktion werden die zentralen Orte in Oberzentren, Mittelzentren und Grund- oder Unterzentren eingestuft. Nach der Einstufung des Ortes werden die Verbindungen zwischen den Orten unterschieden und erhalten dementsprechende Merkmale für die Entwurfsbearbeitung und den späteren Betrieb.

Neben den Verbindungen der einzelnen Orte sind bei der Straßennetzgestaltung die Verbindungen innerhalb einer Gemeinde ebenfalls zu berücksichtigen. Bei großen Gemeinden erfüllen die einzelnen Stadtteile unterschiedliche Versorgungsfunktionen. Deshalb erfolgt auch hier eine Einteilung in innergemeindliche Oberzentren, Mittelzentren und Grundzentren. Weiträumige Sondergebiete wie z. B. Industriegebiete, Messegelände, Universitätsgelände usw. sind entsprechend ihrer Bedeutung den innergemeindlichen Zentren gleichzusetzen. Innerhalb der Gemeinden werden zur funktionalen Gliederung des Straßenetzes Verbindungen festgelegt, die die gleichen Aufgaben erfüllen wie die Verbindungen zwischen den einzelnen Orten.

Bei der Netzplanung im innergemeindlichen Bereich ist der Öffentliche Personennahverkehr (ÖPNV) besonders zu berücksichtigen. Vorhandene Naherholungsgebiete und Fremdenverkehrsregionen sind ebenfalls in die Planung mit einzubeziehen.

Verkehrsschwerpunkte wie Bahnhöfe, Flugplätze, Häfen u. ä. und Verkehrserzeuger wie Großbetriebe, Einkaufszentren, Messe- und Universitätsgelände sind Verknüpfungspunkte mit anderen Verkehrssystemen. Diese Verknüpfungspunkte werden je nach ihrer Bedeutung den unterschiedlichen Zentren gleichgesetzt wobei die Qualitätsansprüche der Anbindungsstrecken geringer anzusetzen sind als die der Verbindungsstrecken. Die Belange des ÖPNV sind besonders zu berücksichtigen.[11]

2.4 Festlegung der Ausbauqualitäten

Die Festlegung der Ausbauqualitäten der einzelnen Straßenabschnitte erfolgt mit Hilfe eines Kataloges, in dem die Straßenverbindungen in Verbindungsfunktionsstufen eingeteilt sind. Mit den Verbindungsfunktionsstufen kann jeder Straßenabschnitt einer Straßenkategorie innerhalb der Kategoriengruppe zugeordnet werden. Die Verbindungsfunktionsstufe gibt dabei die Bedeutung des Straßenabschnittes im Netz an. Mit der Kategoriengruppe werden die Anforderungen festgelegt, die sich aus der Nutzung des Straßenumfeldes ergeben.

Durch die Verknüpfung der Verbindungsfunktionsstufe mit der Kategoriengruppe wird die Straßenkategorie bestimmt. Dies gilt jeweils für einen bestimmten Abschnitt im Straßennetz.

Auf Grund der verschiedenen Anforderungen an das Straßenumfeld und der Verbindungsbedeutung eines Straßenabschnittes sind nicht alle Verknüpfungsvarianten zweckmäßig.

Bei Ortsdurchfahrten von Straßen mit der Verbindungsfunktionsstufe können Probleme auftreten, wenn die überörtlichen Ansprüche aus dem Umfeld mit den örtlichen Nutzungsansprüchen zusammentreffen, so dass neben einer anderen Kategoriengruppe auch eine andere Verbindungsfunktionsstufe gewählt werden muss.

Innerhalb bebauter Gebiete ist zu beachten, dass Konflikte bei der Überlagerung mit anderen Netzformen (z. B. Schienennetze) auftreten können. Diese Konflikte sind nicht allein mit einer kraftfahrzeugorientierten Straßennetzplanung zu lösen.

Als Grundlage für die Bewertung sind die Auswirkungen unterschiedlicher Maßnahmen abzuschätzen. Eine umfassende Analyse erfordert die Berücksichtigung des Verkehrs, der Umwelt und der Kosten. Zur Abschätzung der Auswirkung von Planungsvarianten ist die Verwendung folgender Kriterien, zwischen denen teilweise Wechselbeziehungen bestehen, sinnvoll:

Verkehr

- Erreichbarkeit
- Verkehrssicherheit
- Komfort
- Auslastungsgrad der Strecken
- Auslastungsgrad der Knoten.

Umwelt

- Lärm
- Luftverunreinigung
- Wasserverunreinigung
- Beeinträchtigung des Wasserhaushaltes
- Beeinträchtigung des Stadtbildes
- Beeinträchtigung des Landschaftsbildes
- Flächeninanspruchnahme
- Trennwirkung
- Veränderung des Kleinklimas
- Sicherheit.

Kosten

- Baukosten
- Unterhaltungskosten
- Betriebskosten
- Unfallkosten.

		Außerhalb bebauter Gebiete	Innerhalb bebauter Gebiete			
		anbaufrei		angebaut		
		Verbindung			Erschließung	Aufenthalt
Verbindungsfunktionsstufe		**A**	**B**	**C**	**D**	**E**
Großräumige Straßenverbindung	I	A I	B I	C I		
Überregionale/regionale Straßenverbindung	II	A II	B II	C II	D II	
Zwischengemeindliche Straßenverbindung	III	A II	B II	C III	D III	E III
Flächenerschließende Straßenverbindung	IV	A IV	B IV	C IV	D IV	E IV
Untergeordnete Straßenverbindung	V	A V	–	–	D V	E V
Wegeverbindung	VI	A VI	–	–	–	E VI

In der Regel nicht vorkommend – Besonders problematisch
Problematisch Nicht vertretbar

Tab. 3: Bestimmung der Straßenkategorien gemäß RAS-N

Auf Grund der hohen Geschwindigkeiten auf anbaufreien Straßen außerhalb bebauter Gebiete (A) sind bei der Entwurfsgestaltung die Fähigkeiten eines durchschnittlichen Fahrzeugführers zu berücksichtigen. So haben beispielsweise die Reaktionszeit, das Gesichtsfeld oder auch optische Täuschungen einen Einfluss auf das Fahrverhalten.

Für eine sichere Fahrt und eine optimale Einbindung der Straßen in die Landschaft ist die Abstimmung zwischen Lageplan, Höhenplan, Querschnitt und Ausstattung notwendig. Das Ziel der Planung ist eine Straße, die den Benutzer optisch eindeutig führt (Einheit von Bau und Betrieb). Die Eingriffe in die Natur und die Landschaft sind zu minimieren.

Anbaufreie Straßen innerhalb bebauter Gebiete (B) sollen den Kraftfahrzeugverkehr bündeln und somit bebaute Gebiete entlasten. Die Bewältigung von großen Verkehrsstärken auf kurzen Entfernungen steht im Vordergrund. Die Entwurfsgeschwindigkeit beträgt in der Regel 80 km/h.

Beim Entwurf angebauter Straßen müssen alle wesentlichen örtlichen und überörtlichen Nutzungsansprüche ermittelt oder abgeschätzt werden. Aus der Verbindungsfunktionsstufe resultieren die überörtlichen Nutzungsansprüche. Folgende örtliche Nutzungsansprüche sind bei der Planung zu berücksichtigen:

- Fußgängerverkehr
- soziale Ansprüche (Aufenthalt, spielende Kinder, Arbeiten usw.)
- fließender Kfz-Verkehr
- ruhender Kfz-Verkehr
- Liefern und Laden
- ÖPNV
- Ver- und Entsorgung
- Sonderverkehr (Militärfahrzeuge, landwirtschaftliche Fahrzeuge).

Angebaute städtische Hauptverkehrsstraßen sind häufig ein wesentlicher Bestandteil des gesamten städtischen Straßennetzes. Durch die starke Verkehrsbelastung und ihrer Bedeutung als Hauptgeschäftsstraße sowie kulturelles und kommunikatives Stadtteilzentrum kommt es auf Grund der vielfältigen Nutzungszusammenhänge und Verflechtungen zu Konflikten zwischen den Funktionen Verbinden, Erschließen und Aufenthalt.

Da für alle Funktionen ausreichend Flächen zur Verfügung stehen müssen, sind die einzelnen Nutzungsarten besonders sorgfältig untereinander abzuwägen, wenn die Verfügbarkeit der Flächen begrenzt ist.

Da ein Ausweichen auf benachbarte Flächen in den meisten Fällen nicht möglich ist, muss das Ziel des Entwurfes die Sicherung und Schaffung einer weitgehenden Nutzungsverträglichkeit auf den vorgegeben Flächen sein.

In Ortsdurchfahrten von Dörfern oder kleinen Orten sind ebenso Funktions- und Nutzungsüberlagerungen vorhanden wie in angebauten städtischen Hauptverkehrsstraßen. Die Straßenräume im dörflichen Bereich werden häufig als Arbeits- und Lagerraum sowie als Treffpunkt der Bewohner genutzt. Diese Nutzung tritt teilweise mit den kurzen Ortsdurchfahrten bei breiten Fahrbahnen und der daraus resultierenden hohen Geschwindigkeit in Konflikt. Zur Sicherung der Wohnqualität sind deshalb evtl. Überquerungshilfen und/oder Geschwindigkeitsbeschränkungen notwendig.

Bei der Planung von Erschließungsstraßen und -wegen (z. B. in Wohngebieten) sind die fahrgeometrischen Entwurfsgrundlagen zu beachten.

Wenn für den ÖPNV keine besonderen Maßnahmen erforderlich sind, können die Elemente zur Verkehrsberuhigung und Geschwindigkeitsdämpfung eingesetzt werden.

2.5 Verkehrsberuhigung

Neben gestalterischen Maßnahmen können Geschwindigkeitsbegrenzungen zur Verkehrsberuhigung beitragen. Folgende Ziele sollen mit einer flächenhaften Verkehrsberuhigung erreicht werden:

- Vermeidung von Verkehr
- Verlagerung des Verkehrs (Nutzung von ÖPNV, Fahrrad)
- Technische Verbesserungen (z. B. geräuschärmere Kfz, geringer Kraftstoffverbrauch des Kfz)
- Nutzungs- und umweltverträgliche Abwicklung des Verkehrs.

Es hat sich gezeigt, dass bauliche Umgestaltungsmaßnahmen zur großräumigen Verkehrsberuhigung allein nicht ausreichen. Nur durch ein geändertes Bewusstsein der Verkehrsteilnehmer ist langfristig eine Veränderung des Verkehrsverhaltens zu erzielen.

In den folgenden Fällen kann die Anlage eines Kreisverkehrsplatzes sinnvoll sein:

- Reduzierung der Geschwindigkeit am Ortseingang
- optische Unterbrechung mehrerer gleichrangiger Knotenpunktzufahrten
- räumliche Gliederung des Straßenraumes
- Erhöhung der Leistungsfähigkeit des Knotens
- Vermeidung der Emissionen (Wegfall von langen Wartezeiten)
- Verringerung der Betriebskosten gegenüber Knotenpunkten mit Lichtsignalanlagen.

2.6 Bestimmung der Straßenkategorie

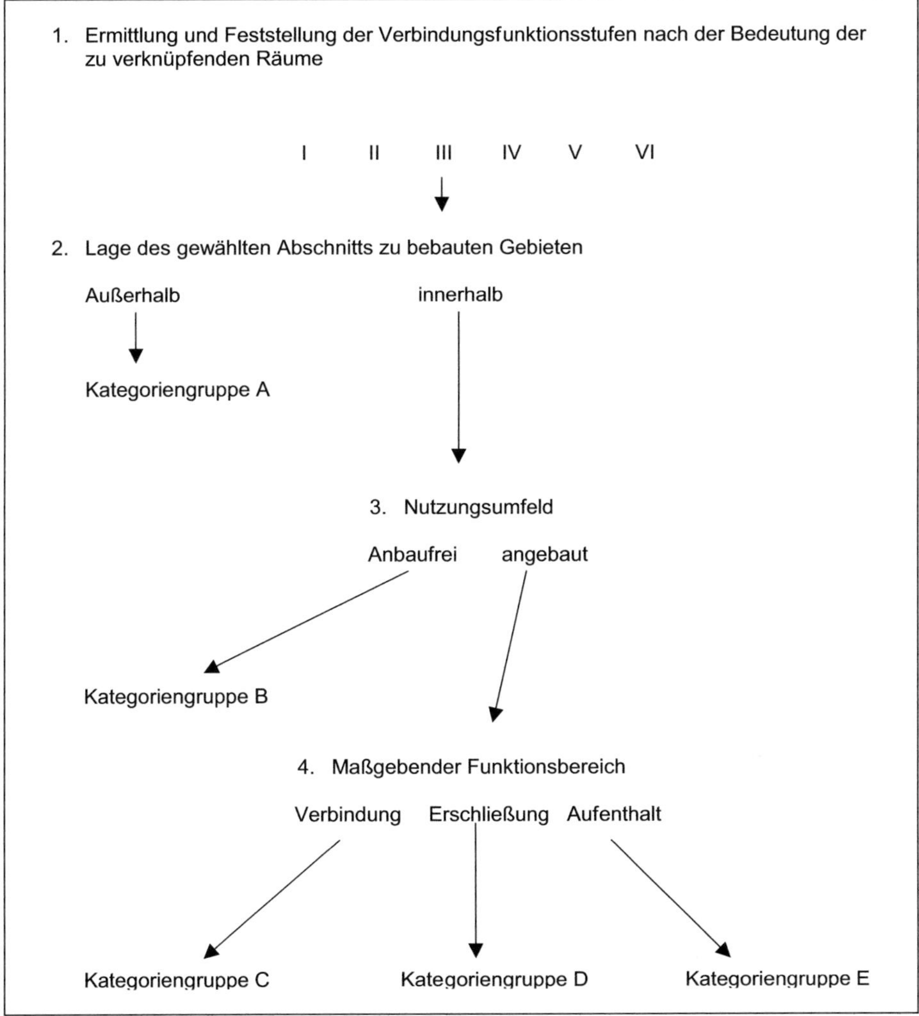

Abb. 9: Ablauf zur Bestimmung der Straßenkategorie

Die Straßen haben eine unterschiedliche Bedeutung und werden von verschiedenen Fahrzeugen und Verkehrsteilnehmern benutzt. Deshalb sind bestimmte Größen erforderlich, an denen man sich bei der Planung orientieren kann. Dies ist auch für die Verkehrssicherheit notwendig, da die Verkehrsteilnehmer möglichst gleiche Voraussetzungen antreffen müssen.

Bestimmungsgrößen für die Planung sind die Entwurfsgeschwindigkeit V_e (km/h) und die Geschwindigkeit V_{85} (km/h). Die Entwurfsgeschwindigkeit V_e ist die Entwurfsgröße, die sich aus der Verkehrsbedeutung der Straße unter dem Aspekt der Wirtschaftlichkeit ergibt.

Aus der vorgegebenen Funktion im Straßennetz und der hierbei angestrebten Qualität des Verkehrsablaufes folgt die Verkehrsbedeutung der Straße. Der Fahrzweck ist ebenso zu berücksichtigen wie die Belange der Natur und der Landschaft.

Der Entwurfsgeschwindigkeit sind Grenz- und Richtwerte der Trassierungselemente (z. B. Kreis, Gerade) und zulässige Verhältniswerte für das Aneinanderfügen der einzelnen Elemente zugeordnet. Sie bestimmt entscheidend die Güte der Straße, besonders bei den Kategoriengruppen A und B, die Qualität des Verkehrsablaufes und die Wirtschaftlichkeit.

Die Entwurfsgeschwindigkeit ist den RAS zu entnehmen, wobei die örtlichen Gegebenheiten zu berücksichtigen sind. Über längere Strecken soll die Entwurfsgeschwindigkeit konstant bleiben.

Die Geschwindigkeit V_{85} ist ein Wert, mit dem die Entwurfselemente des Lageplanes, des Höhenplanes und des Querschnittes bemessen werden. Sie entspricht der Geschwindigkeit, die 85 % der fahrenden Pkw auf sauberer, nasser Fahrbahn nicht über-

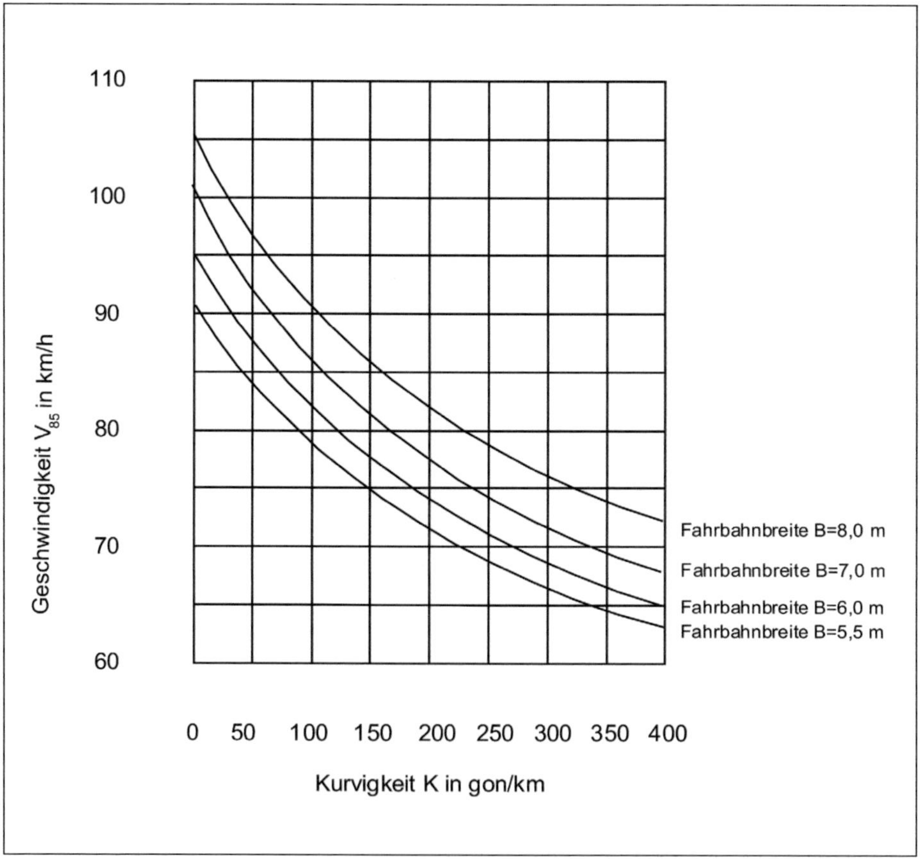

Abb. 10: Kurvigkeit bei einbahnigen Straßen der Kategoriengruppe A

schreiten bzw. der zulässigen Höchstgeschwindigkeit. Über längere Strecken kann sie in festgelegten Grenzen variieren. Die Geschwindigkeit V_{85} bestimmt die Querneigung in der Kurve, die notwendige Haltesichtweite und die Mindestradien bei negativer Querneigung.

Die Ermittlung der Geschwindigkeit V_{85} erfolgt in Abschnitten. Für einbahnige Straßen der Kategoriengruppe A wird sie aus der Abb. 10 abgeschätzt.

Für zweibahnige Straßen ist in den RAS-L 95 die Geschwindigkeit V_{85} wie folgt festgelegt:

$V_{85} = V_e + 20\,km/h$ für $V_e < 100\,km/h$
$V_{85} = V_e + 10\,km/h$ für $V_e > 100\,km/h$

Bei Straßen der Kategoriengruppen B und C entspricht V_{85} = zul. V.

Die Entwurfsgeschwindigkeit V_e und die Geschwindigkeit V_{85} sollen in einem ausgewogenen Verhältnis zueinander stehen. Die Geschwindigkeit V_{85} darf die Entwurfsgeschwindigkeit Ve um höchsten 20 km/h überschreiten. Ist die Differenz größer als 20 km/h, müssen die Werte angeglichen werden.

3 Straßenverkehrstechnik

3.1 Allgemeines

Die starke Zunahme von Kraftfahrzeugen mit allen positiven und negativen Begleiterscheinungen verlangt eine sorgfältige Abwägung bei der Planung von Verkehrsnetzen. Es ist nicht ausreichend, bei der Trassierung das einzelne Fahrzeug zu berücksichtigen.

Zur Bewältigung des hohen Verkehrsaufkommens muss die Leistungsfähigkeit von Knotenpunkten nachgewiesen werden. Dies ist nur möglich, wenn der Verkehr als Gesamtheit betrachtet wird. Die Möglichkeiten der Wechselwirkungen müssen erkannt und abgeschätzt werden. Hierfür ist eine enge Zusammenarbeit mit anderen Fachbereichen notwendig.

Aufgabe der Straßenverkehrstechnik ist es, den heutigen und künftigen Verkehrsraum so zu dimensionieren, dass ein Maximum an Wirtschaftlichkeit, Sicherheit und Leistungsfähigkeit für den einzelnen und die Gesamtheit aller Verkehrsteilnehmer erreicht wird.[12]

3.2 Verkehrserhebungen

In den Monaten März bis Juni sowie September und Oktober tritt der normale Werktagverkehr auf, wobei die Ferienzeiten nicht berücksichtigt werden. Die Werktage Dienstag, Mittwoch und Donnertstag stehen in diesen Monaten gleichberechtigt für Verkehrserhebungen zur Verfügung, wenn sie nicht unmittelbar vor oder nach einem Feiertag liegen. Sofern besondere Verkehrsspitzen (z. B. Wochenendverkehr, Ausflugsverkehr) zu erfassen sind, sind der Tag an dem die Verkehrszählung stattfindet und der Erhebungszeitraum den Gegebenheiten anzupassen.

In der Regel werden die Zählungen über einen Zeitraum von 14, 16 oder 24 Stunden durchgeführt. Zur Erfassung von Sonderfällen kann gegebenfals die Erhebungsdauer begrenzt werden (z. B. Spitzen im Berufsverkehr).

Wenn Stichprobenerhebungen durchgeführt werden, werden die hierbei gewonnenen Erkenntnisse aus den Teilelementen (z. B. Streckenabschnitt, Zeitabschnitt) auf die Gesamtheit der Elemente bezogen. Diese Methode kann jedoch nur eine Annäherung an die gesuchten Daten darstellen.

Bei Querschnittszählungen werden die Verkehrsmenge in einem bestimmten Zeitintervall und zeitliche Schwankungen des Verkehrs ebenso ermittelt wie die Zusammensetzung des Verkehrs.

Manuelle Querschnittszählungen werden mit Hilfe von Strichlisten oder mit mechanischen/elektrischen Handzählgeräten (Zähluhren) durchgeführt.

Wenn Erhebungen über einen längeren Zeitraum durchgeführt werden, erfolgt dies in der Regel mit automatischen Verkehrszählanlagen. Der Verkehrsfluß wird dabei nicht beeinträchtigt.

Für Verkehrsstromerhebungen werden die einzelnen Verkehrsströme beobachtet und registriert. Bei einem überschaubaren Zählgebiet wie beispielsweise an Knotenpunkten können die einzelnen Verkehrsströme direkt mit Hilfe von Strichlisten erfaßt werden. Im Unterschied zu den Querschnittszählungen werden bei den Verkehrsstromerhebungen die Verkehrsströme getrennt ermittelt.

Bei einem ausgedehnten Zählgebiet müssen andere Zählmethoden eingesetzt werden. Mithilfe von Formularen, Diktiergeräten und Videokameras werden Teile des Fahrzeugkennzeichens getrennt nach Fahrtrichtung unter Angabe der Fahrzeugart und der Uhrzeit registriert. Mit dieser Methode können Herkunft und Fahrtziel, die Fahrtwege und die Verkehrsstärke erfasst werden, ohne dass der Verkehrsfluß beeinträchtigt wird.

Bei den Befragungsmethoden wird unterschieden zwischen mündlichen und schriftlichen Befragungen. Sie können auf der Straße und auch am Arbeitsplatz oder in der Wohnung durchgeführt werden. Für Befragungen auf der Straßen ist stets der Einsatz der Verkehrspolizei notwendig, da nur durch Polizeibeamte der Verkehr angehalten werden darf.

Im Allgemeinen sind mündliche Befragungen nur durchführbar, wenn der durchschnittliche tägliche Verkehr (DTV) ca. 7 500 Kfz/24h nicht übersteigt. Der Vorteil dieser Methoden liegt darin, dass neben der Anzahl der Fahrzeuge auch Einzelheiten, z. B. zum Fahrtzweck, erfasst werden können.

Auswertung von Verkehrserhebungen

Die Ergebnisse der Verkehrserhebungen werden in Tabellen und grafisch dargestellt. In den Tabellen werden die Zusammensetzung des Verkehrs an den einzelnen Zählstellen, die Fahrtweiten und evtl. Angaben zum Untersuchungsraum erfasst.

Im Querschnittsbelastungsplan wird die Querschnittsbelastung von Straßenabschnitten angegeben. In einem gewählten Maßstab werden die Verkehrsmengen durch Belastungsbänder dargestellt.

In den Stromlinienplänen erfolgt die Darstellung von Verkehrsströmen an Knotenpunkten, wobei die Verkehrsstärken zahlenmäßig angegeben werden.

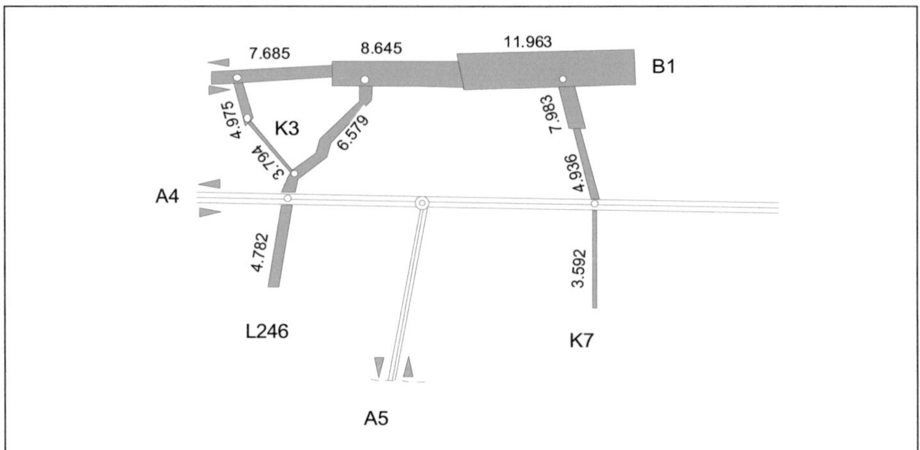

Abb. 11: Querschnittbelastungsplan

Im Strombelastungsplan werden außer den Belastungsdaten durch Belastungsbänder die einzelnen Fahrzeugströme dargestellt. Die Verkehrsstärken und Hauptbeziehungen sind in diesem Plan schnell zu entnehmen.

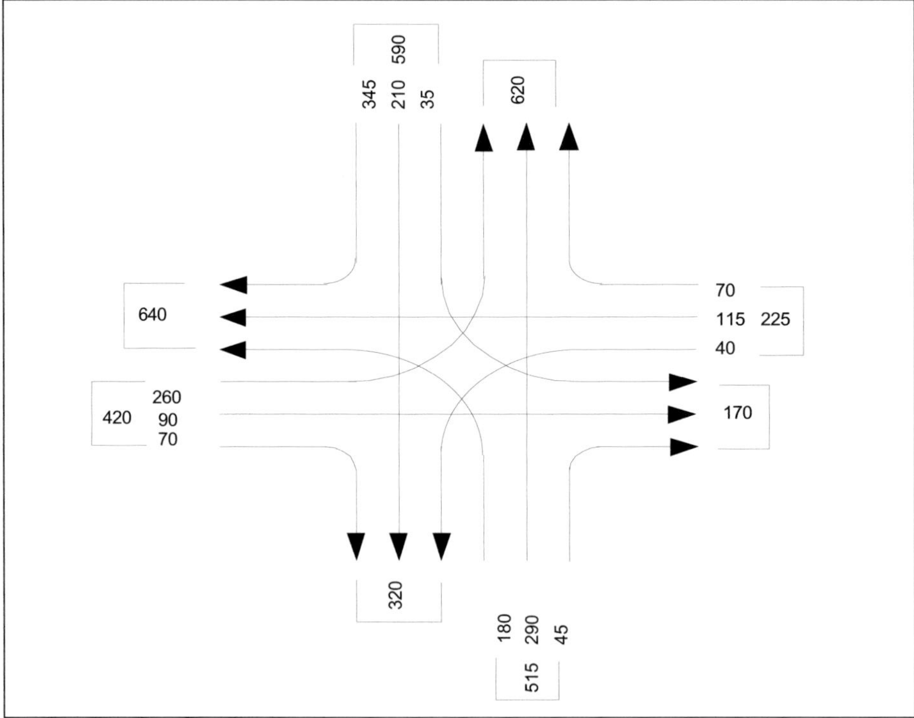

Abb. 12: Stromlinienplan

Die Tagespegel bestimmter Querschnitte werden für die einzelnen Richtungsfahrbahnen getrennt in Tagesganglinien dargestellt. Wenn genügende Erhebungen vorliegen, können Ganglinien für ein gesamtes Planungsgebiet erstellt werden.

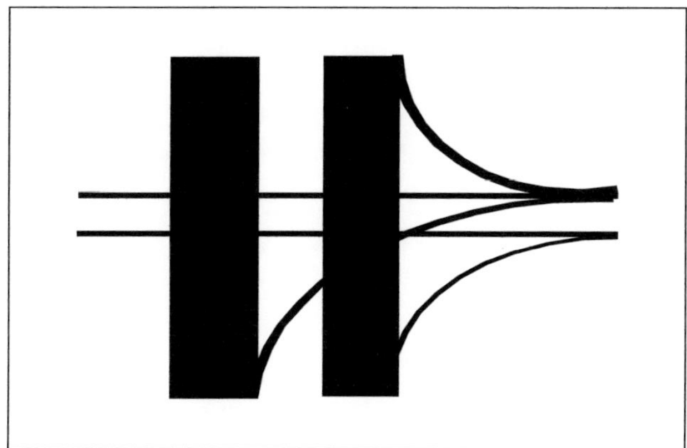

Abb. 13:
Strombelastungsplan

Für verschiedene Verkehrsarten (z. B. Berufsverkehr, Durchgangsverkehr) können ebenfalls Ganglinien entwickelt werden.

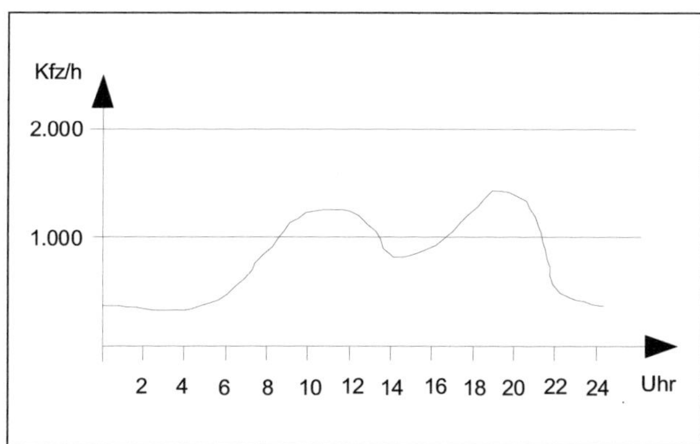

Abb. 14:
Beispiel für eine Tagesganglinie

4 Entwurfselemente der Straßenplanung

4.1 Entwurfselemente im Lageplan

Im Lageplan werden die geometrischen Linien Gerade, Kreis und Klothoide als Entwurfselemente eingesetzt. Zu Beginn des Straßenbaues wurde die Gerade und, zur Verbindung zweier Geraden, der Kreis verwendet. Mit der Geschwindigkeitszunahme der Fahrzeuge wurde ein weiteres Element notwendig, um einen allmählichen Übergang und eine gleichmäßige Krümmungszunahme von Gerade und Kreis zu erhalten. Diese Forderungen werden von der Klothoide erfüllt.

Der Kreis ist bestimmt durch seinen Radius R. Der Kehrwert des Radius ist die Krümmung 1/R.

Die Gerade hat die Krümmung Null, da ihr Radius unendlich groß ist ($R=\infty$):

$$\frac{1}{R} = 0$$

Für einen Kreis mit dem Radius R ist die Krümmung konstant:

$$\frac{1}{R} = C$$

Bei der Klothoide soll die Krümmung linear mit der Bogenlänge L wachsen:

$$\hat{\tau} = \frac{L}{1 \cdot R}$$

Zu jedem Straßenentwurf gehört das Krümmungsband, in dem die Krümmung grafisch dargestellt wird. Es wird unterhalb des Höhenplanes gezeichnet. Mithilfe des Krümmungsbandes lässt sich auf dem Höhenplan die Trassenführung erkennen.

4.1.1 Die Gerade

Die kürzeste Verbindung zwischen zwei Punkten ist die Gerade. Die Gerade kann als Trassierungselement vorteilhaft sein

- bei Straßen der Kategorie A:
  - bei besonderen topografischen Verhältnissen (z. B. in der Ebene oder in weiten Tälern)
  - im Bereich von Knotenpunkten
  - bei zweistreifigen Straßen zur Schaffung von Überholsichtweiten
  - bei Anlehnung der Trassierung an Kanäle, Bahnlinien und Grenzen

- bei Straßen der Kategorie B:
  - bei städtebaulichen Vorgaben
  - im Bereich von Knotenpunkten
- bei Straßen der Kategorie C:
  - uneingeschränkt, z. B. aus städtebaulichen Gründen oder zur Verbesserung der Übersichtlichkeit.

Da der Fahrer keine Lenkbewegungen ausführen muss, führt sie jedoch bei eintönigen Strecken zu einem Nachlassen der Aufmerksamkeit und bedeutet somit bei einer bestimmten Länge eine erhöhte Unfallgefahr.

Weitere Gründe, die Gerade durch eine weitgeschwungene Linie zu ersetzen, liegen in der erhöhten Blendgefahr, der Ermüdung des Fahrers und dem erschwerten Abschätzen von Entfernungen und Geschwindigkeiten anderer Fahrzeuge.

Zur Vermeidung der Ermüdung des Fahrers und wegen der Blendwirkung in der Dunkelheit soll bei Straßen der Kategoriengruppe A die Höchstlänge der Geraden mit konstanter Längsneigung max L in m das 20fache der Entwurfsgeschwindigkeit Ve (in km/h) nicht überschritten werden.[13]

Zwischen gleichsinnig gekrümmten Kurven soll bei Straßen der Kategoriengruppe A keine Gerade verwendet werden.

Wenn das nicht möglich ist, soll die Mindestlänge der Geraden min L in m etwa das 6fache der Entwurfsgeschwindigkeit V_e in km/h betragen, um eine gleichmäßige optische Führung zu gewährleisten.

4.1.2 Der Kreisbogen

Die Verbindung von zwei Geraden mit Richtungsänderung erfolgt mit einem Kreisbogen als Trassierungselement. Die Größe des Radius ist von der Geschwindigkeit abhängig. Je höher die Geschwindigkeit, umso größer ist der Radius des Kreisbogens. Der Mindestradius ist von der Entwurfsgeschwindigkeit und dem Kraftschlussbeiwert abhängig.

Für Straßen der Kategoriengruppe A sollen unter Berücksichtigung der entsprechenden Topografie aus den folgenden Gründen möglichst große Radien gewählt werden:

- um kurze Baulängen und Fahrtwege zu erhalten
- um ausreichende Überholsichtweiten und
- um eine gleichmäßige Fahrweise zu gewährleisten.

Andererseits sollen die Radien so klein gewählt werden, dass sie

- die Struktur des Geländes und der landschaftsprägenden Elemente harmonisch aufnehmen,
- mit den geländebedingten Elementen des Höhenplanes in Bezug auf Größe, Abfolge und Raumwirkung im Einklang stehen und
- in einem ausgewogenen Verhältnis zwischen Entwurfsgeschwindigkeit V_e und der Geschwindigkeit V_{85} stehen.

Ve [km/h]	min R [m]	min L [m]
50	80	30
60	120	35
70	180	40
80	250	45
90	340	50
100	450	55
120	750	65

Tab. 4:
Mindestradien und Mindestlänge der Kreisbögen bei Straßen der Kategorien A, BI und BII gemäß RAS-L 95

Bei Straßen der Kategoriengruppen A und der Kategoriengruppe B II müssen die Werte eingehalten werden, bei den Kategorien B III und B IV sollen die Werte angestrebt werden.

Die Radiengrößen benachbarter Kreisbögen sollen bei Straßen der Kategorie A I und A II nur im Bereich »sehr gut« und »gut« liegen. Bei den Kategorien A III, A IV und B II ist der Bereich »brauchbar« ausreichend. Für Straßen der Kategorien B III und B IV sind Radienfolgen innerhalb des brauchbaren Bereichs wünschenswert.

Die Einhaltung der zulässigen Radienfolgen führt beim Ausbau von bereits vorhandenen Straßen häufig zu Konflikten in Bezug auf landschaftspflegerische oder städtebauliche Rahmenbedingungen. Bei Straßen der Kategorien A III, A IV und B II sollte auf die Einhaltung der zulässigen Radienfolgen nur dann verzichtet werden, wenn dadurch besonders nachteilige Folgen vermieden werden.

Um den optischen Eindruck eines Knickes zu vermeiden, sollte der Kreisbogen so lang sein, dass die Fahrt durch ihn mit der Entwurfsgeschwindigkeit V_e länger als zwei Sekunden dauert.

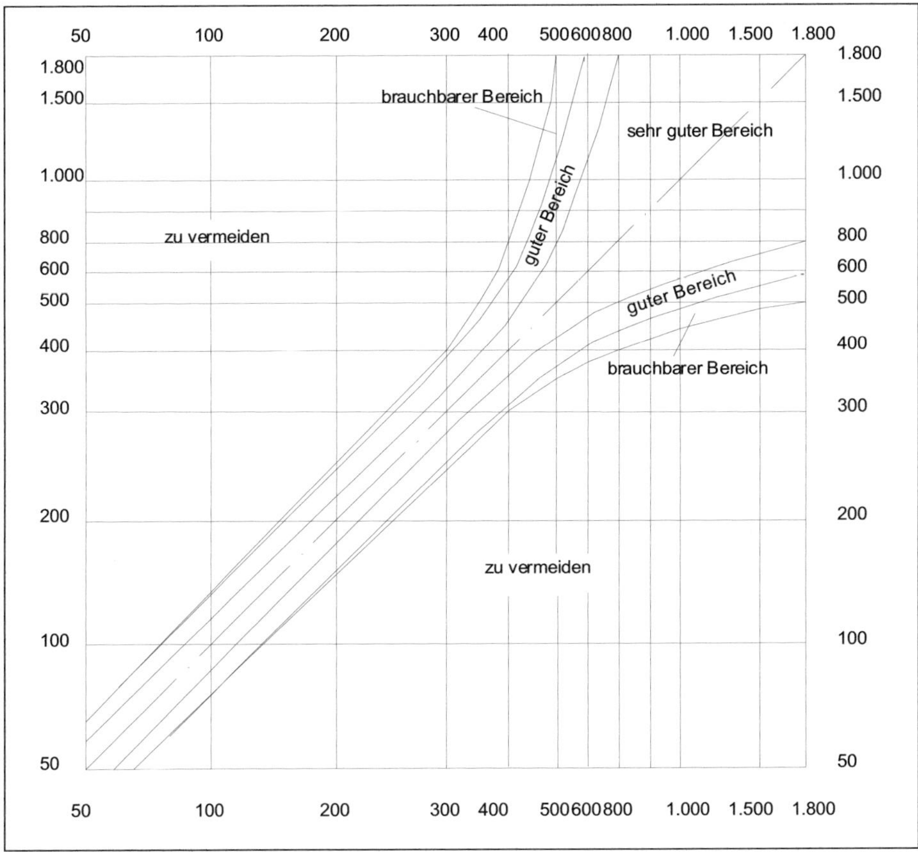

Abb. 15: Zulässige Radienfolge

Der Korbbogen

Zwei aneinander stoßende Kreisbögen mit gleichem Krümmungssinn, unterschiedlichen Radien, aber mit einer gemeinsamen Tangente im Stoßpunkt bilden einen Korbbogen. Diese Form ist grundsätzlich nur in Ausnahmefällen zu verwenden.

Bei Straßen der Kategoriengruppe A sowie der Kategorien B II und B III darf der Korbbogen nur dann eingesetzt werden, wenn sich auf Grund der örtlichen Gegebenheiten kein Übergangsbogen einschalten lässt.

Der auftretende Radiensprung soll bei Straßen der Kategorien A I und A II im Bereich »sehr gut«, bei den Kategorien A III, A IV und Ba II innerhalb des Bereiches »gut« und bei der Kategorie B III im Bereich »brauchbar« liegen.

Es dürfen nicht mehr als drei Kreisbogenstücke aneinander gesetzt werden.

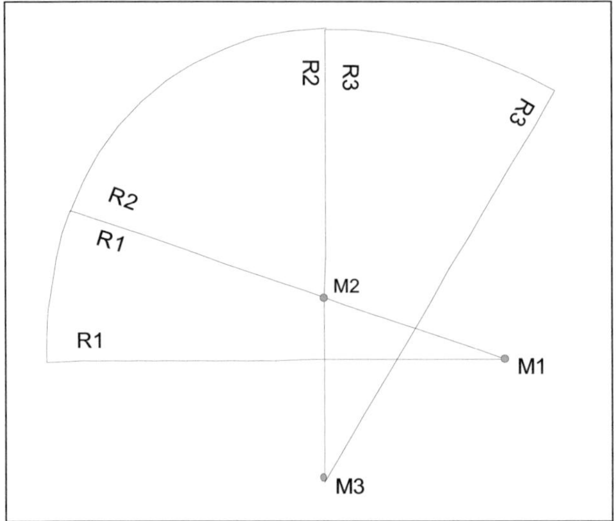

Abb. 16:
Korbbogen

4.1.3 Der Übergangsbogen

Der Übergangsbogen hat die folgenden Aufgaben zu erfüllen:

Er ermöglicht eine gleichmäßige Änderung der Fliehkräfte beim Übergang von einer Kurve in eine andere.

Durch die stetige Änderung der Krümmung ist eine gleichmäßige Fahrgeschwindigkeit möglich.

Er dient als Übergangsstrecke für den Wechsel der Querneigung zwischen den Kreisbögen (Fahrbahnverwindung).

Der Übergangsbogen ist als Klothoide auszubilden. Die Klothoide ist eine Kurve, deren Krümmung von $1/R=0$ bis $1/R=\infty$ stetig zunimmt.

Im Straßenbau wird nur der erste Teil der Klothoide eingesetzt.

Die Ermittlung der Koordinaten x und y eines beliebigen Punktes der Klothoide erfolgt mithilfe von Klothoidentafeln, z. B.

- »Die Klothoide als Trassierungselement« von Kasper, Schürba, Lorenz
- »Klothoidentaschenbuch für Entwurf und Absteckung« von Krenz, Osterloh

Das Bildungsgesetz der Klothoide lautet:

$R \cdot L = A^2$

R : Radius am Klothoidenende [m]
L : Länge der Klothoide [m]
A : Parameter der Klothoide [m]

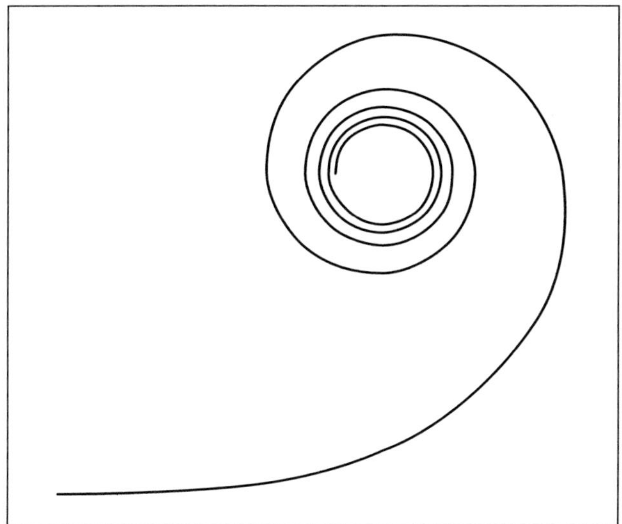

Abb. 17:
Form der Klothoide

Eine Klothoide mit dem Parameter A=1 wird als Einheits-Klothoide bezeichnet. Sie ist als die Grundform der Klothoide zu verstehen, aus der alle größeren und kleineren Klothoiden durch einfache Multiplikation der Größenwerte mit dem Parameter abgeleitet werden.

Beispiele für unterschiedliche Stellen einer Klothoide:

R= 2	L=32	$2 \cdot 32=8^2$	A=8
R= 4	L=16	$4 \cdot 16=8^2$	A=8
R= 8	L= 8	$8 \cdot 8=8^2$	A=8
R=16	L= 4	$16 \cdot 4=8^2$	A=8

Die gewöhnliche Klothoide gibt es in verschiedenen Größen, die jedoch immer nur eine Form haben, d. h. alle Klothoiden sind einander geometrisch ähnlich. Aus diesem Grund sind bei allen Klothoiden an der gleichen Stelle die Richtungswinkel und die Form- und Verhältniswerte R/A, R/L usw. identisch. Die typischen Stellen werden auch als Kennstellen bezeichnet.

An jeder Stelle hat die Klothoide einen anderen Tangentenwinkel τ zur Grundtangente. Bei ein und derselben Klothoide nimmt der Tangentenwinkel nach der folgenden Gleichung zu:

$$\hat{\tau} = \frac{L}{1 \cdot R}$$

In Abb. 18 ist zu erkennen, dass mit zunehmender Länge L und mit abnehmendem Radius R der Tangentenwinkel τ zunimmt.

Bei Klothoiden mit großem Parameter nimmt die Krümmung nur langsam zu, sodass sie sich für große Geschwindigkeiten eignen. Sie werden aus Gründen einer großzügigen Linienführung auch dann eingesetzt, wenn es fahrtechnisch nicht notwendig ist.

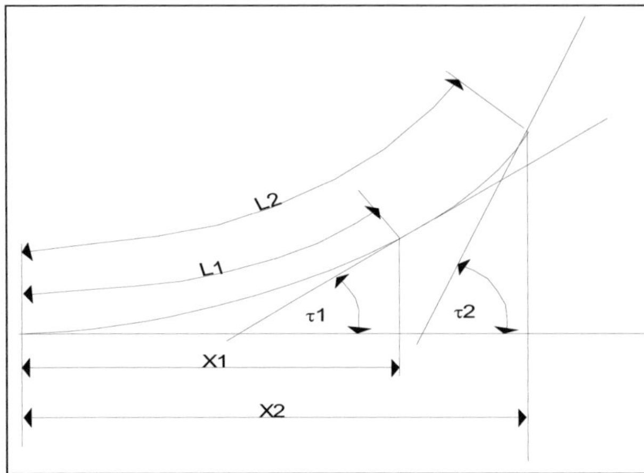

Abb. 18:
Tangentenwinkel

Winkel und Bogenmaßbeziehungen

In einigen Bereichen des Bauwesens ist es üblich, die Winkel in Grad anzugeben (z. B. 45°). Im Straßenbau und in der Vermessungstechnik werden die Winkel grundsätzlich in Gon (früher Neugrad) angegeben. Die Instrumente zum Messen und Abstecken von Winkeln weisen alle eine Gonteilung auf.

$360° = 400 \text{ gon} = 2 \pi \text{ rad}$

Bei der Entwurfsbearbeitung kommen überwiegend die folgenden Bestimmungsgrößen vor:

$A, R, L, \tau, \Delta R$

Diese Bestimmungsgrößen können an jeder beliebigen Stelle eines Übergangsbogens gesucht werden oder gegeben sein. Aus praktischen Gründen wird jedoch in der Regel mit den Werten gerechnet, die für das Ende des Übergangsbogens (Punkt ÜE=KE) gelten. Das heißt für den Punkt, an dem der Übergangsbogen in den Kreis übergeht.

Zur grafischen Darstellung gibt es für die Klothoiden mit den gängigen runden Parametern Klothoidenlineale. Auf diesen Linealen sind neben der Wendetangente auch eine Auswahl rundzahliger Radien an den entsprechenden Stellen der Krümmung angegeben. Mit den Radien können die Klothoidenbögen mit den anschließenden

Begriffe

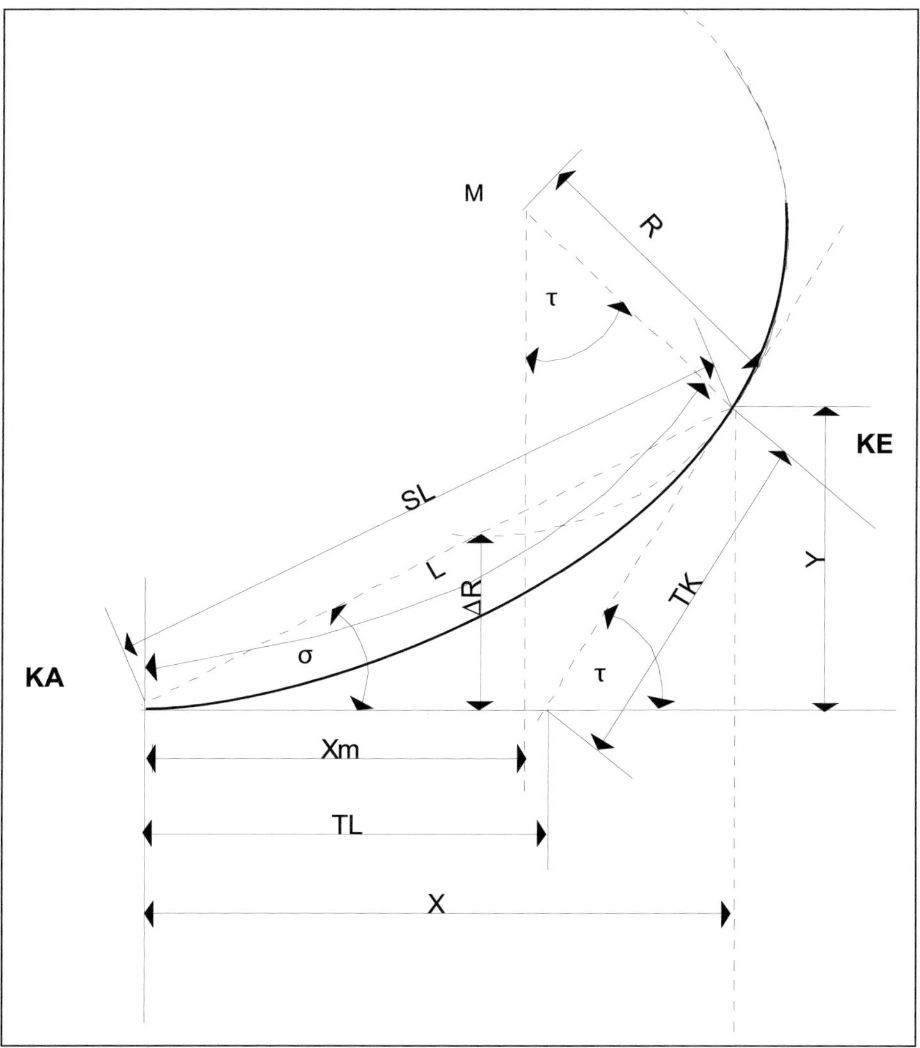

Abb. 19: Bestimmungsgrößen bei Klothoiden

A : Parameter	τ : Tangentenwinkel
M : Kreismittelpunkt	X : Abszisse für KE
R : Kreisradius	Y : Ordinate für KE
KE : Klothoiden-Anfang	TK : kurze Tangente
KE : Klothoiden-Ende	TL : lange Tangente
L : Länge des Klothoidenastes	SL : Sehne KA - KE
ΔR : Einrückmaß	σ : Polarwinkel (Sehnen-Tangenten-Winkel)
Xm : Abszisse für den Kreismittelpunkt	

Kreisbögen zusammengepasst werden. Auf den Linealen ist der Maßstab 1:1000 und der Parameter A in Metern angegeben. Sie können auch für andere Maßstäbe verwendet werden. Soll z. B. ein Plan im Maßstab 1:2000 dargestellt werden, so hat das Lineal mit dem eingezeichneten Parameter A=150 m den Wert A=300 m.

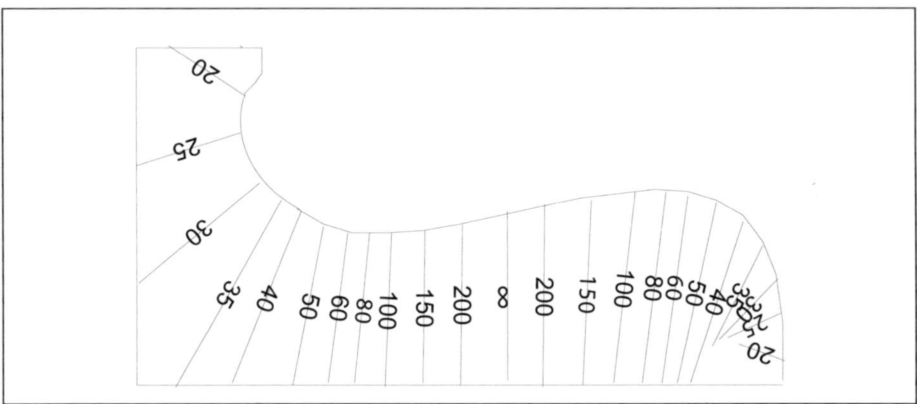

Abb. 20: Klothoidenlineal

Damit ein Übergangsbogen optisch wahrgenommen wird, muss er eine Richtungsänderung von mindestens $\tau=3{,}5$ gon ausführen. Bei der Verwendung von Klothoiden gilt deshalb bei Straßen aller Kategorien für den kleinsten Parameter die Bedingung:

$$\min A = \frac{R}{3}$$

min A : Klothoidenmindestparameter [m]
R : Radius am Klothoidenende [m]
Bei großen Radien kann der Klothoidenparameter kleiner als R/3 gewählt werden. Die Tangentenabrückung sollte jedoch mindestens $\Delta R=0{,}25$ betragen.

Aus Sicherheitsgründen gilt für Straßen der Kategoriengruppe A und der Kategorien B II und B III als obere Grenze für den Klothoidenparameter:

$$\max A = R$$

max A : Klothoidenparameter [m]
R : Radius am Klothoidenende [m]

Dies entspricht einer Richtungsänderung von $\tau=31{,}8$ gon

Daraus folgt für die genannten Kategorien:

$$\frac{R}{3} \leq A \leq R$$

A : Klothoidenparameter [m]
R : Radius am Klothoidenende [m]

Bei Straßen der Kategoriengruppen A und B sind die Klothoidenmindestparameter gemäß Tab. 6 einzuhalten.

Ve [km/h]	min A [m]
50	30
60	40
70	60
80	80
90	110
100	150
120	240

Tab. 6: gemäß RAS-L 95

Klothoide beim Übergang von einer Geraden auf einen Kreis

Damit ein langer und allmählicher Übergang erreicht wird, gilt grundsätzlich unter Beachtung der Grenzwerte, je kleiner der Kurvenradius ist, umso größer soll der Parameter der Klothoide sein.

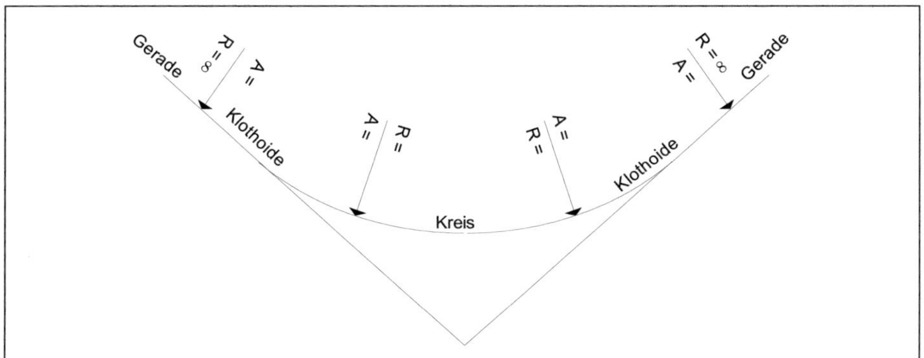

Abb. 21: Übergangsbogen

Klothoide als Übergang zwischen zwei Kreisen

Für jeden einzelnen Klothoidenast gelten die Bedingungen des einfachen Übergangsbogens. Zur harmonischen Linienführung sollen beide Klothoidenäste annähernd gleiche Parameter haben. Bei Straßen der Kategorien A I und A II ist für A2 ≤ 200 m die folgende Bedingung einzuhalten, bei den Kategorien A III, B II und B III ist sie nach Möglichkeit einzuhalten.

$$\frac{A_1}{A_2} \leq 1{,}5$$

A1 : größerer Parameter
A2 : kleinerer Parameter

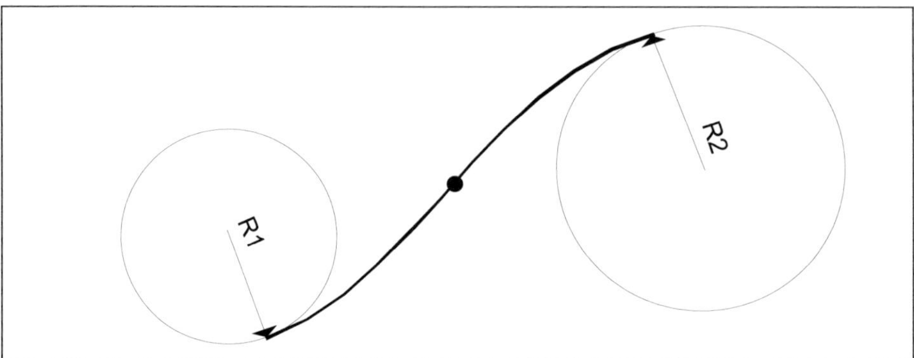

Abb. 22: Wendeklothoide

Klothoide als Übergang zwischen gleichgerichteten Kreisbögen

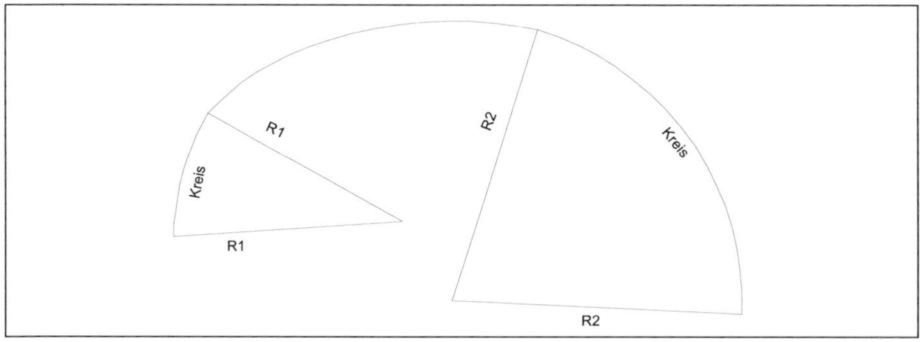

Abb. 23: Eiklothoide

Die Eiklothoide verbindet zwei gleichsinnig gekrümmte Kreise miteinander. Die Kreisbögen dürfen sich nicht schneiden und keinen gemeinsamen Mittelpunkt haben. Wenn die zu verbindenden Kreisbögen nebeneinander liegen, sich schneiden oder einen gemeinsamen Mittelpunkt haben, ist die Verbindung mithilfe eines Hüllkreises zu suchen.

Die folgenden Klothoiden sind nach Möglichkeit zu vermeiden:

- Die **Scheitel-Klothoide** besteht aus zwei Klothoidenbögen, die ohne einen dazwischenliegenden Kreisbogen an der Stelle zusammenstoßen, an der R1=R2 ist.

Der Mindeststoßradius ist bei Straßen der Kategoriengruppe

A: 500 m
B: 260 m

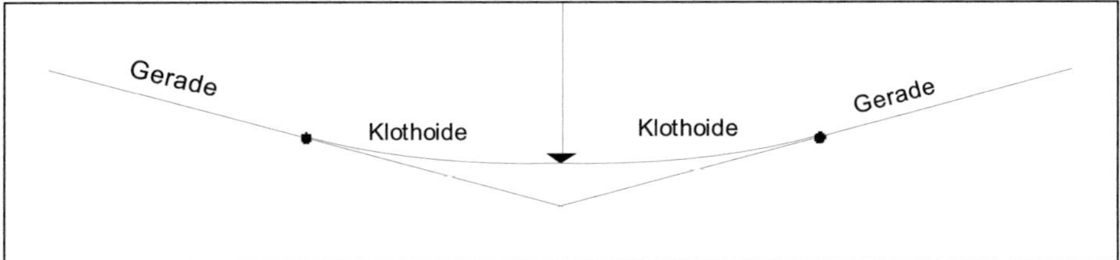

Abb. 24: Scheitelklothoide

- Die **Korbklothoide** besteht aus mehreren aufeinander folgenden Klothoidenstücken, die in den Stoßpunkten gleiche Radien und gemeinsame Tangenten haben.

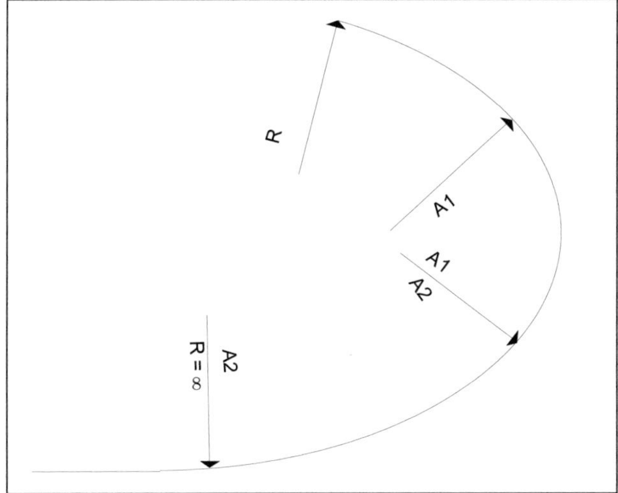

Abb. 25: Korbklothoide

- Bei der **C-Klothoide** stoßen zwei gleichsinnig gekrümmte Klothoiden in ihrem Nullpunkt aneinander.

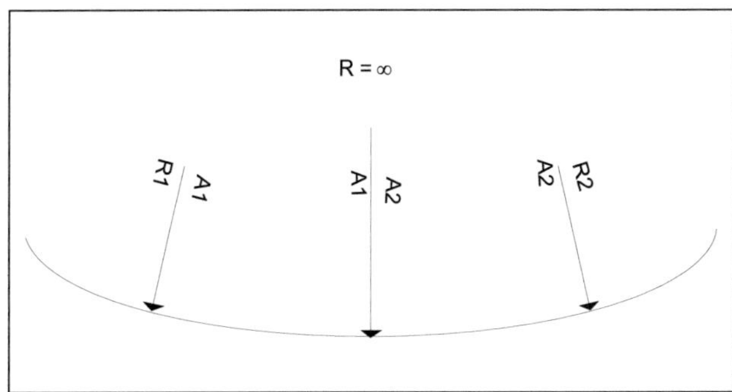

Abb. 26: C-Klothoide

4.2 Entwurfselemente im Höhenplan

4.2.1 Allgemeines

Im Höhenplan wird der senkrechte Schnitt durch die Längsachse der Fahrbahn gezeigt. In der Regel erfolgt die Darstellung in der Achse.

Mit den Angaben aus dem Lageplan werden von Vermessern die Geländehöhen der Gradiente, der Querprofile und sonstiger wichtiger Punkte (z. B. kreuzende Straßen und Wege) aufgenommen. Im Querprofil werden die Geländehöhen des Straßenquerschnittes dargestellt. Sie werden in der Örtlichkeit je nach Geländebeschaffenheit in Abständen von 20–50 m aufgenommen. Gegebenenfalls müssen die Abstände auch geringer gewählt werden.

Die Werte im Höhenplan werden in der x-Richtung des Koordinatensystems aufgetragen. Auf der Abszisse (x-Richtung) wird die Stationierung der Trasse von links nach rechts im gleichen Maßstab wie im Lageplan gezeichnet. Die veränderten Längen zwischen Lageplan und Höhenplan durch die Längsneigung der Straße bleiben unberücksichtigt. Die Tangentenlänge T der Kuppen- und Wannenausrundung wird ebenfalls horizontal abgetragen und nicht parallel zur Neigung der Gradiente.

Auf der Ordinate (y-Richtung) werden die Höhen der Straße in der Achse (Gradiente) und die Geländehöhen aufgetragen. Die Höhen werden zur besseren Lesbarkeit um das 10fache überhöht gegenüber dem Längenmaßstab dargestellt.

Folgende Angaben sind im Höhenplan enthalten:

- Hoch- und Tiefpunkt der Gradiente
- Geländehöhen von kreuzenden und einmündenden Straßen, Wegen und Zufahrten
- Wasserstände von Gewässern und vom Grundwasser
- Leitungen
- geplante Lärmschutzeinrichtungen
- Straßenentwässerungseinrichtungen
- Brücken und Ingenieurbauwerke (Lärmschutzwände, Trogbauwerke, Durchlässe usw.)
- Bahnstrecken
- Tangentenlängen und Stichmaße der Ausrundungen
- Bodenaufschlüsse je nach Erfordernis.

Zur besseren Einbindung der Straße in die Natur und Landschaft ist die Gradiente nach Möglichkeit dem vorhandenen Geländeverlauf anzupassen. Aus Kostengründen ist ferner ein Ausgleich von Bodenabtrag und Bodenauftrag anzustreben.[3]

4.2.2 Längsneigung

Die Längsneigung der Straße ergibt sich aus den Verhältnissen im Gelände. Aus Gründen der Verkehrssicherheit, der Betriebskosten und der Qualität des Verkehrsablaufes ist sie möglichst niedrig zu wählen. Für die verschiedenen Entwurfsgeschwindigkeiten sind in den RAS-L Höchstmaße für die Längsneigung enthalten.

Im Bereich von Knotenpunkten sollen Längsneigungen von mehr als 4% vermieden werden ebenso wie in Tunnelstrecken bei Straßen der Kategoriengruppe A. Bei langen Tunnelstrecken soll die Längsneigung nicht mehr als 2,5% betragen.

Die Längsneigung s wird aus dem Anfangs- und Endpunkt der Steigungs- bzw. Gefällestrecke errechnet und in Prozent mit drei Stellen nach dem Komma angegeben.

$$s = \frac{h_2 - h_1}{l_2 - l_1} \cdot 100\% = \frac{\Delta h}{\Delta l} \cdot 100\% \quad [\%]$$

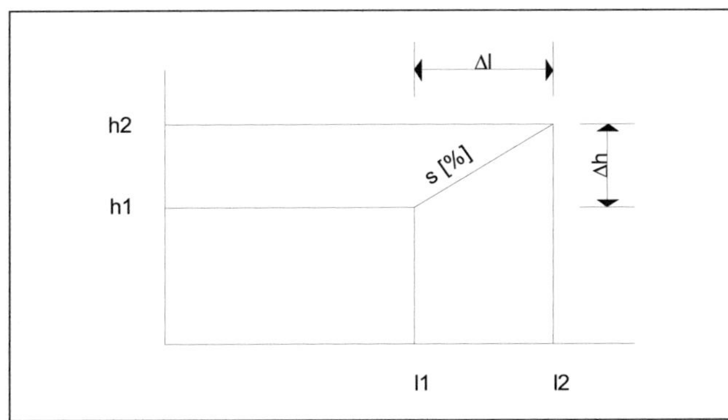

Abb. 27:
Längsneigung

Ve [km/h]	max s [%] bei Straßen der Kategoriengruppe			
	A	B RAS-L 95	B EAHV 93	C EAHV
40	–	–	–	8,0 (12,0)
50	9,0	12,0	8,0 (12,0)	7,0 (10,0)
60	8,0	10,0	7,0 (10,0)	6,0 (8,0)
70	7,0	8,0	6,0 (8,0)	5,0 (7,0)
80	6,0	7,0	–	–
90	5,0	6,0	–	–
100	4,5	5,0	–	–
120	4,0	–	–	–

Tab. 7:
Höchstlängsneigungen gemäß EAHV 93 und RAS-L 95 (Die Klammerwerte sind in Ausnahmefällen zulässig)

4.2.3 Kuppen- und Wannenausrundung

Die Schnittpunkte der Längsneigungen bei Neigungsänderung oder Neigungswechsel müssen ausgerundet werden. Hierbei unterscheidet man zwischen Kuppen und Wannen.

Eine Kuppe entsteht beim Übergang von

- Steigung in Gefälle
- starker Steigung in flache Steigung
- flachem Gefälle in starkes Gefälle.

Eine Wanne entsteht beim Übergang von

- Gefälle in Steigung
- flacher Steigung in starke Steigung
- starkem Gefälle in flaches Gefälle.

Im Normalfall erfolgt die Ausrundung der Kuppen und Wannen in Annäherung an Kreisbögen, die als quadratische Parabel eingerechnet werden. Die Größe des Ausrundungsbogens ist der Krümmungshalbmesser H im Scheitelpunkt der Parabel. Die Ausrundungen der Kuppen und Wannen werden im Regelfall durch Geraden miteinander verbunden. Sie können jedoch auch direkt aneinander stoßen. Bei Straßen der Kategoriengruppe A gelten für die Verbindung zweier Kuppen oder Wannen mit kurzen Zwischengeraden die Ausführungen zur räumlichen Linienführung (RAS-L-2).

Die Halbmesser der Kuppen und Wannen sind so zu wählen, dass sie gemeinsam mit den Elementen des Lageplanes

- eine ausgewogene räumliche Linienführung ergeben,
- sich in die Natur und Landschaft einfügen,
- durch ausreichende Sichtweiten ein Höchstmaß an Sicherheit bieten und
- sich dem Gelände anpassen, um die Baukosten zu reduzieren.

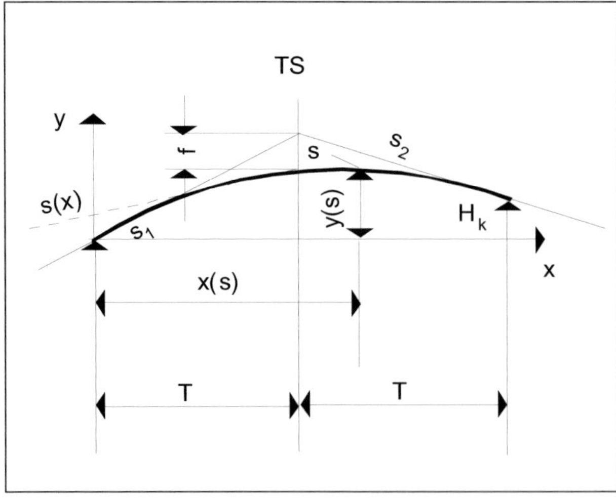

Abb. 28:
Ausrundung einer Kuppe bei Neigungswechsel

Die Werte für die Ausrundung der Kuppen und Wannen werden nach den folgenden Formeln berechnet:

$$T = \frac{H}{2} \cdot \frac{s_2 - s_1}{100} \quad [m]$$

$$f = \frac{T^2}{2 \cdot H} = \frac{T}{4} \cdot \frac{s_2 - s_1}{100} = \frac{H}{8}\left(\frac{s_2 - s_1}{100}\right)^2 \quad [m]$$

$$y_{(x)} = \frac{s_1}{100} \cdot x + \frac{x^2}{2 \cdot H} \quad [m]$$

$$x_{(s)} = -\frac{s_1 \cdot H}{100} \quad [m]$$

$$s_{(x)} = s_1 + 100\frac{x}{H} \quad [\%]$$

Vorzeichenregel:

Steigung: positiv ($+s_1$ $+s_2$)
Gefälle: negativ ($-s_1$ $-s_2$)

Wannenhalbmesser: positiv ($+H_w$)
Kuppenhalbmesser: negativ ($-H_k$)

H_k, H_w	Ausrundungshalbmesser [m]	T	Tangentenlänge [m]
s_1, s_2	Längsneigung der Gradiente [%]	f	Bogenstich [m]
$y_{(x)}$	Ordinate im beliebigen Punkt [m]	y	Ordinate [m]
$x_{(s)}$	Abszisse des Scheitelpunktes [m]	x	Abszisse [m]
M	Ausrundungsmitte	S	Scheitelpunkt
TS	Tangentenschnittpunkt		
$s_{(x)}$	Längsneigung der Gradienten in einem beliebigen Punkt der Ausrundung [%]		

V_e [km/h]	min H_k [m] bei Straßen der Kategoriengruppe	
	A und B RAS-L 95	B und C EAHV 93
40	–	450
50	1400	900
60	2400	1800
70	3150	2200
80	4400	–
90	5700	–
100	8300	–
120	16000	–

Tab. 8:
Kuppenmindesthalbmesser

V_e [km/h]	min H_w [m] bei Straßen der Kategoriengruppe	
	A und B RAS-L 95	B und C EAHV 93
40	–	450
50	–	250
60	500	500
70	750	900
80	1000	1200
90	1300	–
100	2400	–
120	3800	–

Tab. 9: Empfohlene Wannenmindesthalbmesser (Richtwerte)

Im Einzelfall dürfen die Kuppenmindesthalbmesser unterschritten werden, wenn für die gewählte Ausrundung der Nachweis erbracht wird, dass die Haltesichtweite ausreichend ist.

Aus optischen Gründen sind die Wannenhalbmesser nicht kleiner als die halben Kuppenhalbmesser zu wählen. Damit bei Kuppen und Wannen nicht der Eindruck einer geknickten Linienführung bei geringen Längsneigungsdifferenzen entsteht, schreiben die RAS-L folgende Mindestwerte für die Tangentenlängen vor:

Straßen der Kategoriengruppe	A	B	C
min T [m]	V_e	$0{,}75 \cdot V_e$	$0{,}5 \cdot V_e$

min T [m] = Tangentenmindestlänge
V_e [km/h] = Entwurfsgeschwindigkeit

Beispiel:

Für eine Straße der Kategoriengruppe A und einer Entwurfsgeschwindigkeit $V_e = 60$ km/h entspricht die Tangentenlänge in m mindestens der Entwurfsgeschwindigkeit in km/h, d. h. min T = 60 m.

4.2.4 Beispiel für eine Gradientenberechnung

Im Längsschnitt sind die Stationen und Höhen der Gefällebrechpunkte gegeben. Die Längsneigungen, die Ausrundungen und die Gradientenhöhen sind zu berechnen.

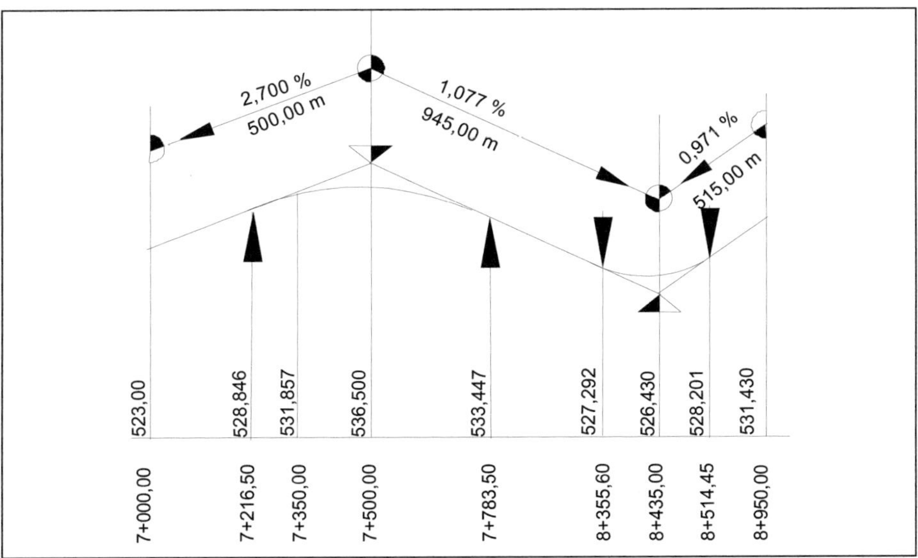

Abb. 29: Beispiel für eine Gradientenberechnung

Ermittlung der Längsneigungen aus den Höhen- und Entfernungsdifferenzen:

$$s_1 = \frac{h_2 - h_1}{l_2 - l_1} \cdot 100\,\% = \frac{536{,}500 - 523{,}000}{7500{,}0 - 7000{,}0} \cdot 100\,\% = 2{,}70\,\%$$

$$s_2 = \frac{h_3 - h_2}{l_3 - l_2} \cdot 100\,\% = \frac{526{,}430 - 536{,}500}{8435{,}0 - 7500} \cdot 100\,\% = -1{,}077\%$$

$$s_3 = \frac{h_4 - h_3}{l_4 - l_3} \cdot 100\,\% = \frac{531{,}430 - 526{,}430}{8950{,}0 - 8435{,}0} \cdot 100\,\% = 0{,}971\,\%$$

Positive Werte für s bedeuten eine Steigung (s_1, s_3), negative ein Gefälle (s_2).

Im nächsten Schritt wird die Ausrundung der Kuppen und Wannen berechnet. Für eine großzügige Ausrundung werden gewählt:

$H_1 = 15\,000$ m $\qquad H_2 = 7750$ m

$$T_1 = \frac{H}{2} \cdot \frac{s_2 - s_1}{100} = \frac{15.000}{2} \cdot 0{,}0378 = 283{,}50\,\text{m}$$

$$f_2 = \frac{T^2}{2 \cdot H} = \frac{79{,}44^2}{2 \cdot 7.750} = 0{,}403\,m$$

$$T_2 = \frac{H}{2} \cdot \frac{s_3 - s_2}{100} = \frac{7.750}{2} \cdot 0{,}0205 = 79{,}44\,m$$

$$f_1 = \frac{T^2}{2 \cdot H} = \frac{283{,}50^2}{2 \cdot H} = 2{,}679\,m$$

Zur Ermittlung der NN-Höhen der Gradiente ist für die gegebene Station innerhalb der Ausrundung der y-Wert zu ermitteln.

Gegebene Station: 7+350,00
Ausrundungsanfang: 7+216,50

Für Station 7+350,00 ist die Entfernung bis zum Ausrundungsanfang: $x = 133{,}50\,m$.

Damit wird unter Beachtung der Vorzeichen:

$$y = \frac{s_1}{100} \cdot x + \frac{x^2}{2 \cdot H} = \frac{2{,}70}{100} \cdot 133{,}50 + \frac{133{,}50^2}{2 \cdot (-15.000)} = 3{,}011\ m.$$

Dieser Betrag wird zu der NN, Höhe am Ausrundungsanfang, addiert. Damit erhält man für die NN, Höhe der Gradiente bei der Station 7+350,00:

528,846 + 3,011 = 531,857 m

Alle anderen Zwischenpunkte werden in der gleichen Weise berechnet.

4.2.5 Schnittberechnung zweier Gradienten

Häufig kommt es vor, dass zwei Längsneigungen als Zwangspunkte vorliegen und nicht zu verändern sind. In diesem Fall müssen die Werte des Schnittpunktes (Station, Höhe über NN) ermittelt werden.

$$x = \frac{l \cdot \frac{s_2}{100} - \Delta h}{\frac{s_2 - s_1}{100}} \quad [m]$$

s_1, s_2 = Längsneigung der Gradiente [%]; bei Steigung (+), bei Gefälle (–) einsetzen, Δh = Höhendifferenz [m]; bei zunehmender Höhe (+), bei abnehmender Höhe (–) einsetzen

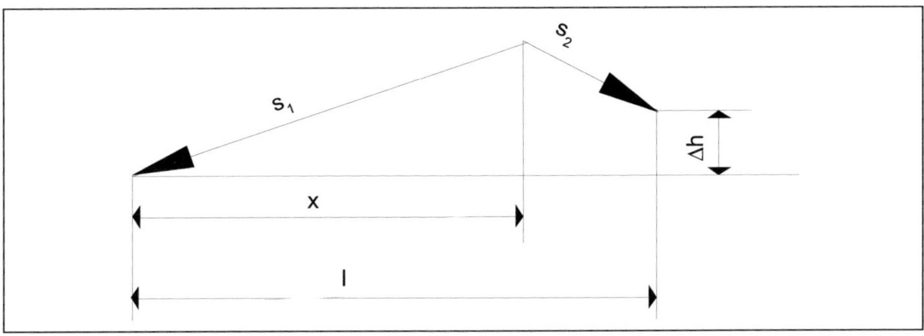

Abb. 30: Neigungswechsel

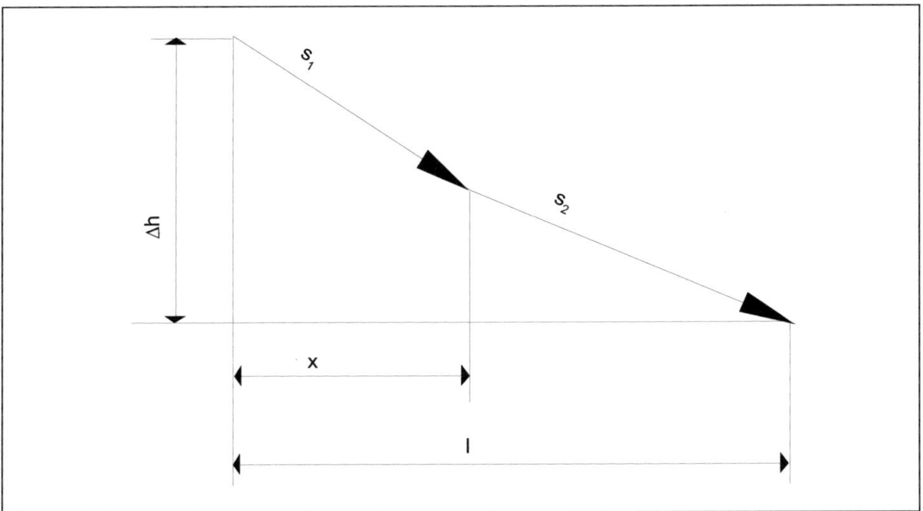

Abb. 31: Neigungsänderung

Beispiel für die Schnittpunktberechnung zweier Geraden

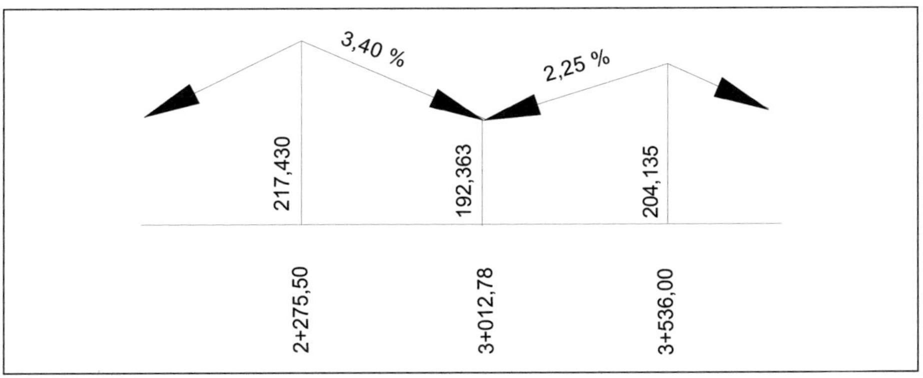

Abb. 32: Schnittpunktberechnung

Ermittlung der Station des Schnittpunktes:

$\Delta h = 204{,}135 - 217{,}430 = -13{,}295\,m$

$l = 3.536{,}00 - 2275{,}50 = 1260{,}50\,m$

$$x = \frac{1260{,}50 \cdot \left(\frac{+2{,}25}{100}\right) + 13{,}295}{\frac{+2{,}25 + 3{,}40}{100}} = 737{,}279\ m$$

$2 + 275{,}50 + 737{,}279 = 3 + 012{,}779$

Ermittlung der Höhe des Schnittpunktes:

$$h = 217{,}430 + \frac{-3{,}40 \cdot 737{,}279}{100} = 217{,}430 - 25{,}067 = 192{,}363\,m$$

4.2.6 Ermittlung der Längsneigung für einen bestimmten Punkt

Für die Entwässerung der Fahrbahn und an Knotenpunkten und Einmündungen wird die Längsneigung an einem bestimmten Punkt der Kuppe oder Wanne benötigt.

Die Neigung $s_{(x)}$ wird wie folgt berechnet:

$$s_{(x)} = s_1 + 100\frac{x}{H} \quad [\%]$$

Um eine einwandfreie Entwässerung zu gewährleisten ist es wichtig, im Tiefpunkt einer Wanne (Neigungswechsel) einen Straßenablauf anzuordnen.

Die Station des Neigungswechsels $x_{(s)}$ wird nach der folgenden Formel errechnet:

$$x_{(s)} = -\frac{s_1 \cdot H}{100} \quad [m]$$

Im Bereich des Scheitels treten in Kuppen und Wannen auf einer Länge von $L = H/100$ Längsneigungen von $s \leq 0{,}5\,\%$ auf.

4.2.7 Ausschaltung von Zwischengeraden

Bei der Ausrundung von Kuppen und Wannen können unerwünschte kurze Zwischengeraden auftreten. Durch aneinander stoßen der Ausrundungen sind sie zu vermeiden.

Hierfür wird die Längendifferenz zwischen einer Ausrundung und dem nächsten Tangentenschnittpunkt als Tangentenlänge für die nächste Ausrundung verwendet. Daraus kann der Ausrundungshalbmesser H errechnet werden.

$$H = \frac{2 \cdot T}{\frac{s_2 - s_1}{100}} \quad [m]$$

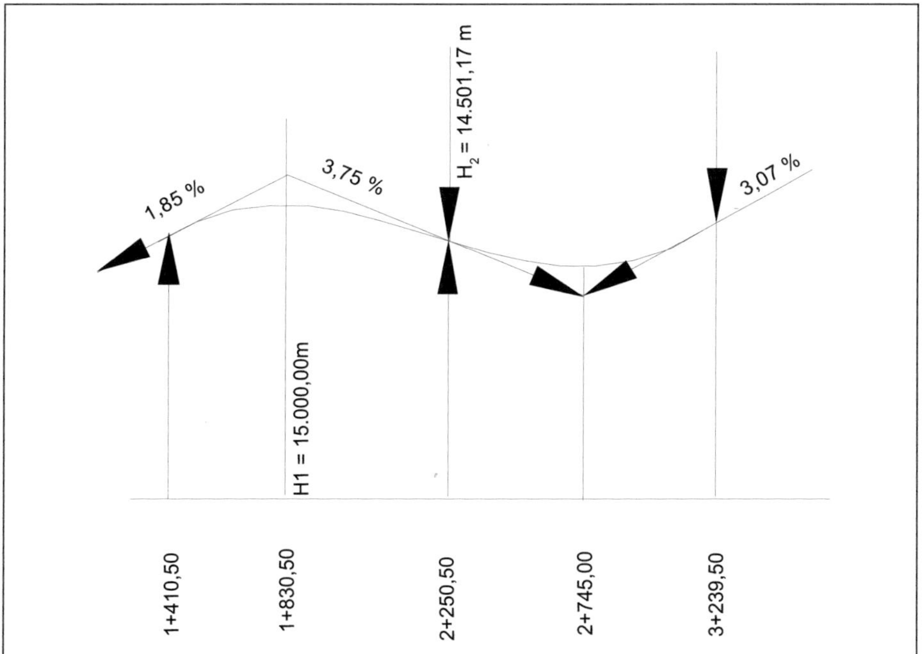

Abb. 33: Ausschaltung von Zwischengeraden

4.2.8 Einhaltung von Höhen

Für einen bestimmten Teil eines Höhenplanes soll die Kuppe mit H1 = 15.000 m ausgerundet werden. Die nachfolgende Wanne ist ohne eine Zwischengerade direkt an die Ausrundung der Kuppe anzustoßen.

H1 = 15 000 m

$$T_1 = \frac{T^2}{2 \cdot H} \cdot \frac{s_2 - s_1}{100} = \frac{15.000}{2} \cdot \frac{1{,}85 + 3{,}75}{100} = 420{,}00\,m$$

$$f_1 = \frac{420{,}00^2}{2 \cdot 15.000} = 5{,}88\,m$$

Ende der Ausrundung:

1830,50 + 420,00 = 2250,50 m

d. h. das Ende der Kuppenausrundung liegt bei Station 2 + 250,50;

T2 = 2.745,00 - 2.250,50 = 494,50 m

Vorgegebene Höhen

Häufig sind bei der Straßenplanung bestimmte Höhen vorgegeben. So ist z. B. ein entsprechender Abstand unter einer vorhandenen Brücke oder einer überirdischen Leitung einzuhalten oder die neue Straße an ein vorhandenes Brückenbauwerk anzuschließen (so genannte Zwangspunkte). In diesem Fall ist die vorgegebene Höhe als f oder y in die Berechnung aufzunehmen, um damit H und T zu ermitteln.

Es ist geplant, die neue Gradiente an ein vorhandenes Brückenbauwerk anzubinden.

Das Bauwerk liegt bei Station 2 + 3567,50; die Oberkante des Bauwerkes befindet sich 102,846 m ü. NN. Der Tangentenschnittpunkt liegt 96,743 m ü. NN.

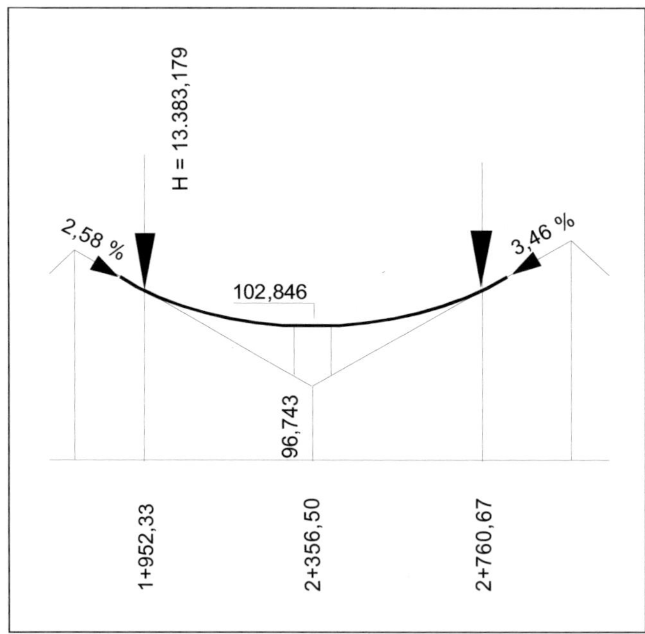

Abb. 34: Beispiel für die Einhaltung festgelegter Höhen

f = 102,846 − 96,743 = 6,103 m

$$T = \frac{4 \cdot f}{\frac{s_2 - s_1}{100}} = \frac{4 \cdot 6{,}103}{\frac{(-2{,}58) - (+3{,}46)}{100}} = \frac{24{,}412}{0{,}0604} = 404{,}174\ m$$

$$H = \frac{2 \cdot T}{\frac{s_2 - s_1}{100}} = \frac{2 \cdot 404{,}172}{\frac{(-2{,}58) - (+3{,}46)}{100}} = \frac{808{,}344}{0{,}0604} = 13.383{,}179\ m$$

4.3 Entwurfselemente im Querschnitt

4.3.1 Querschnittsgestaltung

Bei der Planung einer Straße wird der Bereich gegliedert, der für die vorgesehene Nutzung vorhanden ist. Des Weiteren sind die Elemente fest zu legen, die für den späteren Gebrauch der Straße erforderlich sind. Die Abmessung und die Gestaltung des Querschnittes sind so zu wählen, dass zum einen die Belange des Städtebaus, des Umweltschutzes und der Natur und Landschaft berücksichtigt werden, andererseits die Kosten minimiert werden. Der Straßenquerschnitt ist so zu bemessen, dass eine möglichst hohe Leistungsfähigkeit und Sicherheit erreicht werden und die Straße sich harmonisch in das Landschaftsbild einfügt. Die einzelnen Verkehrsarten Kfz, Radfahrer und Fußgänger sind nach Möglichkeit getrennt zu führen.

4.3.2 Querschnittsgruppen

Die Gestaltung der Querschnitte sind für die Kategoriengruppen A, B und C in den »Richtlinien für die Anlage von Straßen, Teil: Querschnitte, (RAS-Q)« geregelt. Für die Kategoriengruppen D und E gelten die »Empfehlungen für die Anlage von Erschließungsstraßen (EAE)«.

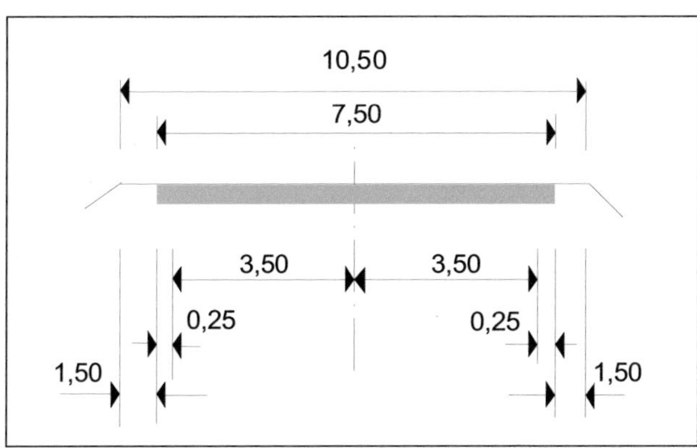

Abb. 35: Beispiel für einen Regelquerschnitt anbaufreier Straßen

Die Straßenquerschnitte (Regelquerschnitte) werden aus den einzelnen Bestandteilen, wie z. B. Fahrstreifen, Trennstreifen, Randstreifen usw. gebildet.

Für den Straßenverkehr sind bestimmte Abmessungen einzuhalten, in denen keine festen Hindernisse vorhanden sein dürfen. Diese Abmessungen ergeben sich aus dem Verkehrsraum und einem entsprechenden Sicherheitsraum und werden als »Lichter Raum« oder »Lichtraumprofil« bezeichnet.

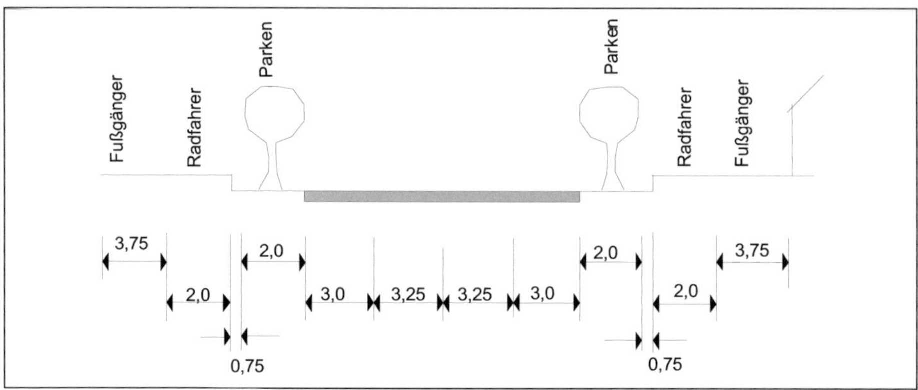

Abb. 36: Beispiel für einen Regelquerschnitt angebauter Straßen

4.3.3 Elemente des Querschnittes

Auf den Fahrstreifen wird der motorisierte Verkehr abgewickelt. Für den Verkehr in eine Richtung dürfen die einzelnen Fahrstreifen direkt aneinander stoßen. Die Fahrstreifenbreite entspricht in diesem Fall der Breite des Grundfahrstreifens. Bei nebeneinander liegenden Fahrstreifen mit Gegenverkehr ist zusätzlich ein Zuschlag notwendig. Die Fahrstreifenbreite ergibt sich dann aus der Fahrstreifengrundbreite und dem Gegenverkehrszuschlag.

Bei Streckenabschnitten mit starken Steigungen kann durch das Absinken der Geschwindigkeit von Lastwagen die Leistungsfähigkeit der Strecke erheblich beeinträchtigt werden. Durch die Anordnung von zusätzlichen Fahrstreifen kann der schnelle Verkehr vom langsamen Verkehr getrennt werden. Hierbei sind die »Richtlinien für die Anlage von Zusatzfahrstreifen an Steigungsstrecken« zu beachten.

Zur Ausnutzung aller Fahrstreifen werden Zusatzfahrstreifen bei zweibahnigen Straßen immer auf der Innenseite der durchgehenden Fahrbahn angelegt.

Randstreifen verhindern als seitliche Befestigung ein Verdrücken der äußeren Fahrbahnränder. Sie bestehen aus dem gleichen Material wie die Fahrbahn. Es können aber auch Entwässerungseinrichtungen als seitliche Begrenzung angeordnet werden.

Um die Flächen für unterschiedliche Verkehrsarten zu trennen und damit die Sicherheit zu erhöhen, sind Trennstreifen notwendig. Die Mindestbreite der Trennstreifen ist abhängig von dem notwendigen seitlichen Sicherheitsraum. Es wird unterschieden zwischen Mittelstreifen und Seitentrennstreifen. Zur Vermeidung von Blendwirkungen und zum Naturschutz sollten Mittelstreifen stets begrünt werden.

Neben ihrer Aufgabe, die Richtungsfahrbahnen zu trennen, werden auf dem Mittelstreifen Brückenpfeiler, Schilderbrücken, Masten, Lärmschutzeinrichtungen usw. angeordnet.

Bepflanzte Seitentrennstreifen trennen den durchgehenden Verkehr von Nebenfahrbahnen oder von Rad- und Gehwegen.

Zur Erhöhung der Verkehrssicherheit und zur besseren Verkehrsführung (z. B. bei Bauarbeiten) werden bei einigen Querschnittsgruppen für unterschiedliche Nutzungsarten befestigte Seitenstreifen angelegt. Dabei wird zwischen Standstreifen, Mehrzweckstreifen und Parkstreifen unterschieden.

Standstreifen
- Bieten die Möglichkeit zum seitlichen Ausweichen in Notfällen
- Erlauben eine einseitige mehrstreifige Verkehrsführung bei Unfällen und Notfällen

Mehrzweckstreifen

- Für langsame Fahrzeuge (z. B. Radfahrer, land- und forstwirtschaftliche Fahrzeuge)
- Zum Halten in Sonderfällen

Parkstreifen

- Zum Abstellen von Fahrzeugen am Straßenrand

Die unbefestigten Seitenstreifen (Bankette) geben der befestigten Fahrbahn einen seitlichen Halt. Leiteinrichtungen und Verkehrsschilder werden dort aufgestellt und im Winter wird dort der Schnee gelagert. Wenn kein Fußweg vorhanden ist, dienen die Bankette als Arbeitsraum für das Straßenunterhaltungspersonal.[3], [14]

4.3.3.1 Rad- und Gehwege

Die Notwenigkeit eines Radweges ist von der vorhandenen oder zu erwartenden Anzahl der Radfahrer abhängig. Dabei können die Radwege unabhängig von der Fahrbahn als Seitenweg geführt werden, oder sie verlaufen parallel zur Fahrbahn und sind mit einem Trennstreifen von der Fahrbahn abgesetzt. Werden Radwege neben Halte- und Parkstreifen angelegt, muss darauf geachtet werden, dass die Radfahrer nicht durch geöffnete Wagentüren gefährdet werden.

Gehwege sind deutlich sichtbar von der Fahrbahn zu trennen. Bei angebauten Straßen erfolgt dies durch Hochborde, bei nicht angebauten Straßen durch eine getrennte Führung hinter den Seitenstreifen. Gehwege in Siedlungen, die außerhalb von Straßen verlaufen, sind so zu bemessen, dass sie von Rettungsfahrzeugen befahren werden können.

Aus gestalterischen Gründen sollen Geh- und Radwege möglichst umfangreich bepflanzt werden.

4.3.3.2 Ausbildung von Böschungen

Damm- und Einschnittsböschungen mit einer Höhe über 2,00 m werden mit einer Regelneigung 1:n = 1:1,5 ausgebildet. Die Höhe der Böschung h wird von der Kronenkante bis zum Schnittpunkt der Böschung mit dem Gelände gemessen. Böschungshöhen unter 2,00 m werden mit einer gleichbleibenden Böschungsbreite b = 3,00 m ausgebildet. Zur besseren Einbindung in die Landschaft oder auch aus erdstatischen Gründen können auch andere Böschungsneigungen notwendig sein.

Der Übergang zwischen der Böschung und dem Gelände wird mit einem Kreisbogen ausgerundet. Die Tangentenlänge beträgt 3,00 m bei Böschungshöhen über 2,00 m und 1,5 · h bei Böschungshöhen unter 2,00 m. Die Tangentenlänge wird horizontal gemessen.

Bei hohen Böschungen (> 10 m Höhe) können zur Verbesserung der Standfestigkeit und zur besseren Pflege Bermen angelegt werden. Auf der Berme wird das anfallende Oberflächenwasser gesammelt, das über die Böschung abläuft und der Vorflut zugeführt wird. Für Entwässerungsmulden am Böschungsfuß sind die Grundsätze der Straßenentwässerung zu beachten.[15]

Böschungshöhe h	h ≥ 2,0 m	h < 2,0 m
Damm	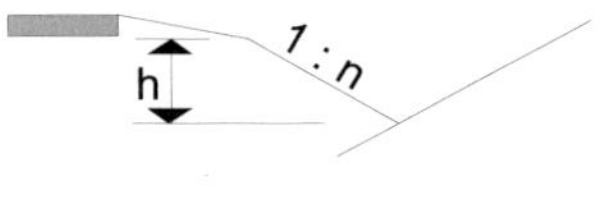 h, 1 : n	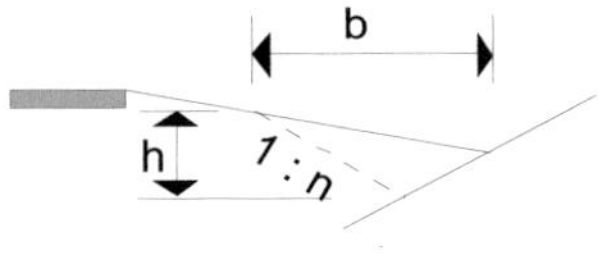 b, h, 1 : n
Einschnitt	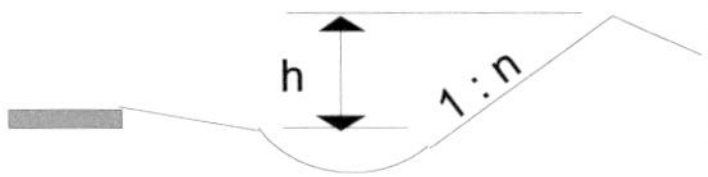 h, 1 : n	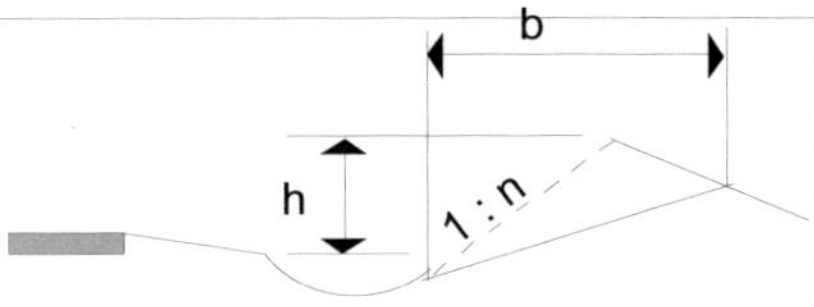 b, h, 1 : n
Regelböschung	1 : 1,5	b = 3,0 m
Allgemeine Böschungsmaße	1 : n	b = 2 n
Tangentenlänge der Ausrundungen	3,0 m	1,5 x h

Abb. 37: Böschungsgestaltung

4.3.3.3 Querneigung

Zur Ableitung des anfallenden Oberflächenwassers muss die Fahrbahn mit einer Querneigung ausgeführt werden. In den Kurven wird die Querneigung in Abhängigkeit von der Krümmung vergrößert, damit ein Teil der Fliehkraft aufgenommen wird.

Die Querneigung kann als Dachprofil oder mit Einseitneigung ausgebildet werden. Sie wird mit q bezeichnet und in Prozent angegeben.

Für zweistreifige Straßen der Kategoriengruppen A und B wird in der Regel die Einseitneigung ausgeführt. In Ausnahmefällen und beim Ausbau vorhandener Straßen kann das Dachprofil wirtschaftlicher sein. Bei Straßen der Kategoriengruppe C ist die Dachform und die Einseitneigung möglich. Vierstreifige Straßen ohne Mittelstreifen werden grundsätzlich mit einem Dachprofil ausgeführt.

Die Einseitneigung hat gegenüber der Neigung in Dachform folgende Vorteile:

- einfache Profilierung der einzelnen Lagen während des Einbaus
- beim Einbau der Trag- und Deckschichten können Fertiger in Fahrbahnbreite eingesetzt werden
- Entwässerungseinrichtungen sind nur an einer Fahrbahnseite notwendig.

Das Dachprofil ist jedoch dann zu wählen, wenn seitlich zufließendes Wasser (z. B. von Parkflächen oder Geh-/Radwegen) nicht über die Fahrbahn fließen soll und Zufahrten oder ähnliche Zwangspunkte vorhanden sind.

Unabhängig von der Deckenbauweise muss die Querneigung bei Dachform- und Einseitneigung mindestens 2,5 % betragen.

Wenn bei Straßen der Kategoriengruppe C die Entwässerung aufgrund der Befestigungsart (z. B. Pflaster) nicht gewährleistet ist, kann die Querneigung auf 3,0 bis 3,5 % erhöht werden.

Querneigung im Kreisbogen

Damit eine ausreichende Entwässerung gewährleistet wird, ist bei Kreisbögen eine Mindestquerneigung von 2,5 % notwendig. Aus Gründen der Fahrdynamik ist die Querneigung, bis auf einige Ausnahmen, in der Kurveninnenseite anzuordnen, damit ein Teil der Zentrifugalkräfte aufgenommen wird.

Die erforderlichen Querneigungen in Abhängigkeit vom Kurvenradius und der Geschwindigkeit V_{85} sind den RAS-L und den EAHV zu entnehmen.

In Ausnahmefällen kann auch eine Querneigung zur Kurvenaußenseite (negative Querneigung) zugelassen werden. Zur Entwässerung der Fahrbahn beträgt die Querneigung in der Regel q = –2,0 %.

Bei einer Folge von mehreren gleichsinnigen Kurven darf die Richtung der Querneigung nicht wechseln.[5], [15]

4.3.3.4 Schrägneigung

Die Resultierende aus der Längsneigung und der Querneigung ist die Schrägneigung p. Ihre Richtung verläuft in der sogenannten Falllinie. Die Berechnung erfolgt nach der folgenden Formel:

$$p = \sqrt{s^2 + q^2}\ [\%]$$

s = Längsneigung [%]
q = Querneigung [%]
p = Schrägneigung [%]

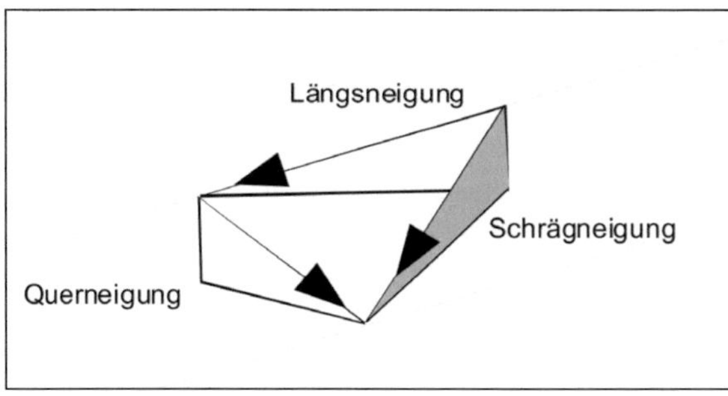

Abb. 38:
Schrägneigung

4.3.3.5 Anrampung und Verwindung

Bei einem Übergang im Lageplan von Kreis zu Gerade oder von Kreis zu Kreis ist im Normalfall eine Änderung der Querneigung notwendig. Diese Änderung wird innerhalb einer Übergangsstrecke ausgeführt. Dabei erhalten die Fahrbahnfläche eine Verwindung und die Fahrbahnränder eine Anrampung.

In der Regel erfolgt die Änderung der Querneigung durch eine Drehung der Fahrbahnfläche um die entsprechende Fahrbahnachse oder, bei zweibahnigen Straßen, um die Achsen der einzelnen Richtungsfahrbahnen. In Ausnahmefällen können zweibahnige Straßen auch um die Fahrbahnränder am Mittelstreifen oder um die Straßenachse gedreht werden.

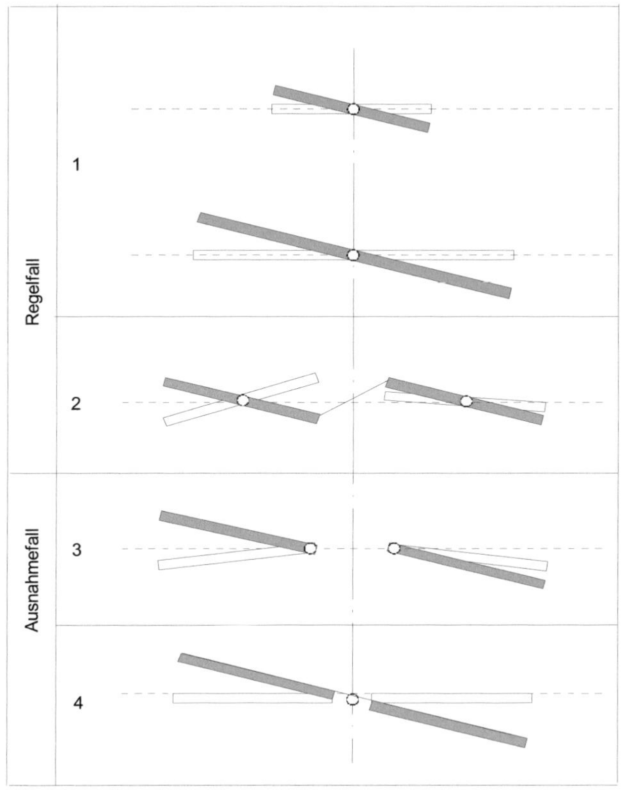

Abb. 39:
Drehachsen der Fahrbahn

Die Anrampungsneigung Δs ist die Differenz zwischen der Drehachse und den Längsneigungen des Fahrbahnrandes.

$$\Delta s = \frac{q_e - q_a}{L_v} \cdot a \qquad [\%]$$

Δs Anrampungsneigung [%]
q_e Querneigung der Fahrbahn am Ende der Verwindungsstrecke [%]
q_a Querneigung am Anfang der Verwindungsstrecke [%]
L_v Länge der Verwindungsstrecke [m]
a Abstand des Fahrbahnrandes von der Drehachse [m]

Bei der Verwindung von einer Einseitneigung in die andere verläuft die Querneigung horizontal. Zur Entwässerung darf die auf den Rand der Hauptfahrbahn bezogene Anrampungsneigung im Wendepunkt der Querneigung den Wert Δs = min Δs nicht unterschreiten. Die restliche Anrampung bis zum Erreichen der vollen Querneigung am Beginn des Kreisbogens erfolgt auf der noch vorhandenen Strecke des Übergangsbogens.

Ferner sind die Längsneigung und die Anrampungsmindestneigung aufeinander abzustimmen, damit eine ausreichende Ableitung des anfallenden Oberflächenwassers erfolgt. Die Straßenlängsneigung ist deshalb mindestens so groß zu wählen wie die Anrampungsneigung. Wirkungsvoller ist eine Differenz von 0,2 % oder besser 0,5 %, damit keiner der Fahrbahnränder eine entgegengesetzte Neigung zur Gradiente erhält.

Die Darstellung der Anrampung und Verwindung erfolgt im Höhenplan unterhalb des Krümmungsbandes. Die Fahrbahnachse wird dabei als horizontale Linie gezeichnet. Oberhalb und unterhalb dieser Linie werden maßstabsgerecht die Fahrbahnränder aufgetragen. Der linke Fahrbahnrand wird durchgezogen, der rechte gestrichelt gezeichnet. Auf der Abbildung muss der Außenrand der Kurve oben und der Innenrand unten abgebildet sein.[13]

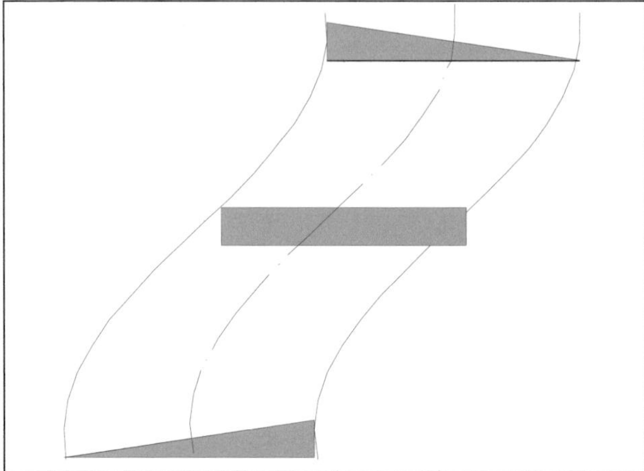

Abb. 40: Beispiel für die Fahrbahnverwindung

4.3.3.6 Fahrbahnverbreiterung in der Kurve

Bei der Fahrt durch eine Kurve beschreiben die Hinterräder eines Fahrzeuges einen engeren Bogen als die Vorderräder. Dieser Bogen der Hinterräder wird als Schleppkurve bezeichnet. Aus diesem Grund muss die Fahrbahn in der Kurve breiter sein als in der Geraden.[13]

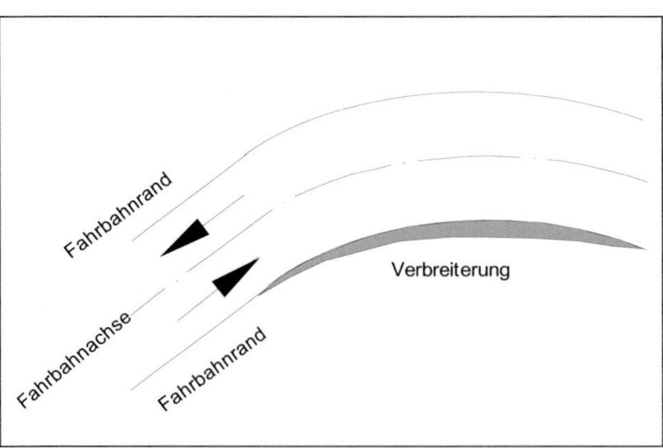

Abb. 41: Fahrbahnverbreiterung

4.3.3.7 Fahrbahnaufweitung

Wenn der Querschnitt verändert wird, Linksabbiege- oder andere Zusatzfahrstreifen eingefügt werden, die Mittelstreifenbreite geändert oder ein Fahrbahnteiler angelegt werden, sind die durchgehenden Fahrstreifen entsprechend dem geänderten Querschnitt zu verziehen.

Bei kleinen Radien soll die Verziehung am Kurveninnenrand, bei einer gestreckten Linienführung beidseitig der Straßenachse erfolgen.[13]

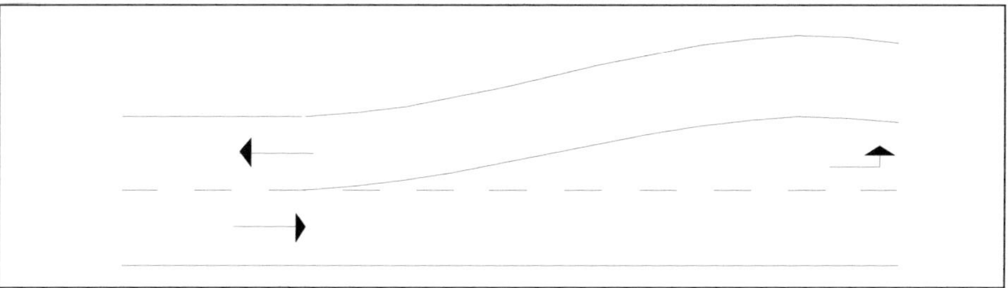

Abb. 42: Fahrbahnaufweitung

4.4 Entwurfselemente der Sicht

4.4.1 Sichtverhältnisse auf freier Strecke

Die Funktion einer Straße ist nur dann gewährleistet, wenn ausreichende Sichtverhältnisse vorhanden sind. Besonders ungünstig ist der Wechsel von übersichtlichen und unübersichtlichen Streckenabschnitten, da dies vom Verkehrsteilnehmer besondere Aufmerksamkeit erfordert. Eine sinnvolle Straßenplanung sieht deshalb auf der gesamten Strecke ausreichende Sichtverhältnisse vor. Alle Hindernisse, die die Sicht einschränken können, sind aus dem Sichtfeld zu entfernen. In Kurven und an Knotenpunkten ist besonders darauf zu achten, dass das Sichtfeld nicht durch Verkehrszeichen und sonstige Schilder beeinträchtigt wird.

Auf der freien Strecke wird zwischen der Haltesichtweite und der Überholsichtweite unterschieden. Welche dieser Sichtweiten für den Entwurf maßgebend ist, hängt vom gewählten Querschnitt ab.[3], [13]

4.4.1.1 Haltesichtweite

Zur Beurteilung der Sichtverhältnisse bei allen benutzten Fahrbahnen (Richtungsverkehr und Gegenverkehr) jeder Kategoriengruppe ist die Haltesichtweite maßgebend.

Der Fahrer muss in der Lage sein, nach dem Erkennen eines vorhandenen Hindernisses vor dem Hindernis anzuhalten. Die hierfür benötigte Haltesichtweite Sh muss so lang sein wie die Strecke, die ein Fahrer benötigt, um sein Fahrzeug mit der Geschwindigkeit

V_{85} vor einem unerwarteten Hindernis anzuhalten. Sie setzt sich aus dem zurückgelegten Weg während der Reaktions- und Auswirkdauer und dem reinen Bremsweg zusammen. In den RAS-L sind Formeln zur Berechnung der Haltesichtweite enthalten. Die Längsneigung der Straße ist dabei zu berücksichtigen. In der Praxis wird von einer abschnittsweise ermittelten mittleren Längsneigung ausgegangen. Die erforderlichen Haltesichtweiten Sh können auch einfacher mit Hilfe von Diagrammen ermittelt werden.[13]

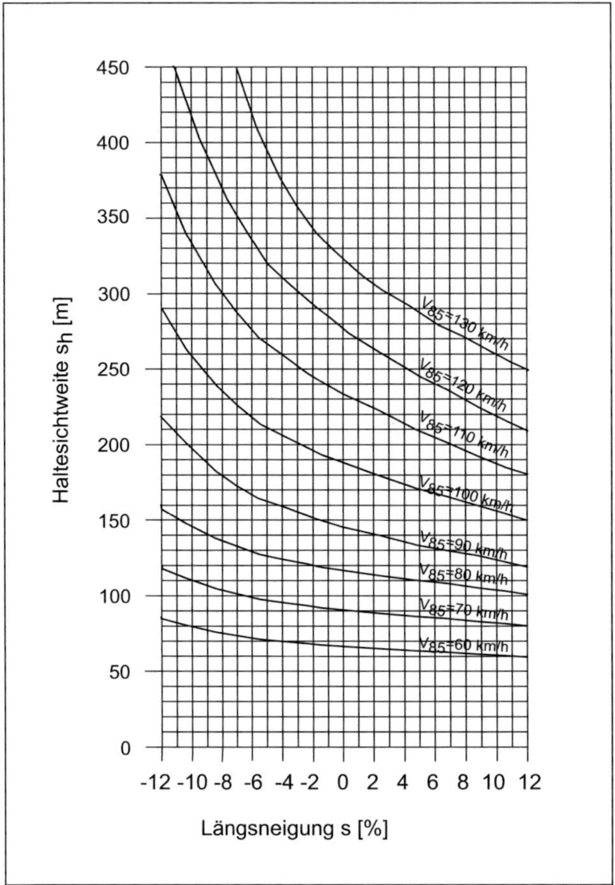

Abb. 43: Erforderliche Haltesichtweite bei Straßen der Kategoriengruppe A

Überholsichtweite

Zur Beurteilung der Sichtverhältnisse für zweistreifige Straßen, die im Gegenverkehr benutzt werden, ist neben der Haltesichtweite auch die Überholsichtweite maßgebend. Damit ein Überholvorgang ohne Risiko ausgeführt werden kann, muss unter Beachtung des Gegenverkehrs eine bestimmte Strecke vom Fahrer eingesehen werden können. Mit der Geschwindigkeit des zu überholenden Fahrzeuges beginnt der Überholvorgang, wenn der Überholende sich unmittelbar dahinter befindet. Der Überholvorgang ist beendet, wenn er wieder auf die eigene Fahrspur zurückgekehrt ist.

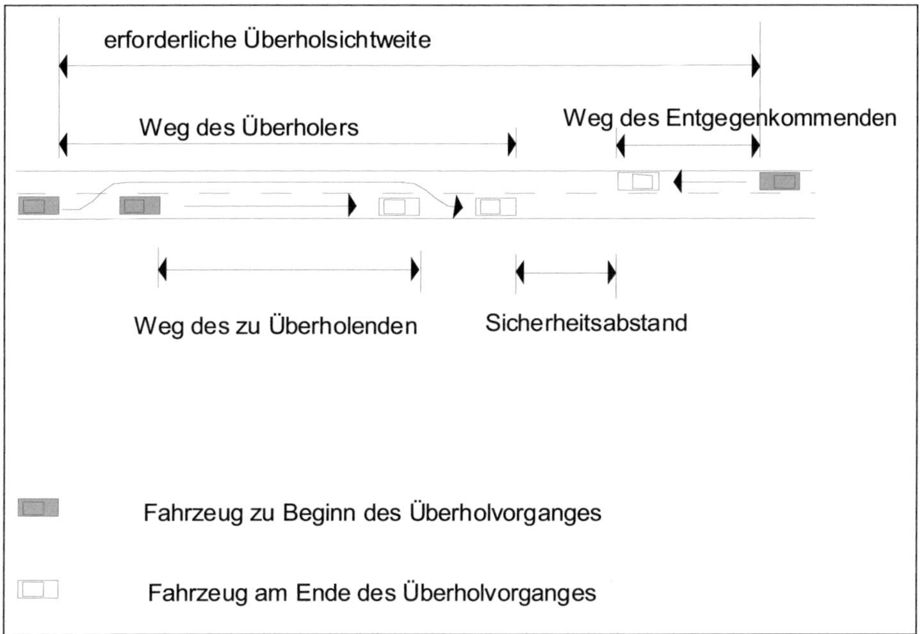

Abb. 44: Überholvorgang und Überholsichtweite

Die erforderliche Überholsichtweite Sü setzt sich zusammen aus dem Überholweg und einer zusätzlichen Strecke, die ein entgegenkommendes Fahrzeug mit der Entwurfsgeschwindigkeit V_e während des Überholvorganges zurücklegt sowie einem Sicherheitsabstand. Die Überholsichtweite Sü hängt von der Entwurfsgeschwindigkeit und der Kategoriengruppe ab.

Die vorhandene Sichtweite wird aus dem Lageplan, dem Höhenplan und den Querschnitten ermittelt. Der Verlauf der Trasse in Verbindung mit den vorhandenen Gegebenheiten (z. B. Bewuchs, Bauwerke, Böschungen) ist zu berücksichtigen.[13]

4.4.2 Sicht am Knotenpunkt

Zur Sicherheit und Leistungsfähigkeit des Verkehrs müssen an Knotenpunkten ebenso wie auf der freien Strecke bestimmte Mindestsichtweiten eingehalten werden. Die Verkehrsregelung resultiert aus der Bedeutung und der Belastung der einzelnen Äste. An jedem Knotenpunkt wird zwischen übergeordneten (bevorrechtigten) und untergeordneten (nicht bevorrechtigten) Straßenzügen unterschieden.

Zur Bemessung der Sichtweite am Knotenpunkt unterscheidet man zwischen Anfahrsichtweite, Annäherungssichtweite und Haltesichtweite. Ein entsprechendes Sichtfeld ist von allen Hindernissen, die die Sicht beeinträchtigen, freizuhalten. Für Pkw-Fahrer wird eine Augenhöhe von 1,00 m und für Lkw-Fahrer von 2,00 m angenommen. Die Sichtverhältnisse dürfen nicht durch Schilder oder Ähnliches eingeschränkt werden.[16]

4.4.2.1 Anfahrsichtweite

Damit der Fahrer einer untergeordneten Straße einen ausreichenden Einblick in die übergeordnete Straße hat, ist die Anfahrsichtweite notwendig. Er muss die übergeordnete Straße bereits 3 m (besser 10 m) vor ihrem Rand soweit einsehen können, dass er aus dem Stand heraus, ohne erhebliche Beeinträchtigung des übergeordneten Verkehrs, kreuzen oder einbiegen kann.[16]

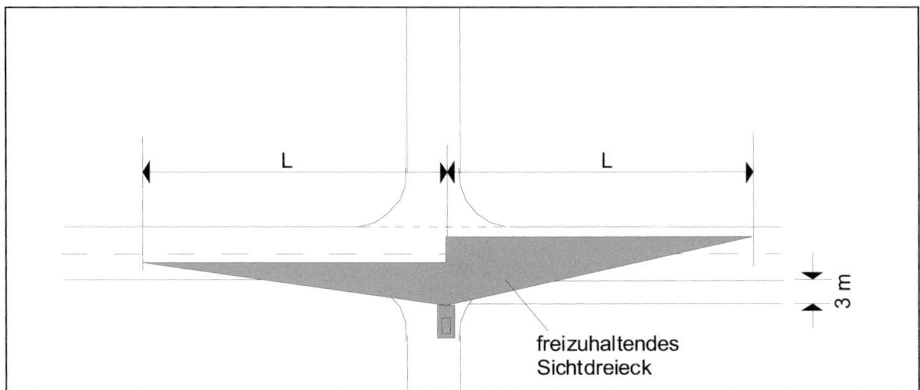

Abb. 45: Anfahrsichtweite

4.4.2.2 Annäherungssichtweite

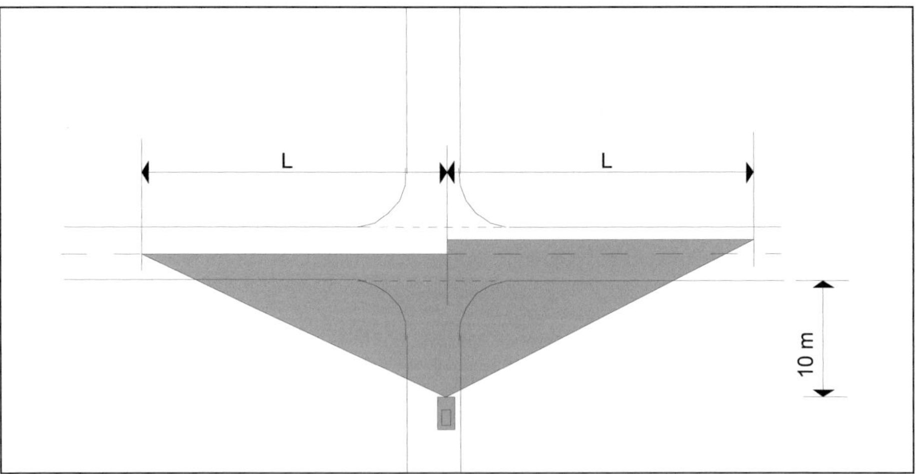

Abb. 46: Annäherungssichtweite

Damit ein Fahrer auf der untergeordneten Straße aus einer Entfernung von 20 m bis zum Rand der übergeordneten Straße bei einer Geschwindigkeit von 20 km/h den Verkehr übersehen kann, ist die Annäherungssichtweite erforderlich. Die Freihaltung dieses Sichtfeldes gestattet einem Fahrer auf der untergeordneten Straße die Wahl, die Kreuzung ohne eine Änderung der Geschwindigkeit zu überqueren oder aber, wenn dies nicht möglich ist, rechtzeitig anzuhalten.

Die notwendige Schenkellänge des Sichtfeldes ist den RAS-K-1 zu entnehmen.[16]

4.4.2.3 Haltesichtweite

In den Zufahrten eines Knotens ist neben der Anfahrsichtweite und der Annäherungssichtweite eine ausreichende Sicht auf die Beschilderung erforderlich, die als Haltesicht bezeichnet wird. Die Haltesichtweite gibt die Entfernung an, die für die Fahrer der untergeordneten und der übergeordneten Straße eine ausreichende Sicht auf die vorfahrtregelnde Beschilderung sicherstellen und gegebenenfalls ein Anhalten vor dem Knotenpunkt ermöglichen.[16]

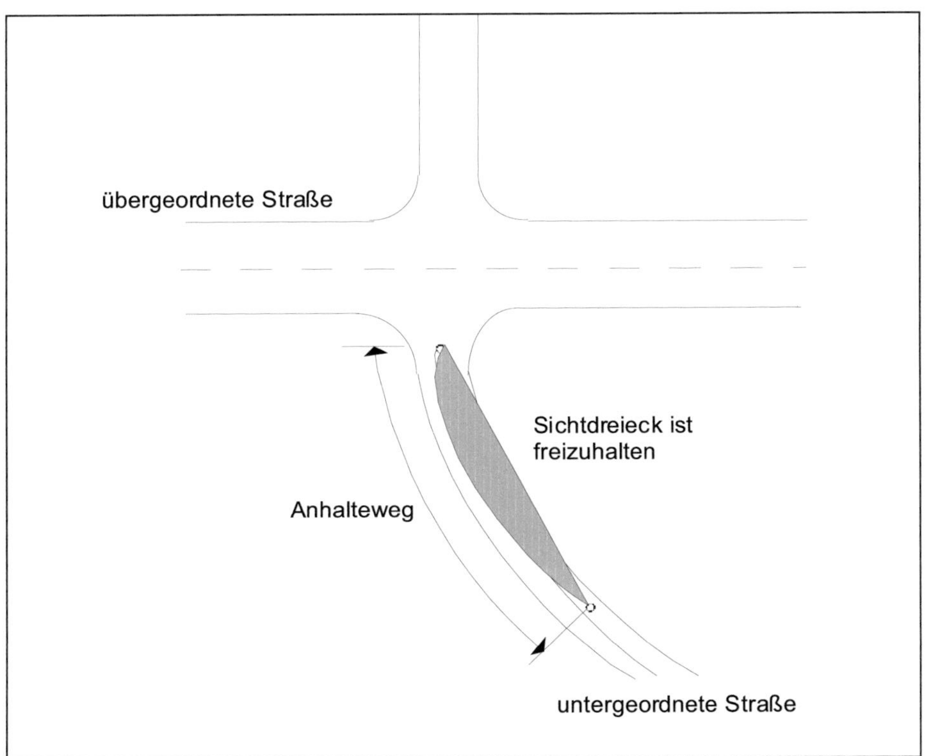

Abb. 47: Sichtfeld für die Haltesicht an Knotenpunktzufahrten

5 Linienführung und Gestaltung von Straßen

5.1 Kriterien zur Linienführung

5.1.1 Allgemeines

Der Bau einer Straße erfordert im Rahmen der Planung eine sorgfältige Abwägung der Vor- und Nachteile. Der Nutzen durch eine neue Straße ist immer mit Beeinträchtigungen an anderer Stelle verbunden.

Vorteile:

- schnelle und sichere Erreichbarkeit eines bestimmten Zieles (Erhöhung der Wirtschaftlichkeit)
- Förderung der Infrastruktur durch Erschließung neuer Flächen
- Entlastung bestimmter Bereiche vom Verkehr (z. B. in Ortsdurchfahrten), dadurch Minderung der Immissionen.

Nachteile:

- Eingriff in die Natur und Landschaft
- Zunahme des Verkehrs (»Neue Straßen, mehr Autos«)
- Zerschneidung von bestehenden Strukturen (z. B. Trennung von Ortsteilen).

Häufig ist durch eine Vielzahl von Zwangspunkten nicht jede gewünschte Trassenführung möglich. So können geologische und wasserwirtschaftliche Gegebenheiten oder auch bestimmte Betriebe, Einrichtungen, Anlagen und Bauwerke (z. B. Denkmäler) die Wahl der Linienführung erheblich einschränken. Zum Beispiel kann für eine Mülldeponie ein Mindestabstand zu einer neuen Straße vorgeschrieben sein, um ausreichend Platz für eine Betriebserweiterung zu gewährleisten.

Bei der Linienfindung sind die Belange der betroffenen Bürger stets ausreichend zu berücksichtigen. Nicht immer findet die Trasse, die den Planern als am besten geeignet erscheint, von den Anliegern und sonstigen betroffenen Bürgern die volle Zustimmung.

Ferner ist der Bauablauf ebenso in die Planung mit einzubeziehen wie die Einbindung der Trasse in die Landschaft. Aus wirtschaftlichen Gründen ist ein sinnvoller Geräteeinsatz während der Bauausführung anzustreben. Für die Lagerung von Mutterboden und sonstigen Materialien sind ebenfalls ausreichende Flächen vorzusehen.

Das Büro für die Bauleitung (durch den Auftragnehmer) und die Bauüberwachung (durch den Auftraggeber) müssen gleichfalls mit eingeplant werden. Häufig werden hierfür Wohngebäude in der Nähe der Baustelle angemietet oder das Büro wird in Gebäuden untergebracht, die später durch den Bau der Straße beseitigt werden müssen.

Wenn vorhandene Wegebeziehungen entfernt werden, sind entsprechende Zufahrten für den Baustellenverkehr und Umleitungen für den sonstigen Verkehr einzuplanen.

Der Eingriff einer Straße in die Natur und Landschaft kann durch eine sinnvolle Einbindung erheblich gemindert werden. Dies bezieht sich nicht nur auf die sichtbaren Teile des Landschaftsbildes, sondern betrifft ebenso das Wasser im Boden und in fließenden Gewässern. Eine landschaftsbezogene Trassierung trägt durch das ausgewogene Bild, das der Verkehrsteilnehmer wahrnimmt, zu einer weniger anstrengenden Fahrt und somit zu mehr Verkehrssicherheit bei.

Im Rahmen einer Umweltverträglichkeitsstudie sind auf der Grundlage vorhandener Unterlagen und örtlicher Erhebungen die folgenden Punkte zu erfassen und zu bewerten, da jeder einzelne die Linienführung beeinflussen kann:

- Umweltbedingungen im bebauten Bereich (Wohnumfeld, Erholungswert)
- Struktur und Dichte der Bevölkerung
- Tiere und Pflanzen und deren Lebensräume
- Struktur des Naturraumes
- Relief und Gestalt der Oberfläche
- Geologie, Lagerstätten
- Eigenschaften, Qualität und Nutzungsfähigkeit der Böden
- Qualität der Luft
- örtliches Klima (z. B. Luftströmungen)
- Landschaftsbild
- Kulturgüter
- Sachgüter
- Ortsbild
- Kulturdenkmäler
- historische Formen der Landnutzung
- traditionelle Wegebeziehungen
- vorhandene Beeinträchtigungen (z. B. Lärm, Schadstoffe).

5.1.2 Bepflanzung

Eine ausgewogene Straßenplanung berücksichtigt den Schutz und die Erhaltung des vorhandenen Bewuchses. Hierfür sind Feststellungen in der Örtlichkeit unumgänglich.

Folgende Angaben müssen in den Plänen gemacht werden:

- Art der Bepflanzung (z. B. Waldflächen, land- oder forstwirtschaftlich genutzte Flächen)
- Landschaftsschutzgebiete
- einzelne unter Naturschutz stehende Pflanzen
- Vogelschutzgebiete und sonstige für die Tierwelt wichtige Gebiete (z. B. Feuchtgebiete)
- Bepflanzung für einen bestimmten Zweck (z. B. Schutzpflanzungen gegen Wind und Schnee).

In einigen Fällen ist es notwendig, die Höhen von Gelände und Bewuchs aufzunehmen. Bei Dämmen und Einschnitten kann die Höhenlage des Bauwerkes einen Einfluss auf die seitliche Bepflanzung haben. Andererseits kann sich die vorhandene Vegetation aufgrund der Wind- und Schattenwirkung auf die Straße auswirken. Schneeverwehungen können begünstigt werden und das Abtauen von Glatteis auf der Fahrbahn verzögert sich.

Selbst bei umfangreichen Neubepflanzungen im Rahmen der Ausgleichs- und Eingriffsregelung ist das Beseitigen von vorhandener Bepflanzung aus wirtschaftlichen und ökologischen Gründen nach Möglichkeit zu minimieren. Das Überschütten von Pflanzen sowie ein Anschneiden der Wurzeln ist zu vermeiden.

Damit sich die Trasse harmonisch in die Landschaft einfügt, ist bereits bei der Planung die spätere Bepflanzung und Rekultivierung zu berücksichtigen. So erfordert eine Straße in einer Berglandschaft eine andere Bepflanzung als beispielsweise eine Straße in einer Gewässerniederung.

Bei schwierigen Problemen ist es ratsam, einen Fachmann aus der Land- und Forstwirtschaft und dem Naturschutz hinzuzuziehen. Bereits im Anfangsstadium der Planung sollte eine Abstimmung mit dem Amt für Agrarstruktur und den entsprechenden Behörden für den Natur-, Umwelt- und Gewässerschutz erfolgen.

Ist der vorhandene Bewuchs ermittelt, wird er im nächsten Schritt in die Planung mit einbezogen und durch Neubepflanzungen ergänzt. So kann beispielsweise eine Straße, an der beidseitig Bäume vorhanden sind, so verbreitert werden, dass nur eine Baumreihe beseitigt werden muss. Die zweite Reihe wird nach Beendigung der Bauarbeiten neu gepflanzt.

Bei Straßenbäumen ist der Abstand der Bäume für die Sicherheit des Verkehrs besonders wichtig. Umfangreiche Untersuchungen im In- und Ausland kommen zu dem Ergebnis, dass die Unfallgefahr nicht steigt, wenn die Bäume einen ausreichenden Abstand zur Fahrbahn haben. Wenn der Abstand groß genug ist, treten weniger Unfälle auf als bei Straßen ohne Bäume.

Waldränder erfüllen eine besondere Schutzfunktion. Wenn die Straße durch ein geschlossenes Waldstück geführt werden muss, ist durch eine Waldsaumunterpflanzung beiderseits der Trasse ein neuer Waldrand aufzubauen.

Eine ausreichende Bepflanzung der Trasse ist nicht nur aus Gründen der besseren Einbindung der Straße in die Landschaft notwendig. Sie hat auch einen erheblichen Einfluss auf die Sicherheit des Verkehrs. Die Bepflanzung erleichtert dem Fahrer, den Verlauf der Straße zu erkennen und Entfernungen besser abzuschätzen. Durch den optisch kontrastreich wirkenden Bewuchs wird der Verlauf der Fahrbahn deutlicher wahrgenommen als durch Hinweisschilder.

Bei schlechten Sichtverhältnissen sind häufig die Fahrbahnmarkierungen nicht mehr zu erkennen. Eine entsprechende Bepflanzung trägt dann erheblich zur Orientierung und damit zur Verkehrssicherheit bei.

In den Geraden ist eine lockere Gruppenpflanzung oder eine beidseitige Baumpflanzung ausreichend, wobei die Pflanzenwahl entsprechend dem Charakter der Landschaft zu erfolgen hat. In Kurven ist die optische Führung besonders wichtig. Dem Fahrer soll von weitem der Kurvenverlauf verdeutlicht werden, damit er seine Fahrweise darauf abstimmen kann. In Abhängigkeit des zur Verfügung stehenden Platzes erfolgt die Bepflanzung an der Außenseite der Kurve. Je enger der Verlauf der Krümmung ist, um so dichter ist die Bepflanzung zu setzen.

Besonders wichtig ist die Bepflanzung zur optischen Führung im Bereich von Kuppen, da der Fahrer nur ein Stück der Straße einsehen kann. Eine hoch aufragende Bepflanzung lässt den Verlauf der Straße einige Meter oberhalb der Fahrbahn erkennen. Das ist besonders wichtig, wenn hinter der Kuppe die Fahrtrichtung geändert wird.[14]

5.1.3 Linienführung im Längsschnitt

Einschnitte und Dämme sind bei der Planung zu vermeiden. Die Gradiente soll im Längsschnitt geländenah geführt werden, damit ein Massenausgleich innerhalb der Baumaßnahme möglich ist.

Eine Straße auf einem Damm beeinträchtigt eventuell das Kleinklima, weil die Kaltluftzufuhr, besonders im Zuge von Bachläufen, eingeschränkt wird. Das gleiche gilt für Lärmschutzwälle und -wände. Dieser Eingriff kann durch eine Aufweitung des Brückenbauwerkes gemindert werden. Hierbei wird auch die Trennwirkung einer Straße in Dammlage verringert. Aus wirtschaftlichen Gründen ist diese Form der Gestaltung jedoch nur in Ausnahmefällen zu wählen.

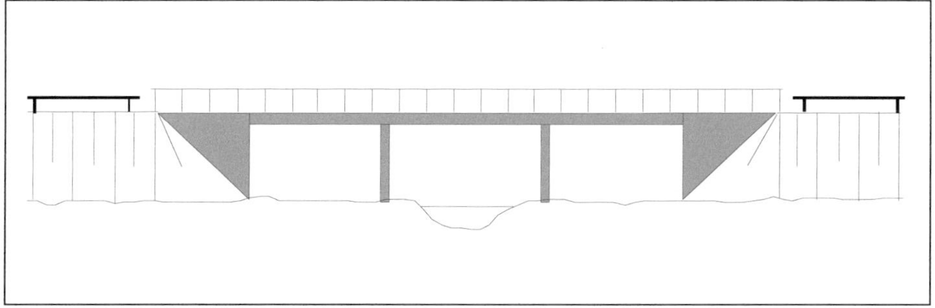

Abb. 48: Aufweitung eines Brückenbauwerkes

5.1.4 Politische Aspekte

Ein weiteres Kriterium für die Wahl der Linienführung können politische Gesichtspunkte sein.

So wird beispielsweise der Ausbau einer Ortsdurchfahrt von den ortsansässigen Einzelhändlern gewünscht, weil sie durch eine gut ausgebaute Straße mit den entsprechenden Parkplätzen mehr Umsatz erwarten.

Die Anwohner dagegen fordern den Rückbau der Straße und eine Ortsumgehung zur Verbesserung des Wohnumfeldes. Eine Umgehungsstraße würde aber eventuell zu Umsatzeinbußen der Einzelhändler führen.

Solche Diskussionen in den politischen Gremien dauern in vielen Fällen mehrere Jahre. Die Entscheidung über die durchzuführende Maßnahme ist von der politischen Mehrheit abhängig. Bei einem Wechsel der Zusammensetzung der Mehrheitsverhältnisse kommt es häufig vor, dass eine bisherige Entscheidung revidiert wird und die Planung neu bearbeitet werden muss.

5.1.5 Geologie

Die geologischen Verhältnisse im Planungsgebiet sind für den Verlauf der Trasse von großer Bedeutung. Man erhält die nötigen Informationen darüber aus geologischen Karten. Wenn diese nicht auf dem neuesten Stand sind, müssen ergänzende Bodenuntersuchungen von Fachberatern durchgeführt werden.

Felsiger Untergrund, der vor Baubeginn erst durch aufwendige Verfahren gelöst und beseitigt werden kann, ist daher aus wirtschaftlichen Gründen nach Möglichkeit zu umgehen. Dies gilt auch für wenig tragfähigen Untergrund wie z. B. eingelagerte Torflinsen.

In solchen Fällen ist nur durch einen Bodenaustausch oder andere Maßnahmen ein ausreichend tragfähiger Untergrund zu erreichen.

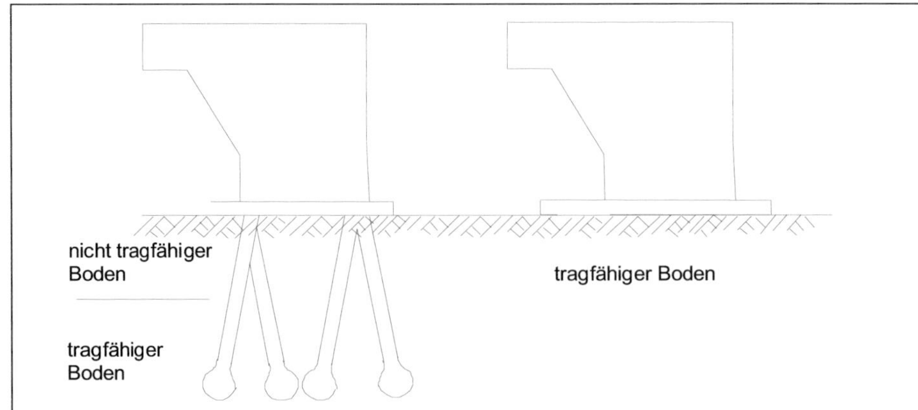

Abb. 49: Flachgründung und Tiefengründung am Beispiel eines Brückenbauwerkes

Besonders wichtig ist der Untergrund für die Gründung von Bauwerken. Wenn oberflächennah kein ausreichend tragfähiger Boden vorhanden ist, müssen die Lasten durch eine Tiefengründung in den Untergrund abgeleitet werden. Die hierfür erforderlichen Gründungsverfahren (z. B. Rammpfähle, Bohrpfähle) sind in der Regel teurer als eine Flachgründung.[14]

5.1.6 Hydrologie

Für eine sorgfältige Planung sind Kenntnisse über den Verlauf und die Beschaffenheit des Grundwassers notwendig. Sofern die Trasse durch ein Wasserschutzgebiet verläuft, sind die *»Richtlinien für bautechnische Maßnahmen an Straßen in Wasserschutzgebieten (RiStWag)«* zu beachten. Diese Richtlinien sind von der Forschungsgesellschaft für Straßen- und Verkehrswesen (FGSV) unter der Mitwirkung von Vertretern der Länderarbeitsgemeinschaft Wasser (LAWA) und des Deutschen Vereins des Gas- und Wasserfaches e.V. (DVGW) im Benehmen mit dem BMVBW und den Straßenbauverwaltungen der Länder aufgestellt.

Nach dem Grad der Schutzbedürftigkeit werden Wasserschutzgebiete in drei Zonen eingeteilt.

In den Richtlinien sind für neue Straßen und für den Um- und Ausbau bestehender Straßen die folgenden Planungsgrundsätze enthalten:

Wasserschutzzone I:

Die Führung einer Straße ist nicht mit den Bedürfnissen des Trinkwasserschutzes vereinbar.

Wasserschutzzone II:

Innerhalb der Wasserschutzzone II sind keine Straßen anzulegen. Wenn das in Ausnahmefällen nicht möglich ist, sind Schutzmaßnahmen zu treffen, die eine Verunreinigung der Gewässer beim Bau und Betrieb der Straße verhindern.

Wasserschutzzone III:

Innerhalb der Wasserschutzzone III sind Schutzmaßnahmen notwendig. Die notwendigen bautechnischen Maßnahmen richten sich nach dem Grad der Schutzbedürftigkeit. Die Baustoffe und Einbaumethoden sowie die konstruktive Gestaltung des Baukörpers sind in den RiStWag aufgeführt.

5.1.7 Altlasten

Bei der Wahl der Trasse ist das Vorhandensein von eventuellen Altlasten zu berücksichtigen. Aus diesem Grund ist das vorhandene Kartenmaterial sorgfältig auszuwerten.

Die jetzige und frühere Nutzung eines Betriebes oder Geländes können Aufschluss darüber geben, ob mit Altlasten zu rechnen ist.

Die Empfehlungen der Länderarbeitsgemeinschaft Abfall (LAGA) geben Hinweise, wie im Einzelfall zu verfahren ist.

5.1.8 Leitungen

Vorhandene ober- und unterirdische Leitungen der öffentlichen Versorgung (Gas, Wasser, Abwasser, Telefon usw.) müssen beachtet werden.

Bei einer Freileitung vor oder nach einem Brückenbauwerk kann eventuell die geforderte Durchfahrtshöhe nicht eingehalten werden. In diesem Fall ist abzuwägen, ob eine Verlegung der Leitung oder eine Verschiebung der Trasse sinnvoller ist.

Die Kosten für das Verlegen einer unterirdischen Druckrohrleitung können 500 000 € und mehr betragen. Aus wirtschaftlichen Gründen ist es ratsam, das Verlegen von Leitungen nach Möglichkeit zu minimieren.

Zu Beginn der Planung sind rechtzeitig die Versorgungsunternehmen einzuschalten, um eventuelle Zwangspunkte bereits im Anfangsstadium zu umgehen.

5.1.9 Kreuzungen

Wenn beim Neubau einer Straße eine Kreuzung oder Einmündung mit einer anderen Straße entsteht, hat der Träger der Straßenbaulast der hinzu gekommenen Straße die Kosten dafür zu tragen.

Werden zeitgleich mehrere sich kreuzende Straßen neu angelegt oder geändert, erfolgt eine Kostenteilung. Dabei werden die Fahrbahnbreiten der einzelnen Straßenäste für die Ermittlung der Kostenanteile zugrunde gelegt. Im Rahmen der Planfeststellung wird die Kostenaufteilung geregelt.

Bei allen Kreuzungen, also auch mit Gewässern, Versorgungsleitungen, Schienenwegen usw. ist mit dem zuständigen Träger (Land, Kreis, Versorgungsunternehmen, Wasser- oder Abwasserverband u. Ä.) eine Vereinbarung abzuschließen. Darin sind neben der Kostenübernahme auch die spätere Pflege und Unterhaltung geregelt.

5.1.10 Lärmschutz

Bei der Berechnung des zu erwartenden Lärmpegels wird zwischen **Emission** und **Immission** unterschieden.

Emission:

Verbreitung von Lärm, Ausbreitung von Schadstoffen in die Umgebung.

Immission:

Das Einwirken von Schadstoffen, Lärm, Strahlung usw. auf Menschen, Tiere und Pflanzen.

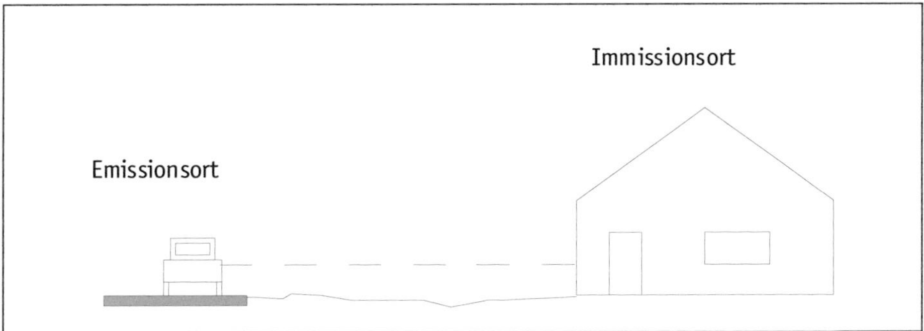

Abb. 50: Emissionsort und Immissonsort

Lärmvorsorge ist die Durchführung von Maßnahmen beim Neubau oder einer wesentlichen Änderung von Straßen. Werden Lärmschutzmaßnahmen an bestehenden Straßen ausgeführt, spricht man von der Lärmsanierung. Aktiver Lärmschutz sind Maßnahmen, die den vom Fahrzeug verursachten Lärm zwischen der Straße und dem zu schützenden Objekt abfangen. Passiver Lärmschutz sind Maßnahmen am Objekt selbst.

Um die Auswirkungen beurteilen zu können, sind einige Grundkenntnisse des Lärmschutzes erforderlich.

So ergibt beispielsweise die Addition zweier Lärmquellen, die im selben Abstand zum Immissionsort stehen, keine Verdoppelung des Schallpegels sondern nur eine Erhöhung um 3 dB(A) einer einzigen Lärmquelle. Sind zum Beispiel zwei Lärmquellen mit jeweils einem Lärmpegel von 40 dB(A) vorhanden, so bringt eine Überlagerung beider Pegel 43 dB(A). Umgekehrt bringt eine Halbierung der Verkehrsmenge auch nur eine Reduzierung um 3 dB(A).

Ein Ton entsteht durch eine sinusförmige Schwankung des Luftdrucks. Geräusche entstehen bei unregelmäßigen Schwankungen. Als wellenförmig verlaufende Veränderung des Luftdrucks ist der Schall gekennzeichnet durch die Frequenz und die

Amplitude. Die Amplitude ist für die Lautstärke verantwortlich und die Frequenz für die Tonhöhe. Wie alle wellenförmigen Erscheinungen können auch Schallwellen reflektiert, gebeugt und gebrochen werden.

- Reflektieren (z. B. Zurück werfen als Echo)
- Beugen (z. B. Ablenken um die Krone einer Lärmschutzwand)
- Brechen (z. B. Verändern der Richtung bei Eintreten in kältere Luftschichten).

Bei der Messung von Lärm wird die Schallintensität I festgestellt. Das ist die Schallenergie, die in einer Sekunde senkrecht durch eine Fläche von 1 m^2 strömt. Damit ist die Schallintensität eine flächenbezogene Größe und wird in W/m^2 angegeben.

Die Schallemission einer Straße wird mit dem Schallpegel Lm,E in dB(A) dargestellt. Mit dem Beurteilungspegel Lr kann er mit den Immissionsgrenzwerten verglichen werden. Die Beurteilungspegel werden getrennt für den Tag und die Nacht berechnet.

Beurteilungszeitraum für den Tag: 6.00 Uhr bis 22.00 Uhr
Beurteilungszeitraum für die Nacht: 22.00 Uhr bis 6.00 Uhr

Zur Verdeutlichung der Größenordnung von Geräuschen werden einige Werte genannt:

- ca. 10 dB(A) Ticken einer Taschenuhr
- ca. 30 dB(A) leise Wohngeräusche
- ca. 40 dB(A) schwacher Verkehrslärm
- ca. 80 dB(A) starker Verkehrslärm
- ca. 100 dB(A) starker Industrielärm, Presslufthammer
- ca. 120 dB(A) tieffliegende Militärflugzeuge.

Von den Verkehrsemissionen Geräusche, Abgase und Staub wird der Verkehrslärm häufig am störendsten empfunden, weil er am ehesten wahrgenommen wird. Aus diesem Grund sind bereits bei der Planung besonders schutzbedürftige Gebäude oder Flächen zu berücksichtigen. So ist bei Gewerbe- und Industriegebieten ein höherer Pegel zulässig als bei Krankenhäusern, Schulen sowie Kur- und Altenheimen.

Der Schallpegel wird in Dezibel, abgekürzt dB, angegeben. Das Empfinden des menschlichen Ohres ist von der Schallfrequenz abhängig. Die Schallpegelmesser enthalten deshalb einen Filter mit der Bezeichnung A. Der Schallpegel, der vom menschlichen Ohr wahrgenommen wird, nennt man dB(A).

Im Rahmen der Planung gibt es mehrere Möglichkeiten, den Schallpegel herab zu setzen. Sie können einzeln oder kombiniert eingesetzt werden:

- Bündelung des Lärm erzeugenden Verkehrs
- größerer Abstand zwischen Straße und schutzwürdigem Objekt
- Hoch- oder Tieflage der Straße
- Berücksichtigung vorhandener lärmmindernder Elemente (z. B. Gebäude, Bepflanzung).

Die Immissionsgrenzwerte und die Berechnungsverfahren sind in den *»Richtlinien für den Lärmschutz an Straßen (RLS)«* enthalten.

Der errechnete Mittelungspegel in dB (A) wird den Immissionsgrenzwerten gegenüber gestellt. Wenn der Mittelungspegel die Grenzwerte übersteigt, sind Lärmschutzmaßnahmen notwendig. Hierbei wird zwischen **aktivem** und **passivem** Lärmschutz unterschieden.[3]

Aktiver Lärmschutz:
Wall, Wand, Wall mit aufgesetzter Wand

Passiver Lärmschutz:
Maßnahmen am Immissionsort, z. B. Lärmschutzfenster

6 Bauentwurf der Straße

6.1 Straßenaufbau

6.1.1 Allgemeines

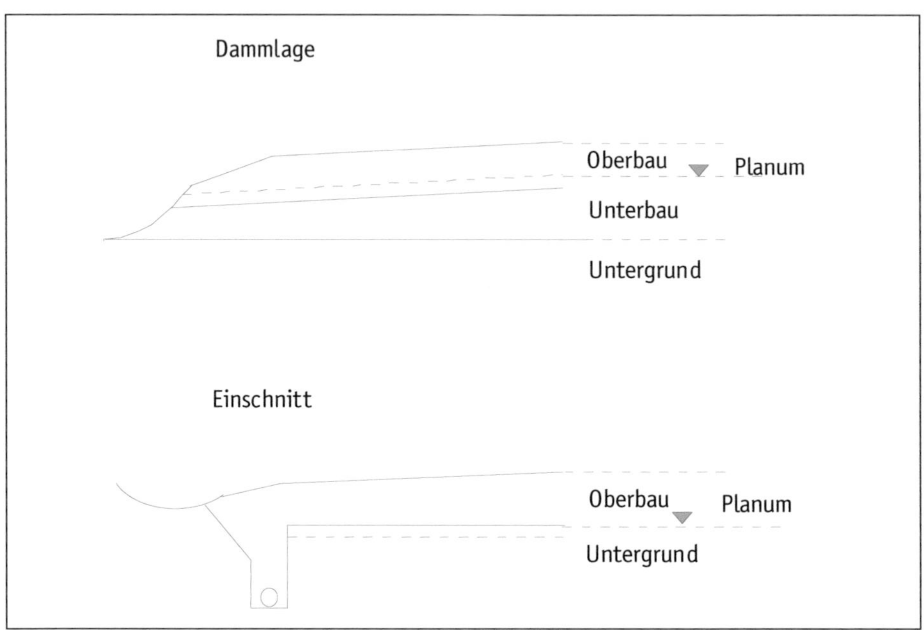

Abb. 51: Straßenaufbau

Die einzelnen Teile der Straße im Querschnitt sind einheitlich definiert. Unabhängig von der Ausführung der Fahrbahnbefestigung werden drei Grundbegriffe unterschieden:

- Untergrund
  Hierunter versteht man den anstehenden gewachsenen Boden, der im Dammbereich nach dem Beseitigen des Mutterbodens freigelegt wird.
  In Einschnitten ist der Untergrund mit dem Erreichen der Solltiefe vorhanden. Wenn der Untergrund nicht ausreichend tragfähig ist, wird eine Schicht von 10 cm verfestigt.
- Unterbau
  Als Unterbau wird die Erdschüttung des Dammkörpers bezeichnet. Im Einschnitt ist er nicht vorhanden. Der Einbau wird lagenweise durchgeführt. Die Dicke der einzelnen Lagen muss den Einbaugeräten und der Verdichtungsfähigkeit des Bodens angepasst werden. Der Unterbau muss sorgfältig verdichtet werden, damit die Tragfähigkeit ausreicht. Wenn die Tragfähigkeit nicht allein durch Verdichten erreicht werden kann, können die oberste oder auch mehrere Lagen verfestigt werden.

- Oberbau
  Auf dem Untergrund oder Unterbau sind mehrere Schichten angeordnet, die unterschiedliche Aufgaben zu erfüllen haben und deshalb unterschiedlich zusammengesetzt sind (Tragschicht, Binderschicht, Deckschicht, Mutterboden, Füllboden).

6.1.2 Straßenentwässerung

Wasser verkürzt die Lebensdauer einer Straße und der dazugehörigen Bauwerke und beeinträchtigt die Sicherheit der Verkehrsteilnehmer. Daneben müssen die Einwirkungen der Trasse auf das Grundwasser und die Gewässer berücksichtigt werden.

Die Menge der örtlichen Regenspende, deren Dauer und die Verzögerung, mit der das Wasser die Entwässerungseinrichtungen der Straße erreicht, beeinflussen die Bemessung der Rohrleitungen und Schächte. Aus diesem Grund sind bereits bei der Planung die klimatischen Verhältnisse im Planungsraum zu ermitteln. Auskunft darüber geben die Wasserwirtschaftsbehörden und die Wetterämter.

Da ein Wasserfilm auf der Fahrbahn die Sicherheit vermindert, darf von Flächen außerhalb der Fahrbahn kein Wasser auf die Fahrbahn geleitet werden. Das anfallende Oberflächenwasser muss schadlos in die Vorfluter abgeleitet werden. Bei vorhandenen Kanalleitungen ist deren Leistungsfähigkeit zu prüfen. Innerhalb bebauter Gebiete wird das Wasser in der Regel den Kläranlagen, außerhalb bebauter Gebiete dem nächsten Vorfluter, zugeführt. Aus Umweltschutzgründen sollte das Wasser vorher grob gereinigt sein.

Die Einleitung des Oberflächenwassers in die Vorfluter bedarf einer Genehmigung der zuständigen Wasserbehörde. Im Rahmen des Planfeststellungsverfahrens wird eine wasserrechtliche Erlaubnis erteilt. In den entsprechenden Unterlagen ist genau darzustellen, welche Wassermengen in die Vorfluter eingeleitet werden.

Wenn in Ausnahmefällen (z. B. aus Lärmschutzgründen) die Trasse so tief liegt, dass der Grundwasserhorizont angeschnitten wird, sind besondere Konstruktionen notwendig.

Zur einfachen Wartung der Entwässerungseinrichtungen sind oberirdische Leitungen sinnvoller als unterirdische. Im Querschnitt ist die Lage so zu wählen, dass die Wartungsarbeiten ohne erhebliche Störungen des Verkehrs durchzuführen sind.

Außerhalb bebauter Gebiete wird eine Versickerung des Oberflächenwassers über Entwässerungsmulden angestrebt. Wenn Verunreinigungen des Wassers zu erwarten sind, müssen diese durch Regenrückhalte- und Klärbecken aufgefangen werden.

Die Entwässerung der Straße ist im Lageplan, im Höhenplan und im Querschnitt mit den entsprechenden Planzeichen darzustellen.

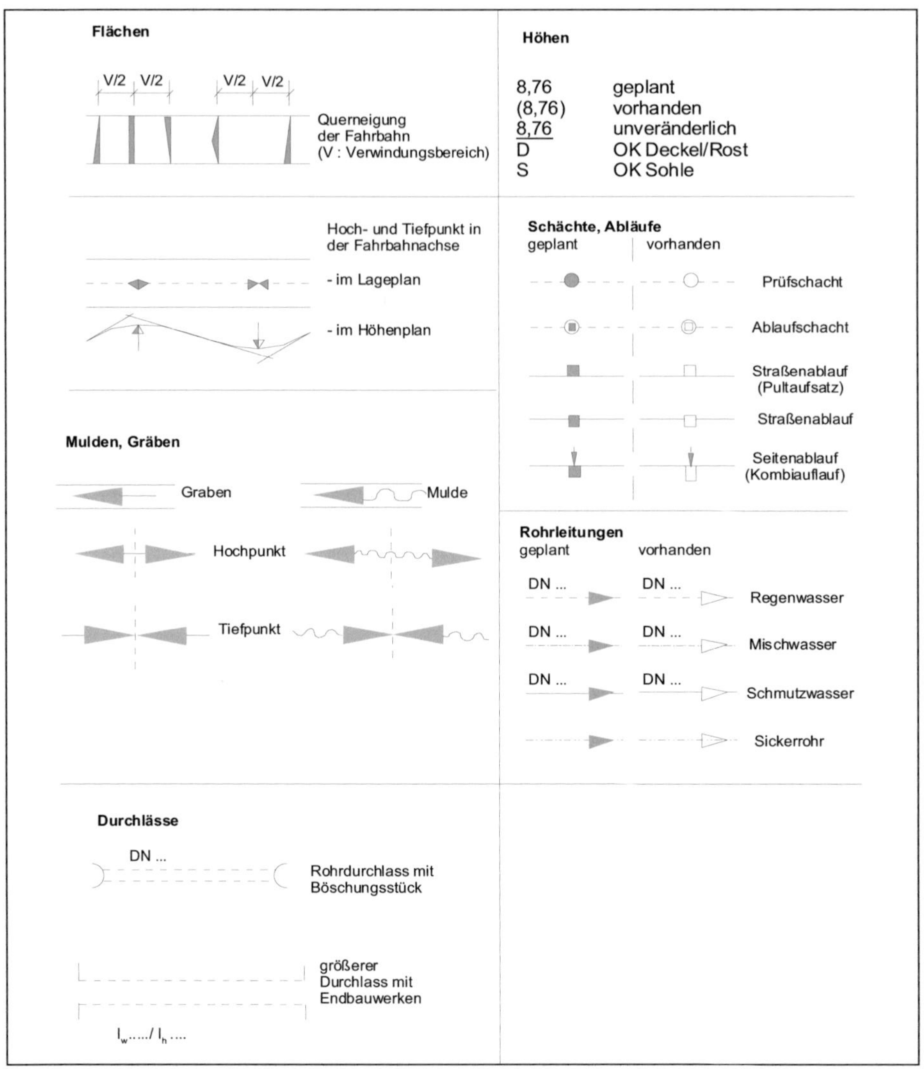

Abb. 52: Planzeichen der Entwässerung

Im Regelquerschnitt werden die Querneigung der Fahrbahn und des Planums eingetragen. Wenn durch die Eintragungen für die Entwässerung die Entwurfspläne zu unübersichtlich sind, werden gesonderte Entwässerungspläne aufgestellt.

Das anfallende Oberflächenwasser wird über Mulden, Gräben, Rinnen und Abläufe abgeleitet. Straßenmulden werden beim Damm am Böschungsfuß und im Einschnitt am Kronenrand angeordnet. Ihre Breite beträgt 1,0 bis 2,5 m, die Tiefe min h = 0,20, max h = b/5 in m. Bei einem geringen Längsgefälle wird die Sohle mit einer glatten Oberfläche befestigt, um einen ausreichenden Abfluss zu gewährleisten. Bei einem starken Gefälle ist die Sohle durch eine raue Befestigung vor Erosionen zu schützen.

Wenn die Querschnittsflächen von Mulden keine ausreichende Abführung des Wassers gewährleisten, werden Gräben ausgebildet. Diese erhalten eine Sohlbreite von 0,50 m. Die Tiefe soll 0,50 m nicht überschreiten. Die Grabensohle ist gemäß Tab. 10 auszubilden. Bei ungünstigen Untergrundverhältnissen müssen Mulden und Gräben mit bindigem Boden oder Folien abgedichtet werden.

Längsgefälle der Sohle ls [%]	Befestigung
0,3 bis 1,0	glatt, z. B. Sohlschale, Platten
1,4 bis 4,0	Rasen
4,0 bis 10,0	raue Sohle, z. B. Pflaster
>10,0	Raubettmulde

Tab. 10: Sohlbefestigung von Straßenmulden

Im städtischen Bereich leiten Straßenrinnen das Oberflächenwasser zu den Straßenabläufen. Sie werden an den Hochborden oder zwischen Verkehrsflächen angelegt. Entsprechend ihrer Form werden unterschieden:

- Bordrinne
- Spitzrinne
- Muldenrinne
- Kastenrinne
- Schlitzrinne.

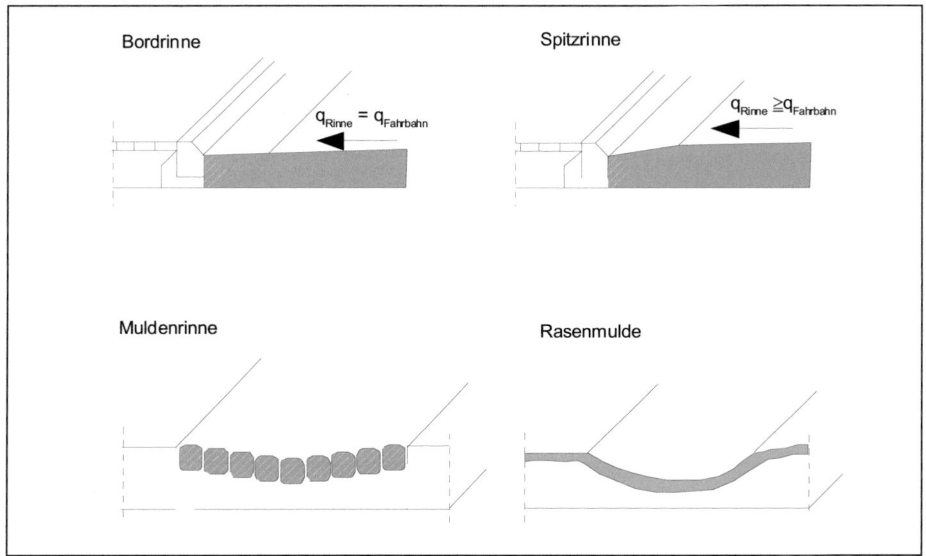

Abb. 53: Rinnenformen

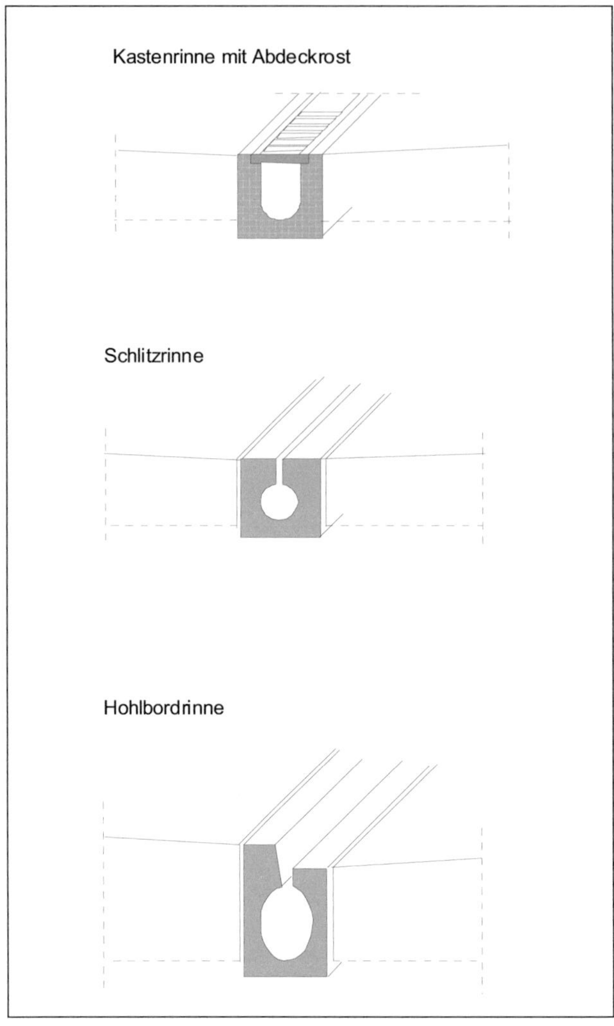

Abb. 54:
Rinnen aus Fertigteilen

Die Bordrinne besteht aus der gleichen Befestigung wie die Fahrbahn. Sie wird durch ein Hochbord abgeschlossen und hat eine Breite von 0,15 m bis 0,50 m. Die Quer- und Längsneigung entspricht denen der Fahrbahn.

Die Spitzrinne gehört nicht zur Fahrbahn und wird deshalb aus einer anderen Befestigung als die Fahrbahn hergestellt. Die Breite ist 0,30 bis 0,90 m. In Abhängigkeit von der Befestigungsart beträgt die Längsneigung 10,0 % bis 15,0 %. Als Befestigung werden Fertigteile oder Pflaster im Mörtelbett verwendet. Der seitliche Abschluss erfolgt in diesem Fall durch ein Hochbord.

Eine Muldenrinne wird zwischen unterschiedlichen Verkehrsflächen angelegt. Sie ist zwischen 0,5 m und 1,0 m breit. Die Tiefe ist mit b/15 festgelegt; mindestens soll sie 0,03 m betragen. Die Muldenrinne kann von den Verkehrsteilnehmern überfahren werden und wird zur besseren Wahrnehmung in Pflaster ausgeführt. Sie wird häufig auf Parkflächen und in verkehrsberuhigten Zonen eingesetzt.

Kastenrinnen sind Entwässerungsrinnen aus Fertigteilen, die mit Gitterrosten oder Lochblechen abgedeckt sind. Das Gefälle ist unabhängig von der Straßenlängsneigung in die Fertigteile eingearbeitet. Kastenrinnen müssen so bemessen sein, dass sie überfahren werden können. Bei der Gestaltung der Roste ist darauf zu achten, dass keine Gefahren für Zweiradfahrer bestehen.

Schlitzrinnen bestehen aus Betonfertigteilen, die auf der Oberseite einen Eintrittsschlitz für das Oberflächenwasser haben. Sie können nicht auf Verkehrsflächen eingesetzt werden, auf denen Radverkehr stattfindet. Die Fertigteile enthalten bereits ein Längsgefälle. In Ausnahmefällen werden sie mit einem angeformten Hochbord geliefert.

Pendelrinnen gelten als Sonderform der Spitzrinne. Sie werden dann eingesetzt, wenn das Gefälle $q \leq 0,5\,\%$ ist. Zwischen den Einläufen werden Hochpunkte angeordnet, um das Längsgefälle der Rinne zu erhöhen. Die Höhe des Bordsteins schwankt zwischen 0,07 m und 0,14 m.

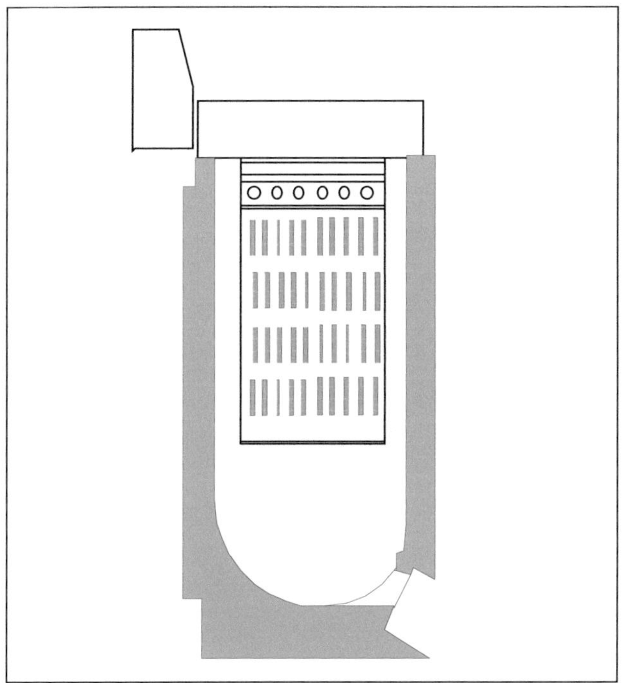

Abb. 55: Regelform des Straßenablaufs

Die Straßenabläufe leiten das Wasser den unterirdischen Entwässerungseinrichtungen zu. Sie bestehen aus dem Straßenablauf, dem Schacht und dem Boden. Der Ablauf enthält einen Eimer mit Schlitzen, der den groben Schmutz auffängt und zu Reinigungszwecken ausgehängt werden kann.

Straßenabläufe werden als Fertigteile hergestellt. Der Abstand der Einläufe untereinander ist von der anfallenden Wassermenge, dem Straßenlängsgefälle und dem Aufnahmevermögen der Abläufe abhängig. Im Bereich von Wannen müssen die Einläufe dichter gesetzt werden. Straßenabläufe werden in der Regel in der Straßenrinne angeordnet. Auf Fußgänger- oder Radfahrerüberwegen sind sie aus Sicherheitsgründen nicht einzusetzen.

In unterirdischen Rohrleitungen wird das Oberflächenwasser der Kläranlage oder dem Vorfluter zugeleitet. Es werden Rohre aus Beton, Steinzeug oder Kunststoff eingesetzt. Zwischen den einzelnen Schächten werden die Rohre geradlinig verlegt. Um ein Absetzen der Sinkstoffe bei Trockenwetter zu verhindern, soll die Fließgeschwindigkeit v in den Rohren mindestens 0,5 m/s betragen. Zu große Fließgeschwindigkeiten erhöhen den Abrieb des Rohres. Bei Geschwindigkeiten $v > 6{,}0$ m/s ist besonders abriebfestes Material zu verwenden. Wird $v > 8{,}0$ m/s, sind Absturzschächte einzubauen, um die Fließgeschwindigkeit herabzusetzen.

Beim Leitungssystem wird zwischen Sammelleitungen, Huckepackleitungen und Teilsickerrohrleitungen unterschieden.

Sammelleitungen sind geschlossene Rohrleitungen, in denen das Wasser abgeführt wird. Damit eine leichte Reinigung möglich ist, soll der Durchmesser nicht unter DN 300 gewählt werden.

Huckepackleitungen haben oberhalb der Sammelleitung eine mit Filtermaterial umhüllte Sickerleitung, die das Sickerwasser der Frostschutzschicht aufnimmt. Bei nichtbindigem Füllboden ist über der Sammelleitung eine Kunststoff-Dichtungsbahn anzuordnen.

Teilsickerrohrleitungen verbinden die Funktionen der Sammel- und Sickerleitungen. Es werden in der Regel geschlitzte oder gelochte Rohre verwendet.

Bei den Sickereinrichtungen ist zwischen sickern und versickern zu unterscheiden. Sickerstränge, Sickerrohrleitungen und Sickerschichten sammeln Sicker-, Grund- und Schichtwasser und leiten es weiter. Versickerschächte, Versickerstränge und Versickerrohrleitungen versickern das zugeführte Wasser, d. h. sie geben es an den Boden ab.

Bei den Schächten wird zwischen Ablauf-, Prüf- und Absturzschacht unterschieden. Sie werden als Fertigteile geliefert. In Sonderfällen sind jedoch auch gemauerte oder betonierte Schächte möglich.

Ablaufschächte führen das Wasser durch einen Ablaufrost im Deckel der Rohrleitung zu und ermöglichen gleichzeitig eine Wartung und Durchlüftung der Leitung. Sie werden bei Straßenmulden, Muldenrinnen und Ablaufbuchten eingesetzt. Der Einlauf wird umlaufend gepflastert und 0,03 m bis 0,05 m tiefer als die Muldensohle eingebaut.

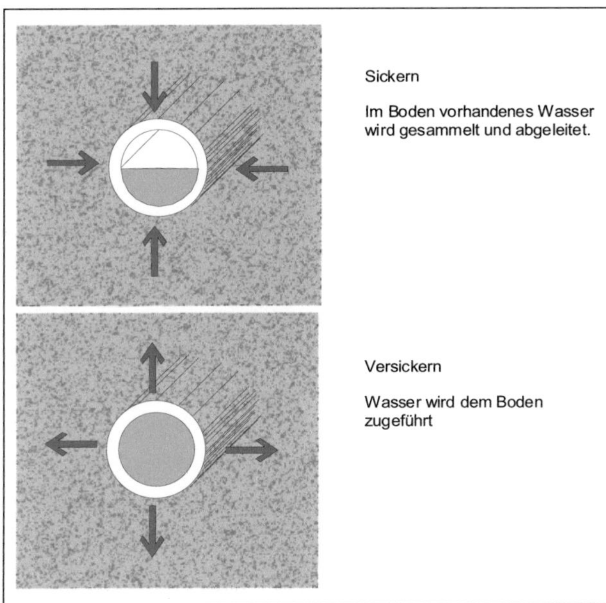

Abb. 56:
Sickern und Versickern

Prüfschächte nehmen kein Wasser auf. Sie werden bei einer Richtungsänderung der Leitungsführung, bei einer Änderung des Leitungsdurchmessers, zur Einführung von Sammelleitungen und vor querenden Bauwerken eingesetzt. Der maximale Abstand der Prüfschächte beträgt 80,0 m. Im Normalfall werden sie in Abständen von 50,0 m angeordnet.

Absturzschächte werden bei großem Längsgefälle der Leitung eingebaut, um die Fließgeschwindigkeit herabzusetzen.

In Sickeranlagen wird ungebundenes Wasser im Untergrund oder im Straßenkörper gefasst. Das hierfür verwendete Filtermaterial muss filterstabil sein, d. h. es muss grobkörniger sein als der zu entwässernde Boden und so feinkörnig, dass die Feinanteile des Bodens nicht eingeschwemmt werden. Häufig werden Geotextilien als Filter oder zum Schutz der Filterschicht gegen Feinanteile eingesetzt. Wenn die Straßenoberfläche wasserdurchlässig ist (z. B. bei Pflasterdecken), sollte die Sickerschicht mit einer 0,20 m dicken Schicht bindigen Bodens abgedeckt werden.

Im Sickerstrang wird das vorhandene Wasser im Boden gesammelt und weitergeleitet. In der Regel werden hierfür mit Filtermaterial umhüllte Sickerrohre DN 100 verwendet. Längere Stränge werden in die Schächte des Leitungsnetzes geführt. Kurze Stränge können ins Freie geleitet werden und erhalten am Auslauf eine Froschklappe.

Anfallendes Grundwasser wird häufig in Sickergräben gesammelt und weitergeleitet.

Sickerschichten können als Tragschicht, Planums-, Böschungs-, Tiefensickerschicht oder als Sickerstützscheibe angeordnet werden. Bei einem entsprechenden Kornaufbau übernehmen die ungebundenen Tragschichten (Frostschutzschichten) die Funktion der Sickerschicht.

Liegt das Erdplanum ständig oder zeitweise unterhalb des Grundwasserspiegels, wird unter der Frostschutzschicht eine Planumsickerschicht eingebaut. Ihre Dicke von mindestens 0,50 m darf nicht auf die Dicke der Frostschutzschicht angerechnet werden.

In der Böschungssickerschicht wird anfallendes Schichtwasser in der Böschung abgeleitet. Die Dicke der Schicht soll mindestens 0,50 m betragen. Damit kein Oberflächenwasser eindringen kann, ist sie mit bindigem Boden abzudichten.

In der Tiefensickerschicht wird der Untergrund gegen seitlich zufließendes Wasser gesichert und die tieferliegenden Schichten entwässert. Die Ausführung erfolgt meistens senkrecht zur Fahrbahnachse. Das Wasser wird durch ein Sickerrohr abgeleitet. Die Sickerschicht ist gegen anfallendes Oberflächenwasser mit einer 0,20 m dicken Schicht aus bindigem Boden zu schützen.

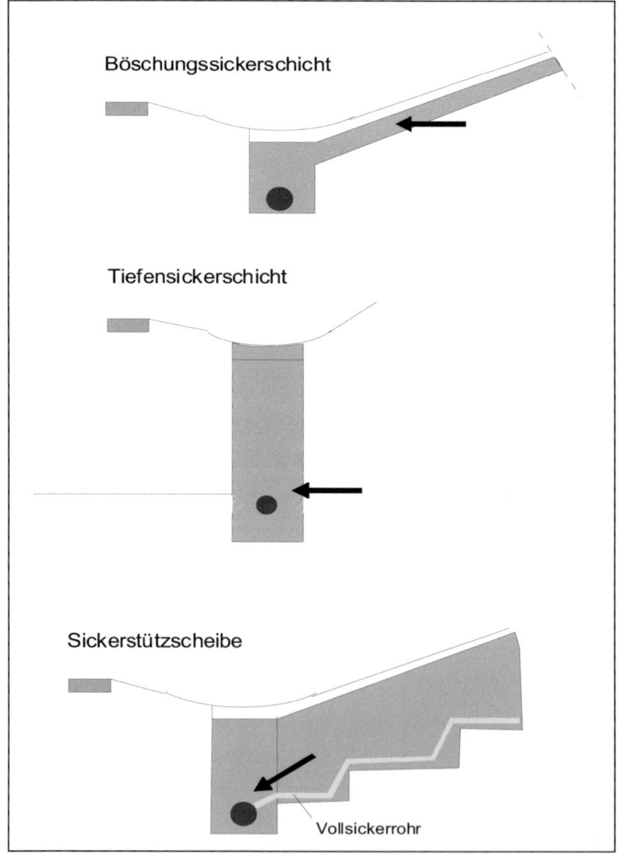

Abb. 57: Ausbildung von Sickerschichten

Mit einer Sickerstützscheibe wird der Wasserdruck in der Böschung abgebaut und ein Abrutschen der Böschung verhindert. Sie besteht aus einer Schotterschicht oder aus Einkornbeton. Die Mindestbreite der Sickerstützscheibe beträgt mindestens 1,20 m, der Abstand untereinander 10,0 m bis 20,0 m. Das Eindringen von Oberflächenwasser ist durch eine Abdeckung aus bindigem Boden zu verhindern. In jedem Fall ist die Gleitsicherheit durch eine erdstatische Untersuchung nachzuweisen.

Bei plötzlich anfallenden großen Wassermengen auf der Fahrbahn (z. B. Gewitter im Sommer) besteht die Gefahr einer Überlastung der Vorfluter. Zur zeitlichen Verzögerung des Abflusses werden dann entsprechende Rückhalteeinrichtungen angeordnet. Dies können Regenrückhaltebecken, -gräben oder -kanäle sein.

Regenrückhaltebecken sind nach Möglichkeit als Erdbecken landschaftsgerecht auszubilden. Der Dauerstau (ständig vorhandenes Wasser) ist in Flachwasserzonen und in tiefe Zonen aufzuteilen. Eine standortgerechte Bepflanzung begünstigt das Entstehen von Biotopen. Zu Wartungszwecken sind geeignete Zufahrten erforderlich.

Häufig sind Absetzanlagen und Abscheider erforderlich. In Absetzanlagen werden die Sedimente vom Straßenwasser getrennt. Man verwendet hierfür Absetzbecken, Regenwasserklärbecken oder Absetzschächte. Abscheider reinigen das Oberflächenwasser von Leichtflüssigkeiten.

Auf Brückenbauwerken ist die Entwässerung besonders sorgfältig durchzuführen, da hier im Winter erhöhte Glatteisgefahr besteht und eindringendes Wasser zu erheblichen Schäden am Bauwerk führen kann.

In Tunnel- oder Trogstrecken muss das anfallende Oberflächenwasser vorher gesammelt und abgeleitet werden.[14], [17]

6.1.3 Ingenieurbauwerke

Neben dem Straßenkörper sind zur Funktionsfähigkeit einer Straße weitere Bauwerke erforderlich. Hierzu gehören Brücken, Tunnel, Trogbauwerke, Lärmschutzeinrichtungen, Durchlässe und Stützmauern.

Diese Bauwerke sind notwendig, um Verkehrswege und Wasserläufe zu überqueren oder den Forderungen der Betroffenen nachzukommen. Sie müssen bereits bei der Entwurfsbearbeitung berücksichtigt werden.

Bei Wasserläufen, auf denen Schiffsverkehr stattfindet, ist die lichte Höhe von den Abmessungen der Schiffe abhängig.

Auf den Brückenbauwerken und im Tunnel oder Trog wird der vorhandene Regelquerschnitt des anschließenden Verkehrsweges in der Regel beibehalten, wobei der unbefestigte Seitenstreifen hinter Hochborden geführt wird.

Für Brücken über öffentliche Straßen und Wege sowie für Eisenbahnen müssen die folgenden lichten Höhen eingehalten werden:

Brücke über	Erforderliche lichte Höhe [m]
Autobahn, Bundesstraße	≥ 4,70
Sonstige öffentliche Wege	≥ 4,50
Landwirtschaftliche Wege	≥ 4,50 (4,00)
Elektrifizierte Eisenbahnen (im Bahnhofsbereich)	≥ 6,15 ≥ 6,50
Nicht elektrifizierte Eisenbahnen (im Bahnhofsbereich)	≥ 4,80 ≥ 5,50
Höchster Hochwasserstand des Wasserlaufes (HHW)	≥1,00

Tab. 11: Lichte Höhen (Klammerwerte sind in Ausnahmen zulässig)

Im Lageplan werden Brückenbauwerke der Linienführung der Straße angepasst, wobei wirtschaftliche Aspekte zu berücksichtigen sind. Aus diesem Grund sollen spitzwinklige Kreuzungen vermieden werden, da hierbei das Bauwerk erheblich länger wird als bei einer rechtwinkligen Kreuzung. Ferner soll die Brücke außerhalb eines Übergangsbogens liegen, weil das Herstellen des Lehrgerüstes sonst erheblich schwieriger ist.

Bauwerke mit einer lichten Weite bis zu 2,0 m bezeichnet man als Durchlässe. Sie werden eingesetzt, um Fußwege, nicht befahrene landwirtschaftliche Wege, Viehtriften und kleine Wasserläufe unter dem Straßendamm hindurch zu führen.

Es werden auch Durchlässe aus gewelltem Stahlblech angeboten, die nach Bestellung entsprechend der Böschungsneigung geschnitten werden. Sie werden auf der Baustelle aus einzelnen Blechen zusammengefügt, beidseitig gleichmäßig angeschüttet und am Kopf durch eine Pflasterung eingefasst.

Stützmauern sind notwendig, wenn Böschungen abgefangen werden müssen. Ab einer Höhe von 1,00 m ist die Standsicherheit der Stützmauer nachzuweisen.

Nach der Ausführung der Mauer werden unterschieden:

- Trockenmauern
- Schwergewichtsmauern
- Winkelstützmauern
- Rucksackmauern.

Trockenmauern und Schwergewichtsmauern wirken durch ihr Gewicht dem Erddruck des dahinter liegenden Bodens entgegen. Winkelstützmauern und Rucksackmauern wirken durch die Auflast der rückwärtigen Kragarme.

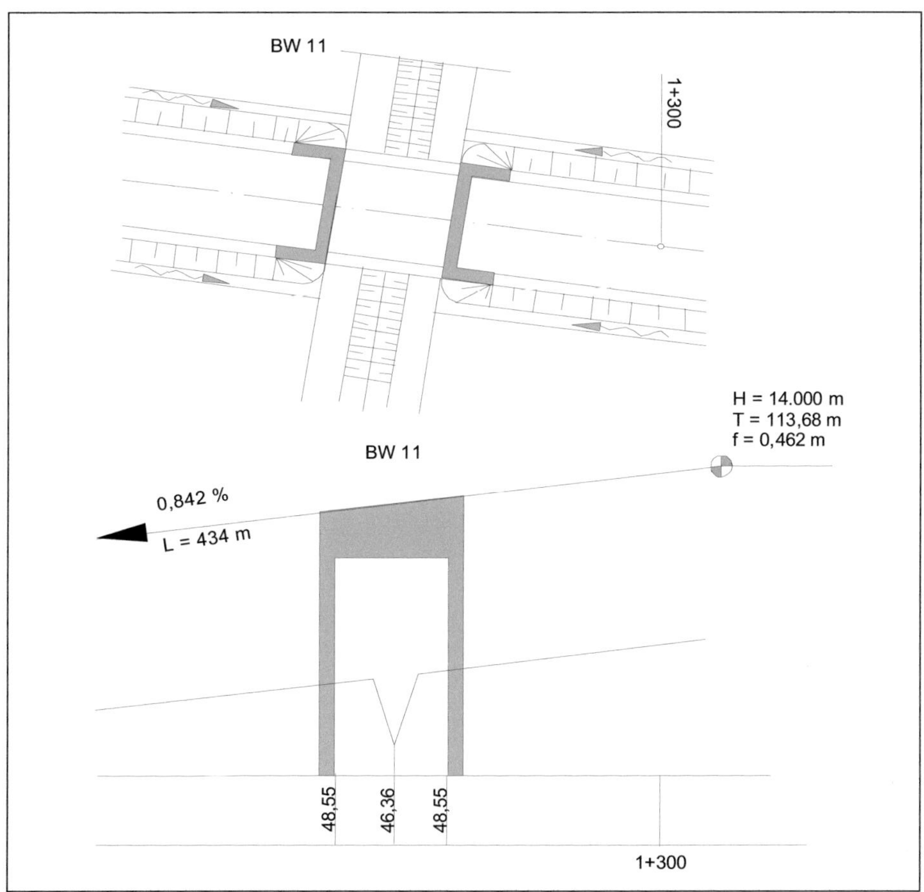

Abb. 58: Darstellung eines Brückenbauwerkes im Lageplan und im Höhenplan

Die Rückseite der Stützmauer muss durch eine Drainage einwandfrei entwässert werden, damit der Erddruck klein gehalten wird und keine Gleitflächen entstehen.

Trockenmauern eignen sich nur für geringe Höhen. Da jedoch örtlich vorhandener Naturstein eingesetzt werden kann, lassen sie sich optisch gut in die Umgebung einbinden.

Schwergewichtsmauern stellt man aus Beton her. Sie erhalten eine senkrechte oder geneigte Vorderseite. Aufgrund der großen Betonmenge sind Schwergewichtsmauern teuer, dem jedoch ein geringer Erdaushub gegenübersteht.

Winkelstützmauern haben an der Sohle einen Kragarm, auf dem der Boden der Hinterfüllung die erforderliche Auflast gewährleistet. Aufgrund der großen Auflagerfläche können sie auch bei ungünstigen Untergrundverhältnissen eingesetzt werden. Eine Sonderform der Winkelstützmauer wird aus Betonfertigteilen als sogenannte »Stuttgarter Mauerscheibe« angeboten. Die Elemente haben eine Breite von 0,49 m und eine Höhe von 0,55 m bis 1,55 m und werden durch einen Rundstahl miteinander verbunden. Sie werden häufig in bebauten Gebieten als Abgrenzung von Grünflächen verwendet.

Rucksackmauern haben neben dem Kragarm an der Sohle einen weiteren Kragarm auf der Rückseite. Dadurch wird der Erddruck verringert. Bei hohen Belastungen ist eine zusätzliche rückwärtige Verankerung der Mauer in der Böschung möglich.[14]

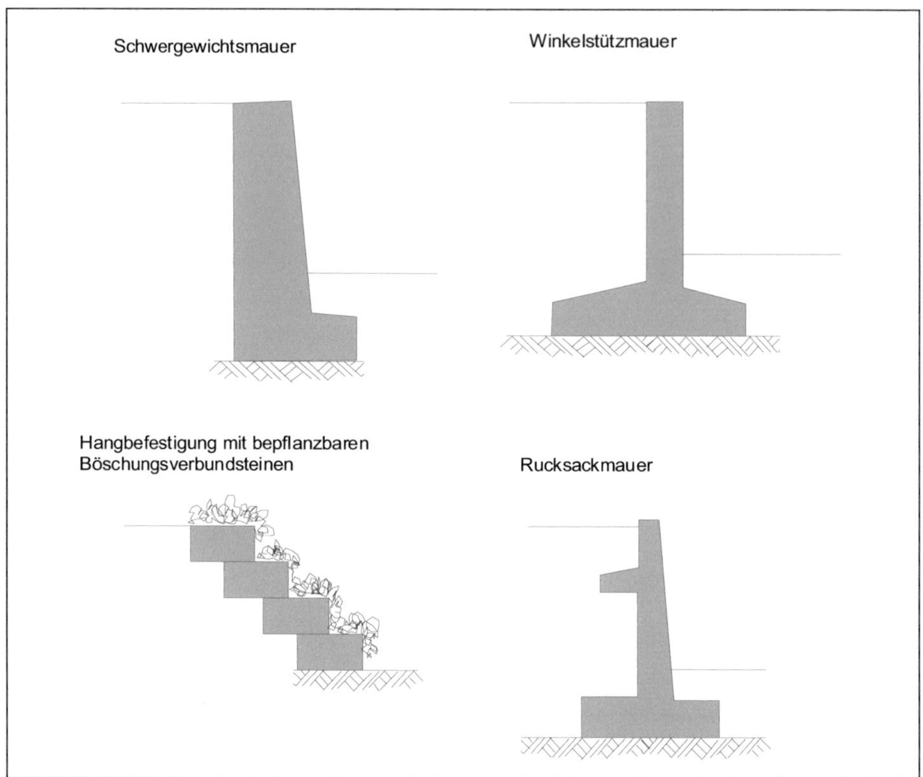

Abb 59: Stützmauern

6.1.4 Lärmschutzanlagen

Lärmschutzanlagen verändern nachhaltig das Landschaftsbild und werden von den verschiedenen Verkehrsteilnehmern und den Anliegern unterschiedlich wahrgenommen:

- Für den Fahrer ist die Lärmschutzanlage Teil des Fahrraumes und wird primär unter dem Aspekt der Verkehrsorientierung wahrgenommen.
- Der Beifahrer erlebt sie als Teil des Landschafts- oder Stadtraumes den er durchfährt.
- Für den Anwohner ist sie ein ständiger Bestandteil des unmittelbaren Umfeldes.
- Der Erholung Suchende nimmt sie als Begrenzung des Erholungsraumes wahr.

Lärmschutzanlagen sollen möglichst unauffällig in die Landschaft eingegliedert werden. Eine unauffällige Gestaltung und Eingliederung in die Umgebung geschieht am besten durch natürliche und naturnahe Materialien, Formen und Farben. Entsprechend der vorhandenen Fläche ist der naturnahen Lösung der Vorzug vor der technischen Lösung zu geben.

Es kann von der folgenden Rangfolge ausgegangen werden:

1. Schutzpflanzungen; Schutzpflanzungen mit Erdwall
2. Erdwall
3. Kombination Erdwall/Wand oder Erdwall/Steilwall
4. Steilwall
5. Wand.

Folgende Grundsätze sind zu beachten:

- Die Eigenart des Landschafts- und Stadtraumes ist zu berücksichtigen.
- Zur Gestaltung sollen örtlich vorhandene natürliche Elemente wie Pflanzen, Böden, Steine und Holz eingesetzt werden.
- Innerhalb eines kleinen Abschnittes sollen einheitliche Systeme und Farben verwendet werden.
- Bei eingeschränkten Platzverhältnissen soll die zur Verfügung stehende Fläche vorrangig den Anliegern zugute kommen.
- Bautechnische Lärmschutzanlagen sollen zur Eingliederung in die Umgebung mit Bäumen, Sträuchern, Kletter- und Schlingpflanzen bepflanzt werden.

Beim Entwurf von Lärmschutzanlagen sind neben den allgemeinen Erfordernissen des Schallschutzes, der Verkehrssicherheit und der Wirtschaftlichkeit folgende Gesichtspunkte für die Wahl des Systems und der Gestaltung zu beachten:

- nutzbare Fläche
- Nutzung der benachbarten Flächen
- Festsetzungen der Landschafts- und Bauleitplanung
- Orts- und Landschaftsbild.

Lärmschutzpflanzungen wirken sich im Vergleich zu anderen Lärmschutzanlagen günstiger auf den Naturhaushalt und das Landschaftsbild aus. Sie filtern den Staub und binden verkehrsbedingte Schadstoffe. Das Maß der Schallpegelminderung ist von der Form, vom Aufbau und der Tiefe der Pflanzung abhängig. Erst bei 50 bis 100 m tiefen Pflanzungen lassen sich bei belaubten Pflanzen Schallpegelminderungen von 5 bis 10 dB(A) erreichen.

Die Auswirkungen von Bepflanzung auf das subjektive Empfinden sind jedoch nicht zu unterschätzen. In der Regel wird Lärm, dessen Quelle man nicht sieht, als nicht so laut empfunden.[18]

6.1.5 Gestaltungskriterien

Für nichtangebaute Straßen bilden vorwiegend die fahrdynamischen Eigenschaften und die Verkehrstechnik die Grundlagen der Planung. Der Bezug zur Landschaft und die Auswirkungen auf die Umwelt sind im Rahmen der Entwurfsbearbeitung ausreichend zu berücksichtigen.

Bei angebauten Straßen in der geschlossenen Ortslage sind dagegen die städtebaulichen Aspekte besonders wichtig. Die unterschiedlichen Bedürfnisse der einzelnen Verkehrsteilnehmer sind zu ermitteln und die Gestaltung der Straße ist sorgfältig darauf abzustimmen. Der Charakter des Straßenraumes soll dazu beitragen, den Verkehrsabfluss und die Sicherheit für alle Verkehrsteilnehmer zu gewährleisten.

In den *»Empfehlungen für die Anlage von Erschließungsstraßen EAE 85/95«* sind folgende Ziele für die Gestaltung des Straßenraumes aufgeführt:

- Identifizierung mit der Straße und dem Umfeld
- einwandfreie Orientierung
- im Wohnumfeld geborgen fühlen
- Leben in einer ästhetisch ansprechenden und anregenden Umgebung
- Wahrung der historischen Kontinuität und die Geschichte ablesbar machen
- Erhaltung oder Verbesserung der Gebietscharakteristik
- Verzicht auf ein gestalterisches Schema
- Abstimmung der Entwurfselemente des Straßenraumes auf die angrenzende Bebauung.

Die folgenden Benutzungen können zu Konflikten führen und sind deshalb sorgfältig aufeinander abzustimmen:

- Fußgänger, Verweilen, spielende Kinder
- Radfahren
- Kraftfahrzeuge
- öffentlicher Personennahverkehr
- Rettungsfahrzeuge
- Lieferverkehr
- Entsorgungsfahrzeuge
- Straßenreinigung
- Bepflanzung
- Beleuchtung
- Leitungen.

Stellplatzflächen sind so anzulegen, dass die Ziele ohne große Umwege erreicht werden können. Eine entsprechende Bepflanzung erleichtert das Zurechtfinden und verbessert den Gesamteindruck.

Eine Änderung der Nutzung kann durch eine veränderte Oberflächengestaltung verdeutlicht werden. Bei der Auswahl der entsprechenden Beläge sind nur solche einzusetzen, die auch bei Regen ausreichend rutschsicher sind.

Bänke und Spielgeräte werden gerne angenommen, wenn sie ansprechend gestaltet und in das Umfeld integriert sind.

Die Belieferung der Geschäfte und Einrichtungen ist zu berücksichtigen. Der Zugang dazu darf nicht dauerhaft beeinträchtigt werden. Dies gilt ebenso für die Sicht auf die Schaufenster. Vor Arztpraxen, Apotheken und ähnlichen Einrichtungen sollten, je nach Erfordernis, behindertengerechte Stellplätze vorgesehen werden.

Die Straßenbeleuchtung, als gestalterisches Element eingesetzt, trägt erheblich zur Attraktivität und zur Sicherheit bei. Tagsüber wirken die Masten und Leuchten raumgliedernd und in der Dunkelheit als raumbildende Maßnahme. Ein Wechsel in der Leuchtenform und der Lichtfarbe erzeugt eindeutige Situationen. Der Verlauf der Straße ist gut zu erkennen.

Bei der Planung von Straßen innerhalb bebauter Gebiete sind die besonderen Gestaltungsmerkmale der jeweiligen Orte zu berücksichtigen. Hierzu gehören z. B. Kirchen, Stadttore, Brunnen und andere historische Gebäude, aber auch ortstypische Verkehrsführungen oder Straßenbeläge.

Die Vielzahl von Aspekten erfordert in der Regel für einen Planungsraum mehrere Varianten.

Da die Nutzungsansprüche an den Straßenraum zum Teil nur temporär bestehen, ist es nicht immer erforderlich und auch möglich, für jede erdenkliche Nutzung eine eigene Fläche vorzuhalten. Durch unterschiedliche Stärke und Zeiten der Benutzung ist auch eine gemischte Benutzung des Straßenraumes möglich.

Bei der baulichen Gestaltung ist zwischen drei Entwurfsprinzipien zu unterscheiden:

- Entwurfsprinzip 1
  Mischungsprinzip
- Entwurfsprinzip 2
  Trennungsprinzip mit Geschwindigkeitsdämpfung
- Entwurfsprinzip 3
  Trennungsprinzip ohne Geschwindigkeitsdämpfung.

Beim Mischungsprinzip wird versucht, durch intensive Entwurfs- und Gestaltungsmaßnahmen in den Fahrbahnen unterschiedliche Nutzungen zu ermöglichen. Dies kann durch eine höhengleiche Ausbildung des gesamten Straßenraumes erreicht werden. Bei einer Ausführung mit Borden ist die Geschwindigkeit mit geeigneten Elementen zu reduzieren. Hierfür kommen Teilaufpflasterungen oder auch Fahrbahneinengungen in Betracht.

Die gemeinsame Nutzung von Fußgängern und Kraftfahrzeugen funktioniert erfahrungsgemäß nur dann zufriedenstellend, wenn die Verkehrsstärke ≤ 200 Kfz/h und die Geschwindigkeit $V_{85} \leq 20$ km/h ist.

Beim Trennungsprinzip wird die Fahrbahn für die Kraftfahrzeuge durch Borde oder Rinnen von den übrigen Verkehrsteilnehmern getrennt.

Maßnahmen zur Geschwindigkeitsreduzierung tragen dazu bei, das Fahrverhalten zu ändern und die Sicherheit für die nicht motorisierten Verkehrsteilnehmer zu erhöhen. Eine Abstimmung der Gestaltungsmaßnahmen mit dem Umfeld sorgt für eine größere Akzeptanz. Durch besondere städtebauliche Situationen können sich auch Übergangsformen von Mischungs- und Trennungsprinzip ergeben.

Die unterschiedlichen Bedürfnisse der einzelnen Verkehrsarten erfordern regelmäßig Kompromisse bei der Gliederung des Verkehrsraumes, um die jeweiligen Mindestanforderungen einzuhalten. Dabei sind folgende Vorgehensweisen möglich:

- Verlagerung auf Flächen außerhalb des Straßenraumes (z. B. Spielen, Aufenthalt, Be- und Entladen)
- Verteilung von Mehr- und Minderheiten auf gesondert zugewiesenen Flächen
- dauerhafte oder temporäre Überlagerung der Nutzungen auf gemischt genutzten Teilflächen

Die nachstehend aufgeführten Entwurfselemente können in unterschiedlichen Kombinationen zu Straßenraumentwürfen verwendet werden.[19]

6.1.6 Fahrbahnen und Fahrgassen

Der Entwurf von Fahrbahnen und Fahrgassen an Sammelstraßen, Anliegerstraßen und Anliegerwegen erfolgt in der Regel nach fahrgeometrischen Kriterien. In Abhängigkeit von der Stärke und der Zusammensetzung des Verkehrs können durchlaufend gleiche oder abschnittsweise unterschiedliche Bemessungsfahrzeuge und Begegnungsfälle zugrunde gelegt werden. Fahrdynamische Kriterien sind nur bei anbaufreien Hauptsammelstraßen von Bedeutung. Eine Unterteilung des Straßenraumes in einzelne Abschnitte wird durch eine entsprechende Gliederung der Randbebauung erreicht.

Bei einem erheblichen Anteil von schwer manövrierbaren Fahrzeugen (Lastzüge, Gelenkbusse, Sattelzüge) und gleichzeitig geringem nicht motorisierten Verkehr sollen Fahrbahnen nach Möglichkeit geradlinig und übersichtlich geführt werden.

Der Querschnitt der Fahrbahn ist abhängig von der Stärke und der Zusammensetzung des Kraftfahrzeugverkehrs. Die gesamte Fahrbahnbreite kann aus einer einheitlich gestalteten Fahrbahn oder optisch gegliedert aus einer Fahrgasse mit ein- oder beidseitigen Fahrbahnseitenstreifen bestehen. Diese können bei seltenen Begegnungsfällen mitgenutzt werden. Außerdem erleichtern sie das Ein- und Ausparken, verbessern den Sichtkontakt beim Überqueren und vereinfachen das Zuliefern.[19]

6.1.7 Stellplätze und Ladeflächen

Wenn auf den Grundstücken ausreichend Stellplätze vorhanden sind, sollen im Straßenraum nur Parkmöglichkeiten für den Besucher- und Lieferverkehr vorgesehen werden. Dies ist häufig in Altbaugebieten nicht möglich, so dass hier in der Regel der Straßenraum von den Anwohnern ebenfalls zum Parken genutzt wird.

Bei geplanten Baugebieten mit ausreichender Fläche ist für Besucher und Lieferanten nach Möglichkeit eine Parkmöglichkeit für etwa 3–6 Wohnungen vorzusehen. In Altbaugebieten kann dieses Ziel oft nicht erreicht werden, so dass hier größere Entfernungen in Kauf genommen werden müssen. Etwa 3% der Parkmöglichkeiten sind für Behinderte zu reservieren.

Bei der Anordnung von Parkbuchten sollen die Seitenräume zwischen den Parkbuchten bis an den Fahrbahnrand vorgezogen werden, um die Sichtbeziehungen zwischen den Kraftfahrzeugen und den Fußgängern zu gewährleisten und ein Überqueren der Fahrbahn zu erleichtern.

Für die Auswahl der Aufstellungsart und der Anordnung der Parkstreifen sind die folgenden Kriterien maßgebend:

- Welche Flächen stehen innerhalb des Straßenraumes für den ruhenden Kraftfahrzeugverkehr zur Verfügung?
- Lässt die Verkehrsstärke und die Verkehrsbedeutung der Straße die Mitbenutzung von Gegenfahrstreifen beim Ein- und Ausparken zu?
- Können beim Ein- und Ausparken Rangiervorgänge in Kauf genommen werden?
- Muss die Fahrbahnbreite durchlaufend an den notwendigen Breiten zum Ein- und Ausparken orientiert sein?
- Müssen vor den Parkstreifen Zwischenstreifen angeordnet werden, die den Sichtkontakt beim Überqueren verbessern und das Ein- und Ausparken erleichtern?
- Müssen bestimmte Straßenabschnitte ganz von Parkständen freigehalten werden?
- Ist durch gestalterische Aspekte eine bestimmte Aufstellungsart vorgegeben?[19]

6.1.8 Fußgänger- und Radverkehrsflächen

Die Flächen für den Gehverkehr sollen vielfältig und interessant gestaltet werden. Ein Witterungsschutz durch Bäume oder Arkaden ist zu empfehlen.

Straßenbegleitende Gehwege sind an allen Straßen erforderlich, die nach dem Trennungsprinzip entworfen sind. Bei einer einseitigen Bebauung und an anbaufreien Sammelstraßen kann ein einseitiger Gehweg ausreichen. Bei Anliegerstraßen, die nach dem Mischungsprinzip entworfen sind, sollen Gehstreifen entlang der Gebäude oder den Grundstücksgrenzen vorhanden sein. Besonders bei wechselseitiger Anordnung der Parkstände sollen die Gehstreifen durch Abgrenzung (z. B. Bäume, Beete, Poller) den Fußgängern vorbehalten sein und auch die Bereiche der Hauseingänge sichern. Die straßenbegleitenden Gehwege sollen nach Möglichkeit mindestens eine

Breite von 2,00 m haben. Häufig ist eine wesentlich größere Breite sinnvoll. In der Nähe von Schulen, Einkaufszentren und Freizeiteinrichtungen ist für Gehwege entlang der wichtigsten Anlieger- und Sammelstraßen eine durchlaufende Mindestbreite von 3,00 m anzustreben.

An Sammelstraßen und höherrangigen Straßen können Radfahrstreifen zweckmäßig sein, wenn nur geringe Störungen durch ein- und ausparkende Fahrzeuge auftreten, die Führung des Radverkehrs auf der Fahrbahn aus Sicherheitsgründen abzulehnen ist und straßenbegleitende Radwege bei einer hohen Nutzung in den Seitenräumen zu Konflikten mit dem Fußgängerverkehr führen würden.

Um ein Netz für den Radverkehr zu erhalten, können an Sammelstraßen und höherrangigen Straßen straßenbegleitende Radwege erforderlich sein. An Anliegerstraßen werden nur in Ausnahmefällen Radwege angeordnet. Dies kann z. B. der Fall sein, wenn sie mit Hauptradwegen zusammenfallen.

Gemeinsame Rad- und Gehwege sollen nur bei geringem Fußgänger- oder Radverkehr angeordnet werden, da die Fußgänger sonst zu stark behindert werden. Die Breite der Wege soll 2,50 m (mindestens 2,00 m) betragen. Selbstständig geführte Gehwege sollen mindestens 1,50 m breit sein. Aus Rücksicht auf ältere Menschen, Behinderte und Kinder soll die Neigung nicht mehr 6 % betragen.

Selbstständig geführte Radwege sollen mindestens 2,00 m breit sein. An beiden Seiten sind 0,25 m von Hindernissen freizuhalten. Im Regelfall soll eine Neigung von 3 % nicht überschritten werden. Auf kürzeren Strecken sind auch größere Neigungen möglich.

Nicht befahrbare Wohnwege dienen der Erschließung von Grundstücken, sind aber für den Kraftfahrzeugverkehr häufig durch Sperrpfähle o. ä. gesperrt. Sie sollen in einer Breite von 1,50 m bis 2,00 m befestigt sein.

Bei einer geringen Frequentierung durch den Fußgängerverkehr kann der öffentliche Personennahverkehr mit einer angemessenen Geschwindigkeit durch Fußgängerbereiche geführt werden.[19]

6.1.9 Maßnahmen zur Verkehrsberuhigung

Versätze

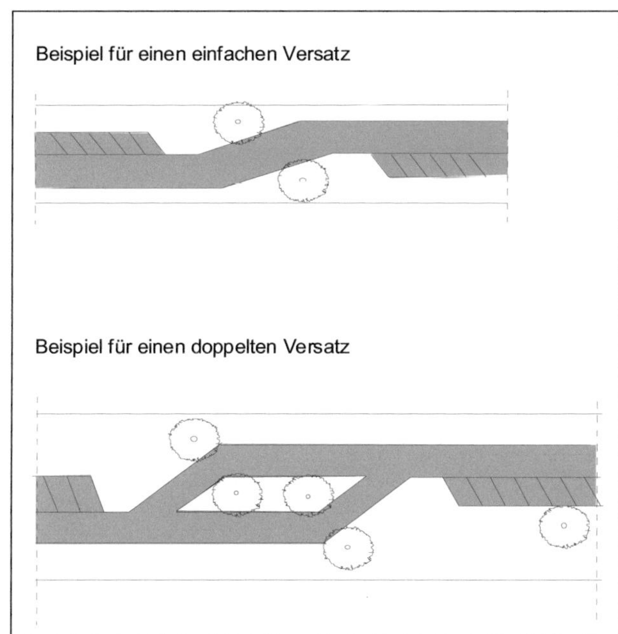

Abb. 60:
Einfacher und doppelter Versatz

Versätze in Längsrichtung lassen optisch geschlossene Teilräume entstehen, die den Kraftfahrer veranlassen sollen, langsamer zu fahren und sich unmittelbar auf den überschaubaren Bereich des Straßenraumes zu konzentrieren.

Versätze sollen sich harmonisch in den Verlauf der Straße und das Umfeld einfügen. Durch vertikale Elemente kann die Wirkung von Versätzen verstärkt werden.

In Einbahnstraßen können die Versätze gegebenenfalls als Ausweichstellen ausgebildet werden, um ein Vorbeifahren an Müllfahrzeugen und Lieferfahrzeugen zu gewährleisten.

Einengungen

Einengungen in der Fahrbahn lassen in Verbindung mit vertikalen Elementen optisch abgeschlossene Teilräume entstehen, die den Kraftfahrer zum Fahren mit gleichmäßig niedriger Geschwindigkeit und zur Konzentration auf die unmittelbar überschaubaren Bereiche des Straßenraumes veranlassen soll. Sie erleichtern das Überqueren der Fahrbahn für Fußgänger und Radfahrer und sollen daher im Zuge von Hauptrichtungen der Wege von Fußgängern und Radfahrern angeordnet werden. Damit sie auch bei Dunkelheit erkannt werden, muss eine ausreichende Beleuchtung vorhanden sein. Bei einspurigen Einengungen kann die Lärm- und Abgasentwicklung durch Halte- und Anfahrvorgänge zunehmen.

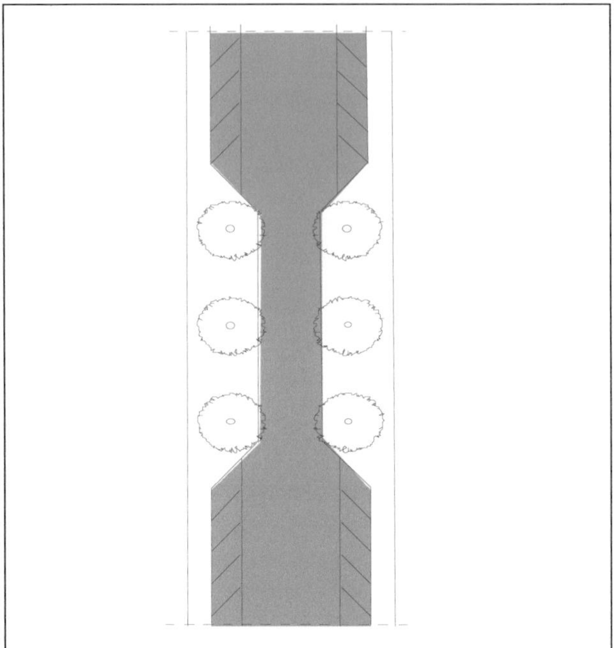

Abb. 61:
Beispiel für eine Einengung

Einengungen sollen mindestens 1,00 m schmaler ausgeführt werden, als die anschließenden Fahrbahnen. Kurze Einengungen haben eine Länge von 5,00 m bis 10,00 m.[19]

Teilaufpflasterungen

Teilaufpflasterungen sollen den Kraftfahrer optisch und fahrdynamisch zu einer langsamen Fahrweise veranlassen und dadurch das Überqueren der Fahrbahn für Fußgänger und Radfahrer erleichtern. Sie sind daher im Zuge von Geh- und Radwegen z. B. vor öffentlichen Gebäuden, größeren Geschäften und an Wegeeinmündungen anzuordnen.

Nur optisch wirksame Teilaufpflasterungen erhalten eine Rampenneigung von 1 : 25 bis 1 : 15 und sind somit auch von Linienbussen befahrbar. Fahrdynamisch wirksame Teilaufpflasterungen sollen Rampenneigungen von 1 : 10 bis 1 : 7 haben.

Teilaufpflasterungen müssen sich durch ihre Farbe, Oberflächenbeschaffenheit und ihr Material deutlich von Fahrbahn und Gehweg unterscheiden. Bei Dunkelheit sind sie ausreichend zu beleuchten.

Schwellen

Schwellen sind kurze Einbauten, die fahrdynamisch wirken. Sie dienen nur zur Verringerung der Geschwindigkeit des Kraftfahrzeugverkehrs und sind keine Überquerungshilfen für Fußgänger oder Radfahrer. Sie können eingebaut werden, wenn kein Linienbusverkehr vorhanden und der Schwerverkehrsanteil gering ist.

Bei größeren Verkehrsstärken sind Schwellen vertretbar, wenn punktuell (z. B. an Schulen, Kindergärten, Spielplätzen) die Geschwindigkeit der Kraftfahrzeuge vermindert werden soll und andere Maßnahmen nicht möglich sind

Damit keine Schäden an den Fahrzeugen entstehen, sollen die Schwellen in der gesamten Fahrbahnbreite verlaufen. Dies hat jedoch Nachteile für Radfahrer und Rettungsfahrzeuge.

Schwellen müssen auch in der Dunkelheit gut zu erkennen sein. Dies kann durch eine geschickte Materialwahl erreicht werden.[19]

6.1.10 Wendeanlagen

Wenn Gehwegüberfahrten oder Garagenflächen für Wendevorgänge nicht genutzt werden können, sind am Ende von Stichstraßen und Stichwegen Wendeanlagen notwendig. Sie können in Plätze einbezogen werden oder zu Platzausbildungen führen, die neben der verkehrstechnischen Aufgabe auch wichtige Funktionen wie Aufenthalt und Kinderspiel erfüllen. Aus diesem Grund müssen Wendeanlagen neben den fahrgeometrischen Erfordernissen auch städtebaulichen Anforderungen genügen. Durch eine entsprechende Bepflanzung kann der Verlauf der Fahrbahn und die Funktion des Platzes verdeutlicht werden.

Wendeanlagen können als Wendehammer, Wendekreis oder Wendeschleife ausgeführt werden.

Entsprechend der Nutzung des Gebietes ist die Größe, Art und Gestaltung einer Wendeanlage von dem Bemessungsfahrzeug und der städtebaulichen Funktion abhängig. Eine allgemein gültige Empfehlung zu der im Einzelfall notwendigen Wendeanlage gibt es nicht.[19]

6.1.11 Überquerungsstellen

Fußgänger und Radfahrer bevorzugen in der Regel kurze Wege und warten bis zum Betreten der Fahrbahn selten länger als 30 Sekunden. Ein Überqueren an jeder beliebigen Stelle der Fahrbahn ist jedoch nur an Anliegerstraßen und schwach belasteten Sammelstraßen ausreichend sicher. An allen stark belasteten Straßen sind daher an übersichtlichen Stellen je nach Verkehrsaufkommen und Geschwindigkeiten besondere Überquerungshilfen für Fußgänger und Radfahrer erforderlich.

Die folgenden Maßnahmen erleichtern einzeln oder miteinander kombiniert das Überqueren der Fahrbahn:

- wechselseitige Anordnung von Parkständen
- Zwischenstreifen vor Parkbuchten
- Unterbrechung von Parkbuchten mit vorgezogenen Seitenräumen

- Bordabsenkungen zur Kennzeichnung übersichtlicher und bequemer Überquerungsstellen
- Ausbildung von Versätzen, Einengungen, Teilaufpflasterungen und Sperren als Überquerungsstellen
- Anordnung von Mittelinseln
- Anlage von Fußgängerüberwegen (bei gebündelten Fußgängerströmen und mehr als 300 Kfz/h)
- Anlage von Fußgänger- und Radfahrerfurten mit Lichtsignalanlage
- Anlage von Über- oder Unterführungen.

Für Überquerungsstellen gelten die folgenden Entwurfsgrundsätze:

- Sie sollen im Zuge der Hauptrichtung von Fuß- und Radwegen liegen.
- Sie müssen für alle Verkehrsteilnehmer übersichtlich sein.
- Es dürfen durch sie keine größeren Umwege entstehen.
- Die Haltesicht muss ausreichend sein.
- Die erforderlichen Sichtflächen müssen von parkenden Fahrzeugen und sonstigen Hindernissen, die die Sicht beeinträchtigen, freigehalten werden.
- Fußgänger müssen durch die Straßenraumgestaltung zu den Überquerungsstellen geführt werden.
- Im Bereich der Überquerungsstellen dürfen keine Straßenabläufe liegen.

Als Ersatz oder als Ergänzung ebenerdiger Überquerungsstellen können auch Unter- oder Überführungen ausgeführt werden, wenn bedeutende Fußgänger- und Radverkehrsverbindungen Hauptsammelstraßen kreuzen und wenn für Fußgänger und Radfahrer attraktive Hauptachsen geschaffen werden sollen. Aus wirtschaftlichen Gründen ist die Lage im Hinblick auf die Akzeptanz sorgfältig auszuwählen.

Damit Unterführungen angenommen werden, müssen sie stets voll einsehbar und gut beleuchtet sein sowie mit sauber wirkendem und leicht zu reinigendem Material verkleidet sein. Aufgrund ihrer geringen lichten Höhe erfordern Unterführungen geringere Rampenlängen als Überführungen. Sie werden aber von Fußgängern und Radfahrern, besonders in der Dunkelheit, nicht gerne angenommen. Überführungen mit flachen Rampenneigungen können daher wirkungsvoller sein.[19]

6.1.12 Trennung von Verkehrsflächen

Muldenrinnen, Bordrinnen und Borde haben die folgenden Aufgaben:

- Sie sollen den Beginn der Fahrbahn für querende Fußgänger und Radfahrer verdeutlichen.
- Sie führen optisch den Kraftfahrzeugverkehr.
- Sie trennen die Flächen für Fußgänger und Radfahrer von der Fahrbahn ab.
- Sie geben Sehbehinderten eine Orientierungshilfe.

Darüber hinaus haben Hochborde die Aufgabe, unerwünschtes Parken in den Seitenräumen zu erschweren und die maschinelle Straßenreinigung zu erleichtern.

Sie sind als Abgrenzung wesentliche Elemente der Straßenraumgestaltung und deshalb nicht nur unter technischen Gesichtspunkten zu beurteilen.

Eine Trennung der Fahrbahn von den Seitenräumen wird optisch durch alle Bauformen erreicht. In vielen Fällen wird jedoch eine psychologische Schwellenwirkung gewünscht, die bei Hochborden eher vorhanden ist. Je höher ein Bord ist, um so größer ist die Trennwirkung. Muldenrinnen sind deshalb nur an schwach belasteten Straßen anzuwenden, um das Trennungsprinzip anzudeuten, aber nicht zu stark zu betonen.

Die starke optische Wirkung von asphaltierten Flächen kann durch Pflasterreihen in Muldenrinnen und Bordrinnen erheblich gemildert werden.[19]

Durch Bordabsenkungen soll gewährleistet sein, dass Behinderte, Personen mit Kinderwagen, Radfahrer und ältere Menschen die Fahrbahn im Bereich von Furten, Überwegen und sonstigen Überquerungsstellen sicher und bequem überqueren können.

Die Abmessung von Grundstückszufahrten erfolgt nach der Fahrgeometrie des Bemessungsfahrzeuges bei Kurvenfahrt sowie nach dem Höhenverhältnis zwischen Fahrbahn und Grundstück.

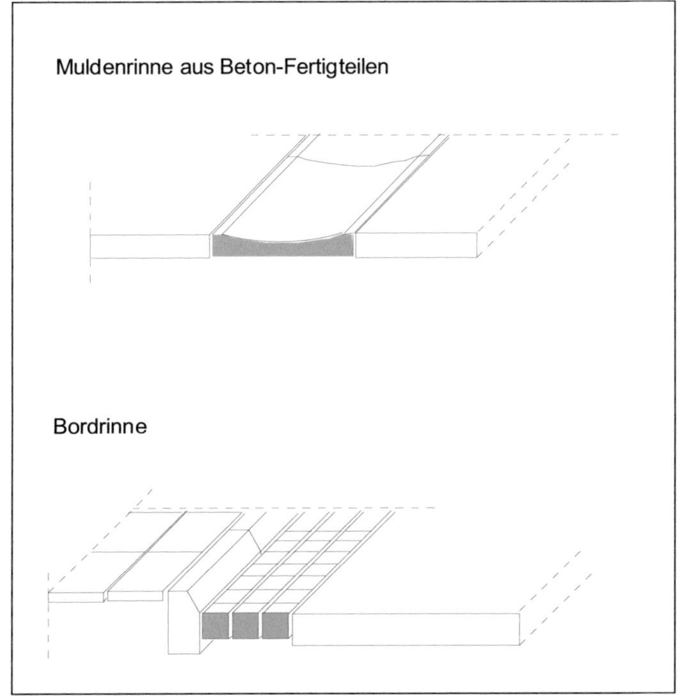

Abb. 62:
Beispiel für eine Muldenrinne und eine Bordrinne

6.1.13 Haltestellen des öffentlichen Personennahverkehrs

An Sammelstraßen und an Anliegerstraßen sind Bushaltestellen am Fahrbahnrand ausreichend und häufig zweckmäßiger als Bushaltebuchten. Einzelhaltestellen haben eine Länge von 32 m (38 m bei Gelenkbussen), Doppelhaltestellen von 45 m.

Bushaltebuchten sind nur an Hauptsammelstraßen und bei längeren Aufenthaltszeiten an den Haltestellen vorzusehen. Bei Erschließungsstraßen sind sie in der Regel 2,50 m breit, 48 m bis 61 m lang und können gestalterisch mit in die Seitenräume einbezogen werden.

Die Haltestellen sind möglichst ansprechend zu gestalten. Warteflächen werden nach dem zu erwartenden Fahrgastaufkommen festgelegt. An allen Haltestellen des öffentlichen Personennahverkehrs sind nach Möglichkeit Schutzdächer mit einer Breite von mindestens 2,00 m aufzustellen. Radwege sollen im Bereich der Haltestelle mindestens 2,00 m vom Fahrbahnrand entfernt geführt werden. An Bushaltestellen können Fahrradständer sinnvoll sein.[19]

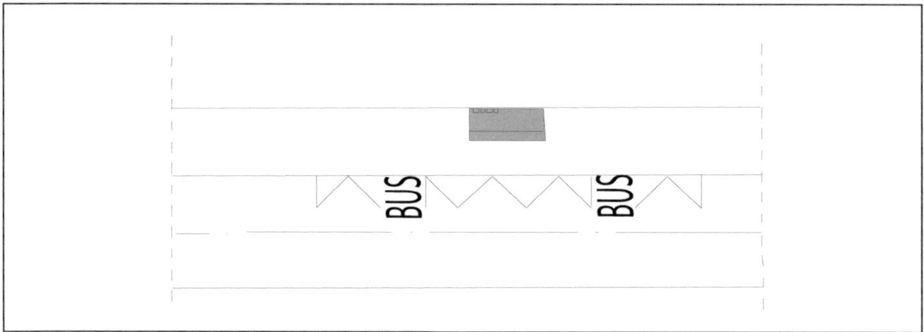

Abb. 63: Bushaltestelle mit Schutzhäuschen

6.1.14 Grünpflanzungen

Die folgenden Grünpflanzungen können im Straßenraum vorhanden sein:

- Bäume
- Hecken und Sträucher
- Bodendecker und Rasen
- Fassadenbegrünungen.

Die häufigste und auch wichtigste Maßnahme zur Gestaltung des Straßenraumes ist die Anordnung von Bäumen. Bei der Wahl der Standorte und der Pflanzenart sind die Verschattung, die von der Baumgröße und der Dichte der Bebauung abhängig ist, und die Lage von unterirdischen Leitungen zu berücksichtigen.

Bei der Anlage von Baumreihen sollen nach Möglichkeit kleine Abstände zwischen den Bäumen gewählt werden. Bei Baumreihen kann später jeder zweite Baum verpflanzt werden. Da bei kleineren Baumgruppen die Kronen allmählich ineinander wachsen, sind Mindestabstände nicht erforderlich.

Die Oberflächenentwässerung ist so auszubilden, dass Schadstoffe aus dem Straßenraum (z. B. Tausalze, Öl) nicht in die Baumscheiben gelangen.

Wenn die Mindestbreite für Pflanz- und Grünstreifen von 2,50 m unterschritten wird, ist die Baumscheibe durch bauliche Maßnahmen wie z. B. Hochbeete, Poller oder Schutzgitter von parkenden Fahrzeugen freizuhalten und vor Bodenverdichtung und Rindenverletzungen zu schützen.

Sogenannte Pflanzwände aus Hecken und Sträuchern sind zur Abtrennung der Seitenräume von der Fahrbahn sowie als Blend-, Sicht- und Immissionsschutz geeignet. Ihre Wuchshöhe ist in den Sichtfeldern von Knotenpunkten auf 0,80 m zu begrenzen.

Pflanzflächen sollen eine Größe von mindesten 10 m², Pflanzstreifen eine Breite von mindestens 2,50 m haben, damit sich Bodendecker, Sträucher, Gräser und Bäume zu standortgerechten Pflanzengemeinschaften entwickeln können.

Hochborde sind aus den folgenden Gründen sinnvoll:

- Sie vergrößern den Abstand zwischen Wurzelräumen und unterirdischen Leitungen.
- Sie verhindern eine Bodenverdichtung und Beschädigung der Pflanzen durch Begehen oder Befahren.
- Sie verringern den Einfluss durch Tausalze auf Pflanzen.
- Sie verstärken die Trennwirkung von Pflanzstreifen.

Die Begrünung von Fassaden ist in der Regel immer möglich, weil rankende Kletterpflanzen nur eine Pflanzfläche von weniger als 1 m² Größe benötigen (1 bis 2 Gehwegplatten).[19]

6.2 Knotenpunkte

6.2.1 Allgemeines

Als Knotenpunkte werden die Stellen im Verkehrswegenetz bezeichnet, an denen sich Verkehrsströme kreuzen, vereinigen oder trennen. Der Entwurf erfolgt innerhalb und außerhalb bebauter Gebiete nach den gleichen Merkmalen, um den Verkehrsteilnehmern die Orientierung zu erleichtern. Knotenpunkte müssen ausreichend sicher und leistungsfähig angelegt sein. Die Wirtschaftlichkeit ist besonders in Bezug auf die spätere Wartung zu prüfen.

Die sogenannte »Einheit von Bau und Betrieb« ist daher bei Knotenpunkten immer anzustreben. Unter dem Begriff »Einheit von Bau und Betrieb« ist zu verstehen, dass der Verkehrsteilnehmer bereits am Verlauf der Straße und ihrer Gestaltung (Fahrbahnbreite, Markierung, Beschilderung usw.) erkennt, ob er sich auf einer bevorrechtigten oder untergeordneten Straße befindet. Die Vorgänge im Knotenpunkt wie Bremsen, Kreuzen, Abbiegen oder Einordnen werden damit erheblich erleichtert.

Eine ausreichende Leistungsfähigkeit des Knotenpunktes ist dann gegeben, wenn der Zeit- und Wegeaufwand für alle Verkehrsteilnehmer zumutbar ist. Nach der Belastung des Knotens ist zu entscheiden, ob er **plangleich** (in einer Ebene) oder **planfrei** (in verschiedenen Ebenen) ausgeführt wird. Die städtebauliche Wirkung und die Auswirkungen auf das Umfeld sind umfangreich zu untersuchen.

Die Gestaltung des Knotenpunktes kann nach den folgenden Kriterien erfolgen:

- Der Knotenpunkt soll der jeweiligen Situation entsprechen.
- Veränderung der einzelnen Entwurfselemente
- einfacher Knoten durch gezielte Maßnahmen, z. B. Abbiegeverbote
- Erhöhung der Leistungsfähigkeit durch Lichtsignalanlagen
- Ausbildung von mehreren Ebenen
- Einbindung des Knotens in das Stadtbild und die Natur und Landschaft
- Minimierung von Lärm, Staub und Abgasen.

Folgenden Einfluss kann die Örtlichkeit auf die Gestaltung des Knotens haben:

- Lage des Knotens im Straßennetz und die davon abhängige Größe und Zusammensetzung der einzelnen Verkehrsströme
- Anteil der Fußgänger und Radfahrer
- Anzahl der einzelnen Straßenäste
- vorhandene Bebauung und deren Nutzung
- Eigentumsverhältnisse der Anlieger
- Höhe des Geländes und der Bebauung.

Aus den Bauleitplänen sind die Planungsvorhaben der Gemeinden zu entnehmen. Verkehrsuntersuchungen oder Generalverkehrspläne geben Aufschluss über die vorhandenen und/oder zu erwartenden Verkehrsverhältnisse. Mit diesen Kenntnissen kann ein Knotenpunkt bemessen werden.

Bei der Wahl der Knotenpunktsgestaltung ist zunächst zu klären, ob der Knoten plangleich oder planfrei ausgeführt werden muss. Diese Entscheidung ist von der Verkehrsbelastung, der Funktion der kreuzenden Straßen und der Anzahl der Fahrstreifen abhängig.

Zur Anpassung der baulichen Anlage an die Verkehrsbelastung ist die übergeordnete Straße festzulegen. Dies ist bei Einmündungen die durchgehende Straße. Bei Kreuzungen ist die höherwertige Streckencharakteristik entscheidend, die bestimmt wird durch:

- Straßenkategorie
- Vorfahrtregelung an benachbarten Knotenpunkten
- zu erwartende Geschwindigkeit im Knotenpunkt
- Verkehrsbelastung

- Länge der Strecke mit Vorfahrtregelung
- optischer Eindruck.

Die übergeordnete Straße wird, unabhängig von ihrer Einstufung nach dem Baulastträger, vorfahrtberechtigt. Die Fahrt von der übergeordneten Straße in eine untergeordnete Straße nennt man Abbiegen; von der untergeordneten Straße in eine übergeordnete Straße Einbiegen.

Der Abstand zwischen einzelnen Knotenpunkten ist möglichst groß zu wählen. Der Mindestabstand ist von den Knotenpunktelementen (z. B. Abbiegestreifen) und der Vorwegweisung abhängig.

Die Qualität des Verkehrsablaufes im Knotenpunkt soll mit der Funktion der Straßen im Netz abgestimmt sein. Die Gestaltung ist daher nach der Rangfolge im Straßennetz vorzunehmen. Innerhalb bebauter Gebiete überschneiden sich die Netze unterschiedlicher Verkehrsarten, so dass alle Verkehrsteilnehmer ausreichend zu berücksichtigen sind. Durch Lichtsignalanlagen kann die Leistungsfähigkeit von Knotenpunkten erhöht und die Belastung für die Umwelt gemindert werden.

Die Beurteilung der Umweltverträglichkeit erfolgt nach den Kriterien:

- Beeinträchtigung des Landschafts- oder Stadtbildes
- Auswirkungen des Verkehrslärms
- Luftimmissionen
- Flächenverbrauch
- Trennwirkung.

Durch die Vielzahl der Nutzeransprüche, besonders innerhalb bebauter Gebiete, sind unterschiedliche Varianten abzuwägen, um die vorhandenen Flächen optimal zu nutzen.

Neben den genannten Punkten sind noch weitere Aspekte zu berücksichtigen, damit die Verkehrssicherheit und die Verkehrsqualität gewährleistet sind.

- Die Achsen von sich schneidenden Straßen sind nach Möglichkeit rechtwinklig zueinander zu legen.
- Die übergeordnete Straße soll im Knotenpunkt gestreckt geführt werden.
- Einmündungen in Innenkurven beeinträchtigen die Sicht für den Wartepflichtigen.
- Einmündungen in Außenkurven vermindern unter Umständen den Überblick auf die Fahrbahn der übergeordneten Straße.
- Knotenpunkte im Kuppenscheitel beeinträchtigen ebenfalls die Sicht.
- Die Längsneigung soll 4 % nicht überschreiten.
- Knotenpunkte innerhalb von Wannen sind gut zu erkennen.

Wenn für den wartepflichtigen Verkehrsstrom unzumutbar lange Wartezeiten auftreten oder in Spitzenstunden ein Rückstau auftritt, kann durch eine Lichtsignalanlage die Leistungsfähigkeit erhöht werden.

Durch Lichtsignalregelungen (z. B. »grüne Welle«) kann der Verkehrsablauf flüssiger werden.

Bei der Entwurfsbearbeitung ist darauf zu achten, dass auch bei einem Ausfall der Lichtsignalanlage eine sichere Verkehrsregelung gegeben ist.[14]

6.2.2 Plangleiche Knotenpunkte

Bei der Wahl der Grundform des Knotenpunktes sind vorher folgende Kriterien zu klären:

- Straßenkategorie und Netzfunktion
- Straßencharakteristik
- Streckenquerschnitt
- Anzahl der Knotenpunktsarme
- Geschwindigkeit im Knoten und in den einzelnen Ästen
- Verkehrsbelastung
- Erfordernis einer Lichtsignalregelung.

Grundform I

Sie stellt die einfachste Form dar und hat im Normalfall in allen Ästen nur zwei Fahrstreifen. Wenn ausreichend Platz vorhanden ist, können in bebauten Gebieten Linksabbiegespuren angeordnet werden. Außerhalb bebauter Gebiete werden in der Regel Fahrbahnteiler in der untergeordneten Straße vorgesehen, um die Wartepflicht zu verdeutlichen.

Grundform II

Damit wird eine zweibahnige Straße mit einer untergeordneten Straße mit zwei Fahrstreifen verknüpft. Außerhalb bebauter Gebiete werden Linksabbiegespuren in der übergeordneten und Fahrbahnteiler in der untergeordneten Straße notwendig, um die Wartepflicht zu verdeutlichen.

Grundform III

Es handelt sich um Knotenpunkte, an denen sich zwei zweibahnige Straßen treffen. Linksabbiegespuren und Lichtsignalregelung sowie eine Beschränkung der Geschwindigkeit im Bereich des Knotens auf 70 km/h sind notwendig. Außerhalb bebauter Gebiete wird bei den Knotenpunkten meist einer planfreien Lösung der Vorzug gegeben.

Grundform IV

Hierbei wird eine zweistreifige Straße mit einer Brücke über die kreuzende Straße geführt. Durch eine Schleifenrampe, die nach den Grundformen I und II an die beiden Straßen angeschlossen wird, erhält man die Verknüpfung.

Auf Grund der höheren Kosten und der größeren Flächeninanspruchnahme wird diese Grundform eingesetzt, wenn wegen der Topographie die Gradienten eine unterschiedliche Höhe haben und durch eine plangleiche Ausführung diese erheblich verändert werden müssen oder eine ausreichende Verkehrssicherheit mit den Grundformen I bis III nicht erreicht werden kann.

Grundform V

Wenn zwei untergeordnete Straßen mit der Grundform I in geringer Entfernung einmünden, entsteht ein Versatz. Eine flüssigere Verkehrsabwicklung wird dadurch erreicht, wenn in Fahrtrichtung der Rechtsabbieger vor dem Linksabbieger auftritt. In Abhängigkeit der Verkehrsstärke und der vorhandenen Fläche können Linksabbiegespuren erforderlich sein.

Grundform VI

Sie entsteht daraus, wenn die zweibahnige Straße um mindestens eine Fahrzeuglänge gespreizt wird, um das Einbiegen oder Kreuzen des Hauptverkehrsstromes zu erleichtern. Die sich ergebenden Mittelinseln können als Wartefläche für Fußgänger und Radfahrer genutzt werden.

Grundform VII

Sie entsteht, wenn mehrere Äste durch einen Kreisverkehr miteinander verknüpft werden. Durch die kreisförmige Mittelinsel wird das Kreuzen der Verkehrsströme in mehrere Ver- und Entflechtungsvorgänge umgewandelt. Neben der hohen Verkehrssicherheit kann durch einen Kreisverkehrsplatz eine Änderung der Streckencharakteristik verdeutlicht werden. Die Fahrbahn für den Kreis muss zweistreifig ausgebildet werden.
Innerhalb bebauter Gebiete kann man den Kreisverkehrsplatz als gestalterisches Element einsetzen. Zur Verringerung der Geschwindigkeit an Ortseingängen werden kleine Kreisverkehrsplätze mit einem Radius r = 15,00 bis 20,00 m eingesetzt.

Im außerörtlichen Bereich erfolgt die Einmündung von Wirtschaftswegen und Zufahrten in großen Abständen. Hierfür sind häufig Parallelwege notwendig, die in geeigneter Weise an die übergeordnete Straße anzuschließen sind.

Entwurfselemente

Im Allgemeinen wird der Entwurf von Knotenpunkten von der Linienführung der Straße im Netz bestimmt. Die Entwurfsmerkmale der durchgehenden Strecke sollen den Entwurf des Knotenpunktes jedoch nicht unnötig erschweren. Innerhalb bebauter Gebiete lassen Leiteinrichtungen, Markierung und Beleuchtung den Knoten rechtzeitig erkennen. Die Entwässerungseinrichtungen innerhalb von Knotenpunkten sind besonders sorgfältig zu planen.

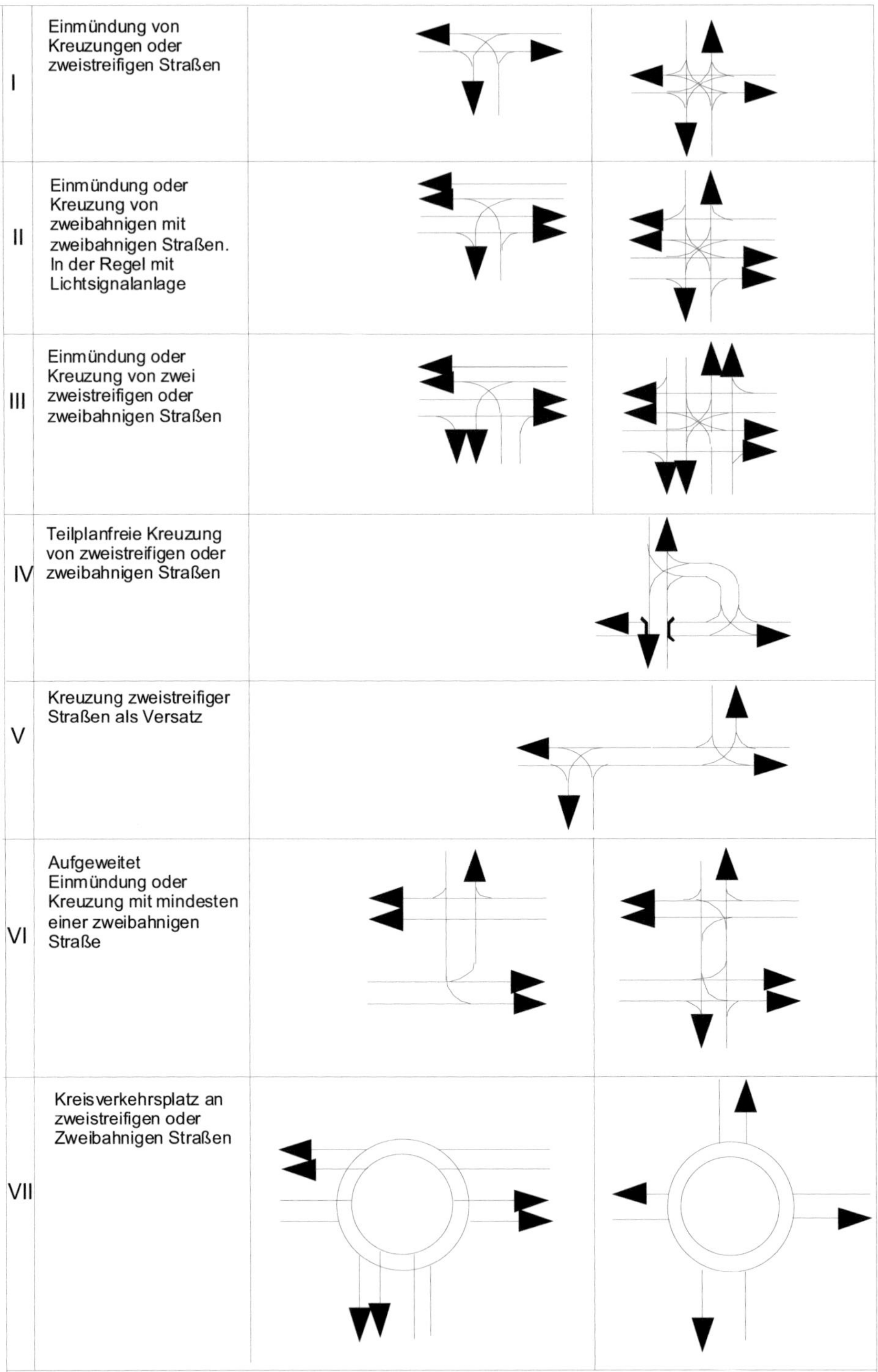

I	Einmündung von Kreuzungen oder zweistreifigen Straßen		
II	Einmündung oder Kreuzung von zweibahnigen mit zweibahnigen Straßen. In der Regel mit Lichtsignalanlage		
III	Einmündung oder Kreuzung von zwei zweistreifigen oder zweibahnigen Straßen		
IV	Teilplanfreie Kreuzung von zweistreifigen oder zweibahnigen Straßen		
V	Kreuzung zweistreifiger Straßen als Versatz		
VI	Aufgeweitet Einmündung oder Kreuzung mit mindesten einer zweibahnigen Straße		
VII	Kreisverkehrsplatz an zweistreifigen oder Zweibahnigen Straßen		

Abb. 64: Grundformen der Knotenpunkte

Der Kreuzungswinkel der einzelnen Achsen im Lageplan soll zwischen 80,0 gon und 120,0 gon betragen, da so die Sichtverhältnisse für den Kraftfahrer am besten sind. Damit Knotenpunkte rechtzeitig erkannt werden, legt man sie im Längsschnitt in den Bereich von Wannen, da im Bereich von Kuppen die Sicht eingeschränkt ist. In Ausnahmefällen kann durch eine entsprechende Bepflanzung oder Beschilderung auf den Knotenpunkt aufmerksam gemacht werden.

Der Querschnitt im Knotenpunktsbereich setzt sich aus den Geradeausfahrstreifen und eventuell erforderlichen Zusatz- und Sonderfahrstreifen zusammen.

Zusatzfahrstreifen sind:

- Linksabbiegestreifen
- Rechtsabbiegestreifen
- Einfädelungsstreifen für Rechtsabbieger.

Die Anzahl der Fahrstreifen und die Anordnung von Zusatzfahrstreifen sind von der Verkehrssicherheit, der Verkehrsstärke und den Bedürfnissen der Fußgänger und Radfahrer abhängig. Die Gesichtspunkte des öffentlichen Personennahverkehrs und des Umfeldes sind ebenfalls zu berücksichtigen.

In der Zufahrt zum Knotenpunkt und in der Ausfahrt muss die Anzahl der durchgehenden Fahrstreifen gleich sein, um einen plötzlichen Fahrstreifenwechsel zu vermeiden. Wenn ein durchgehender Fahrstreifen in einen Abbiegestreifen übergeht, ist durch eine Markierung und Beschilderung rechtzeitig darauf hinzuweisen.

Linksabbiegestreifen erhöhen die Verkehrssicherheit und die Qualität des Verkehrsablaufes. Sie werden links vom geradeaus führenden Fahrstreifen angeordnet. Linksabbieger können dort solange warten, bis ein gefahrloses Kreuzen des Gegenfahrstreifens möglich ist, ohne den nachfolgenden geradeaus fahrenden Verkehr erheblich zu beeinträchtigen.

Falls Rechts- und Linksabbiegestreifen notwendig sind, aus Platzgründen jedoch nur ein Abbiegestreifen angeordnet werden kann, ist der Linksabbiegestreifen vorzuziehen.

Linksabbiegestreifen setzen sich wie folgt zusammen:

- der Verziehungsstrecke l_z
- der Verzögerungsstrecke l_v (sofern erforderlich)
- der Aufstellstrecke l_A.

Es werden drei Grundformen von Linksabbiegestreifen unterschieden.

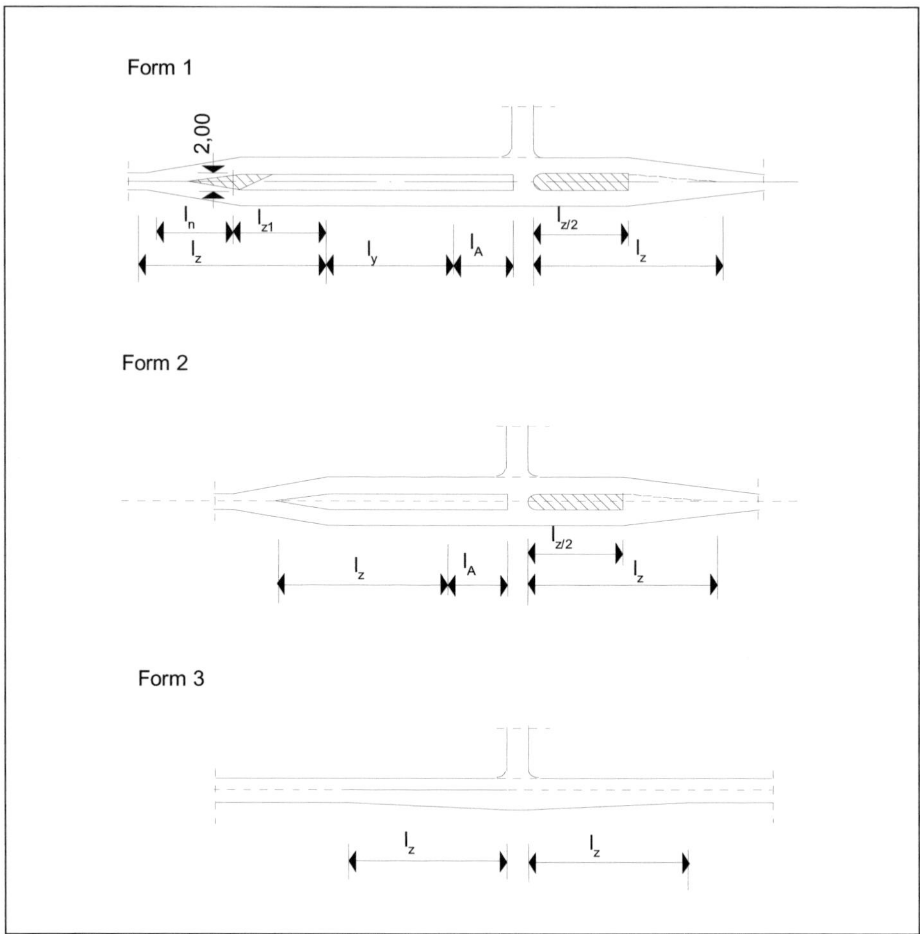

Abb. 65: Grundformen für Linksabbiegesteifen

Die Länge der Verziehungsstrecke außerhalb bebauter Gebiete berechnet sich nach folgender Gleichung:

$$l_z = v_e \cdot \sqrt{\frac{i}{3}} \quad [m]$$

v_e Entwurfsgeschwindigkeit in km/h

i Verbreiterungsmaß der Fahrbahnbreite am Ende der Verziehungsstrecke (bei einseitiger Aufweitung b/2+i, bei beidseitiger Aufweitung b/2+i/2)

Für Knotenpunkte angebauter Straßen können bei eingeschränkten Platzverhältnissen auch noch Verziehungslängen von 20,00 m ausreichend sein.

Die Aufstellstrecke l_A ist abhängig von der erforderlichen Länge für den Stauraum. Bei signalgesteuerten Knotenpunkten erhält man sie aus der Berechnung des Signal-

Länge der Verzögerungsstrecke lv [m]																		
Längsneigung	s≤-4%						-4%<s<4%						s≥4%					
Knotenpunktgeschwindigkeit V_k [km/h]	50	60	70	80	90	100	50	60	70	80	90	100	50	60	70	80	90	100
Verkehrsstärke q in der Richtung, aus der abgebogen wird [Kfz/h] ≤400	0	10	20	35	50	65	0	10	15	20	30	40	0	5	10	15	20	30
> 400	0	25	40	60	80	105	0	20	30	40	55	75	0	15	20	30	40	55

Tab. 12: Länge der Verzögerungsstrecke

programms. Wenn der Knoten nicht durch eine Lichtsignalanlage gesteuert wird, legt man 20,00 m fest (ca. 4 Pkw-Längen).

Bei geringem Verkehr sind Linksabbiegestreifen nicht erforderlich. Innerhalb bebauter Gebiete ist zwischen den Belangen des Verkehrs und des Umweltschutzes abzuwägen, ob ein Linksabbiegestreifen notwendig ist.

Bei Straßen mit vier oder mehr Fahrstreifen ist ein Linksabbiegestreifen abhängig von

- der Lage des Knotenpunktes innerhalb oder außerhalb bebauter Gebiete
- der Netzfunktion der übergeordneten Straße
- der Zahl der Linksabbieger im Verhältnis zur Verkehrsstärke auf der übergeordneten Straße
- der rechtzeitigen Erkennbarkeit der auf dem Fahrstreifen wartenden Linksabbieger
- der Einbindung in das städtebauliche Umfeld
- den Belangen des öffentlichen Personennahverkehrs.

Rechtsabbieger können häufig auf dem Geradeausfahrstreifen mitgeführt werden, da sie den Verkehrsablauf beim Abbiegen nicht wesentlich beeinträchtigen. An lichtsignalgesteuerten Knotenpunkten kann jedoch mit Rechtsabbiegestreifen die Leistungsfähigkeit erhöht werden. Außerhalb bebauter Gebiete werden sie auch an schnell befahrenen Straßen angeordnet.

Bei Straßen mit einem Mittelstreifen, der nicht überfahren werden kann, z. B. bei Straßenbahnen in der Fahrbahnmitte, werden innerhalb bebauter Gebiete Wendemöglichkeiten angelegt. Wendeverkehr kann in den folgenden Fällen zugelassen werden, wenn

- Linksabbiegestreifen vorhanden sind, die auch für den Wendeverkehr ausreichen
- Wenden für alle Fahrzeuge ohne Rangieren möglich ist
- durch wendende Fahrzeuge nicht gleichzeitig Fußgängerströme tangiert werden.

Es ist von Vorteil, wenn das Wenden durch Lichtsignalanlagen geregelt wird.

Inseln und Fahrbahnteiler haben folgende Aufgaben:

- Führung der Fahrzeugströme
- Verkürzung der Überquerungswege
- Warteflächen für Fußgänger und Radfahrer
- Standorte für Verkehrszeichen, Lichtsignalanlagen und Beleuchtung
- Bepflanzungsflächen (bei ausreichender Größe).

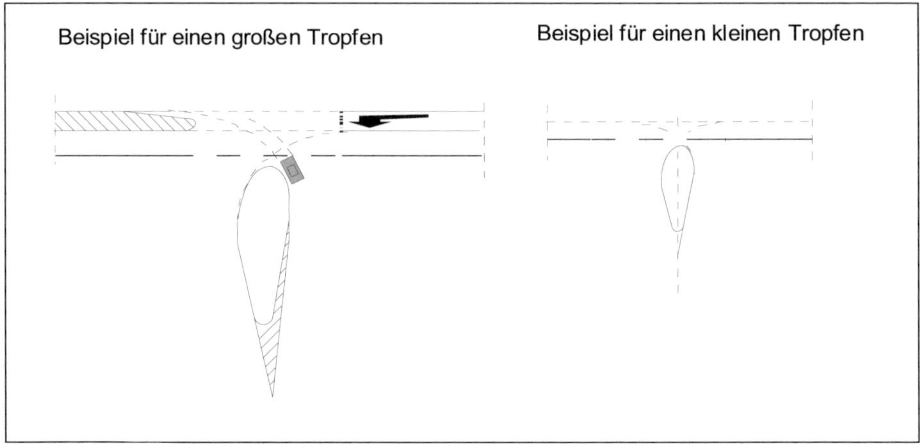

Abb. 66: Fahrbahnteiler außerhalb bebauter Gebiete

Fußgänger, Radfahrer und Rollstuhlfahrer sollen einen Knotenpunkt ohne große Umwege bequem überqueren können, da nur so einem unkontrollierten Überqueren der Fahrbahn vorgebeugt werden kann. Die Verkehrsflächen der schwächsten Verkehrsteilnehmer sowie bestimmte Ziele, wie zentrale Einrichtungen, Einkaufs- oder Freizeitbereiche, sind in die Wegenetze mit einzubeziehen.

Die Führung der Fußgänger ist innerhalb bebauter Gebiete von der Funktion der Straße, der Verkehrsmenge und der Anzahl der Fußgänger abhängig. Bei einem hohen Fußgängeranteil dürfen Umwege und Wartezeiten nicht unzumutbar werden. An den Fußgängerüberquerungen darf der Längsverkehr auf dem Gehweg nicht behindert werden. Deshalb sind dort ausreichend große Warteflächen vorzusehen.

Die Verkehrsqualität von Flächen für den Radverkehr soll im Bereich des Knotenpunktes den davor und dahinter liegenden Verhältnissen angepasst sein. Vorhandene Radwege dürfen daher nicht an Knotenpunkten enden. Radfahrer, die nach links abbiegen, können **direkt** oder **indirekt** geführt werden.

Bei der **direkten** Führung werden die Radfahrer zusammen mit den links abbiegenden Kraftfahrzeugen in die neue Richtung geführt. In bebauten Gebieten werden häufig auch Linksabbiegestreifen links neben dem Geradeausfahrstreifen angelegt.

Bei der **indirekten** Führung wird der Radfahrer zunächst als Geradeausverkehr über den Knoten und dann senkrecht zur durchgehenden Fahrbahn in den anderen Knotenpunktarm geführt. Hierbei muss der Radfahrer nach der Überquerung des rechten Knotenpunktarmes warten, bis der Geradeausverkehr in beiden Richtungen den Knoten geräumt hat. Diese Lösung ist dann anzuwenden, wenn gesonderte Radwege vorhanden sind und am Knotenpunkt ausreichende Warteflächen zur Verfügung stehen. Untergeordnete Arme eines Knotenpunktes können auch auf einer deutlich erkennbaren Furt überquert werden.

Wenn Haltestellen für den öffentlichen Personennahverkehr im Bereich von Knotenpunkten angelegt werden, ist durch Lichtsignalanlagen der Verkehr so zu regeln, dass dem öffentlichen Personennahverkehr Vorrang eingeräumt wird.

In den *»Richtlinien für die Anlage von Straßen-Teil: Knotenpunkte Abschnitt 1: Plangleiche Knotenpunkte (RAS-K-1)«* sind verschiedene typisierte Knotenpunkte der einzelnen Grundformen dargestellt.

Außerhalb bebauter Gebiete ist auf Straßen mit hoher Geschwindigkeit ein Knotenpunkttyp beizubehalten, um dem Verkehrsteilnehmer durch eine einheitliche Gestaltung Sicherheit beim Befahren des Knotenpunktes zu geben. Dies hat auch Vorteile für den Bau und die spätere Unterhaltung.[14], [16]

Kreisverkehrsplätze

Kreisverkehrsplätze sind inzwischen auch in Deutschland zu einer Standartform für Knotenpunkte geworden. Dem größeren Platzbedarf im Vergleich zu herkömmlichen Kreuzungen stehen eine Vielzahl von Vorteilen gegenüber.

Die Anzahl und die Schwere von Unfällen ist deutlich niedriger. Weniger Halte und kürzere Wartezeiten reduzieren den Schadstoffausstoß und verbessern den Verkehrsfluss. Die Betriebskosten sind geringer als für einen Knotenpunkt mit Lichtsignalanlage.

Kreisverkehrsplätze mit einstreifiger Verkehrsführung und einer Mittelinsel (kompakte Kreisverkehrsplätze) haben einen Durchmesser von 26 bis 45 m.

Eine relativ neue Form sind kleinere Kreise, sogenannte »Mini-Kreisel« oder »Mini-Kreisverkehrsplätze«. Mit einem Durchmesser von ca. 14 bis 25 m benötigen sie weniger Platz als herkömmliche Kreisverkehrsplätze. Vom Pkw werden sie wie gängige Kreisverkehre befahren. Größere Kraftfahrzeuge, wie Busse oder Lkw, überfahren die Mittelinsel und nutzen den »Mini-Kreisel« wie eine herkömmliche Kreuzung.

Trotz der Vorteile von Kreisverkehrsplätzen sind sie nicht die Lösung sämtlicher Verkehrsprobleme. Bei der Entscheidung, wie ein Knotenpunkt auszubilden ist, sind alle Aspekte sorgfältig abzuwägen und die Leistungsfähigkeit des Knotens ist nachzuweisen.

6.2.3 Planfreie Knotenpunkte

Bei planfreien Knotenpunkten werden die sich kreuzenden Verkehrsströme in zwei oder mehr Ebenen geführt, so dass keine Berührungspunkte vorhanden sind. Die Abbiegeströme sind nur als Rechtsabbieger vorhanden, Einbiegeströme fädeln sich von rechts ein. Durch diese Form des Knotenpunktes wird eine hohe Verkehrssicherheit erreicht, benötigt aber im Vergleich zum plangleichen Knoten mehr Fläche.

Da die einzelnen Teilbereiche

- durchgehende Fahrbahn
- Ausfahrbereich
- Verbindungsrampe
- Einfahrbereich

nacheinander folgen, muss der Kraftfahrer jeweils nur zwischen zwei Möglichkeiten entscheiden. Dadurch ist ein planfreier Knoten leicht verständlich, was durch eine entsprechende Beschilderung noch unterstützt wird.

Der Abstand der einzelnen Knotenpunkte ergibt sich aus der Netzplanung. Aus der Qualität des Verkehrsablaufes zwischen den Knotenpunkten und den notwendigen Entfernungen für die Wegweisung und Beschilderung ergeben sich jedoch Mindestabstände.

- Die Lage des Knotenpunktes ist abhängig von den Gegebenheiten des Straßennetzes, wobei aber einige konstruktive Punkte zu berücksichtigen sind.
- Im Bereich einer Wanne ist die Übersicht höher und damit das rechtzeitige Erkennen besser als im Bereich einer Kuppe.
- Ein- und Ausfahrten sollen zur besseren Übersicht in Bereichen angeordnet werden, an denen die Linienführung gestreckt verläuft.
- Die späteren Unterhaltungsarbeiten im Knotenpunkt sind bereits im Rahmen der Entwurfsbearbeitung zu berücksichtigen.

Bei der Festlegung des Knotenpunktsystems können verschiedene Möglichkeiten ausgewählt werden. Die folgenden Forderungen sollen jedoch erfüllt werden:

- Die durchgehenden Fahrbahnen sind entsprechend ihrer Anforderung an das Straßennetz festzulegen.
- Für bedeutende Abbiegeströme sollen günstige Rampenführungen entwickelt werden.
- Ein- und Ausfahrten müssen rechts von den durchgehenden Fahrbahnen angeordnet werden.
- Die Ausfahrten werden vor den Einfahrten angeordnet.
- Die Verflechtungsspuren sollen nach Möglichkeit 500 m lang sein.

Bei der Verbindung von zwei Fahrbahnen im planfreien Knotenpunkt werden drei Rampentypen unterschieden:

- direkte Verbindungsrampen
- halbdirekte Verbindungsrampen
- indirekte Verbindungsrampen.

Die drei Rampentypen können entsprechend den jeweiligen Anforderungen miteinander kombiniert werden.

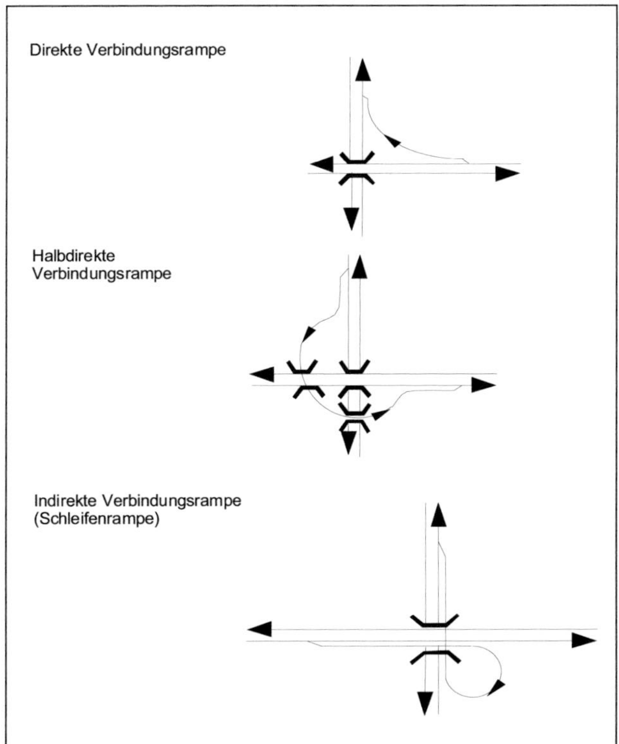

Abb. 67: Verbindungsrampen

Bei drei- oder vierarmigen Knotenpunkten, z. B. an Autobahnen, ist sorgfältig zu prüfen, ob die planfreie Lösung wirtschaftlicher mit **einem** Brückenbauwerk ausgeführt wird, oder ob gegebenenfalls die Anordnung **mehrerer** Bauwerke sinnvoller ist.

Bei Gabelungen oder Einmündungen entstehen dreiarmige Lösungen. Nach ihrer Form werden sie als Gabelung, Trompete oder Dreieck bezeichnet.

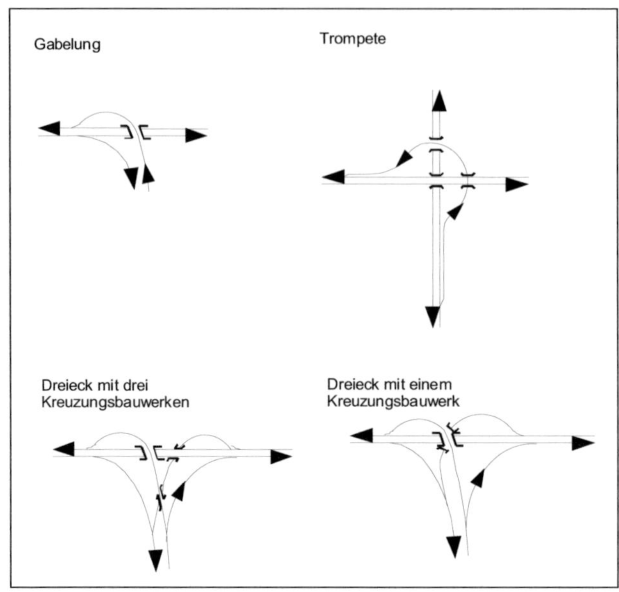

Abb. 68:
Grundformen dreiarmiger Knotenpunkte (planfrei)

Knotenpunkte mit vier Armen haben an allen vier Quadranten tangentiale Verbindungs- und Schleifenrampen. Ihre Grundform wird als Kleeblatt bezeichnet. Dabei werden alle Linksabbieger indirekt in die neue Richtung geführt.

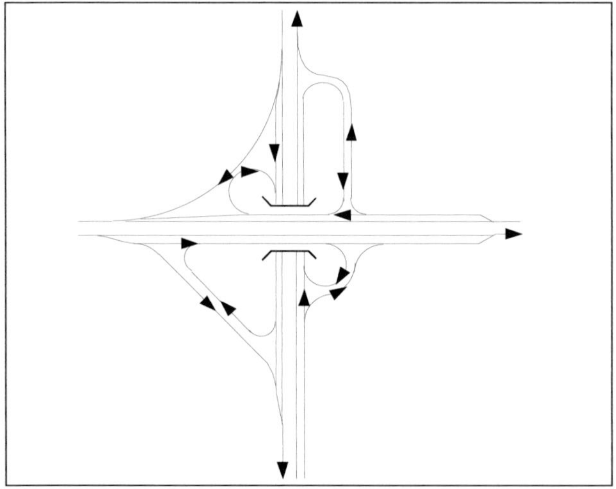

Abb. 69:
Kleeblatt mit unterschiedlichen Rampenführungen

Anschlussstellen sind Knotenpunkte von Autobahnen mit Straßen niedriger Ordnung oder Knotenpunkte von stark belasteten Straßen, bei denen für den durchgehenden Verkehr eine planfreie Lösung notwendig ist.

Hierfür können ebenfalls verschieden Grundtypen eingesetzt werden. Bei der Entwurfsbearbeitung ist zu berücksichtigen, dass der Kraftfahrer beim Wechsel von der übergeordneten in die untergeordnete Straße und umgekehrt sein Fahrverhalten verändern muss. Hierauf ist bereits bei der Wahl der Entwurfselemente für die Anschlussrampen zu achten, da durch das Fahren mit hoher Geschwindigkeit über eine längere Zeit das Gefühl für die tatsächliche Geschwindigkeit verringert wird. Aus diesem Grund sind Unfälle in den Abbiegeradien besonders häufig.

Der Entwurf der Rampen ist nach den örtlichen Verhältnissen zu gestalten. Damit kein Rückstau eintritt, muss die Leistungsfähigkeit nachgewiesen werden. Die Lage der Rampen ist so zu wählen, dass die stärksten Verkehrsströme als Rechtsab- oder -einbieger auftreten.

Unter Umständen können Lichtsignalanlagen im plangleichen Abschnitt des Knotenpunktes erforderlich sein.

Dreiarmige Anschlussstellen werden als Trompete oder als halbes Kleeblatt ausgeführt. Vierarmige Anschlussstellen werden als halbes Kleeblatt oder als Raute geplant. Die Lage der Rampen in den Quadranten ist von den stärksten Abbiegeströmen abhängig.

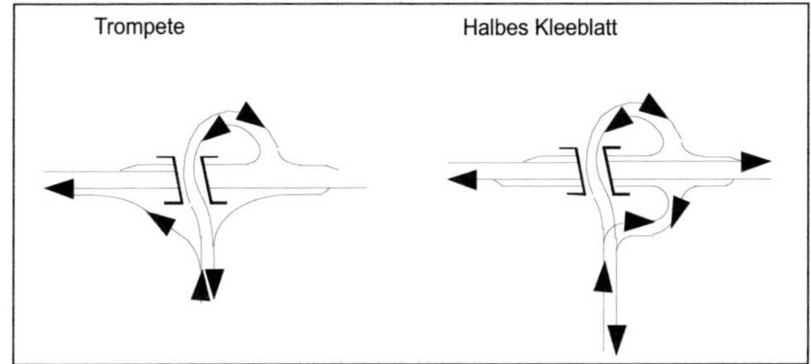

Abb. 70: Dreiarmige Anschlussstellen

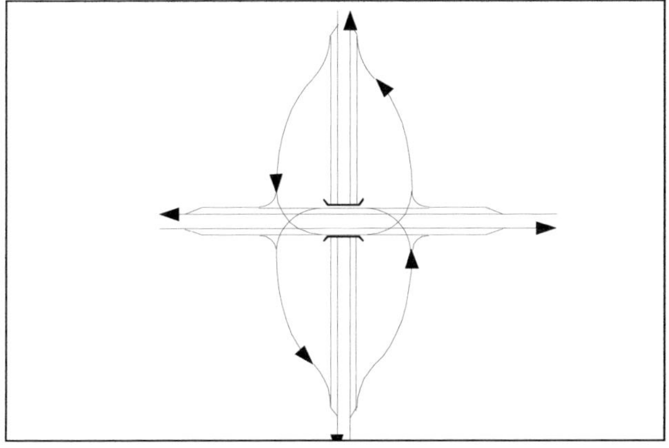

Abb. 71: Grundform der Raute

Bei Stadtautobahnen oder eingeschränkter Flächeninanspruchnahme werden die Rampen dicht an die durchgehende Strecke gelegt (Rauten). Der Abstand der Achsen ergibt sich dabei aus den erforderlichen Böschungsneigungen im Rampenbereich.

Mit der Kombination von Kleeblatt- und Rautenrampen ergeben sich Sonderformen. Auf diese Weise können die Verkehrsbedürfnisse den örtlichen Gegebenheiten angepasst werden.[20]

6.3 Betriebs- und Nebenanlagen

6.3.1 Stellplatzflächen

Die Flächen für den ruhenden Verkehr enthalten neben den Stellplatzflächen für Kraftfahrzeuge auch Flächen für das Abstellen von Fahrrädern. Sie haben einen Einfluss auf den gesamten Verkehr in einem Siedlungsgebiet, da geparkte Fahrzeuge im öffentlichen Straßenraum

- das städtebauliche Erscheinungsbild beeinträchtigen
- die Sicherheit und die Leichtigkeit des Verkehrs beeinflussen
- die Attraktivität von Geschäften erhöhen
- die Akzeptanz des öffentlichen Personennahverkehrs beeinflussen können.

Deshalb ist es notwendig, bereits bei der Planung für die Erschließung und den Verkehr von Siedlungs- und Gewerbegebieten die Flächen für den ruhenden Verkehr ausreichend zu berücksichtigen. Mit der Planung von Stellplätzen kann gleichzeitig der Stadtverkehr gesteuert werden. Sie ist in den Flächennutzungsplänen und den Bebauungsplänen enthalten. Bei der Bedarfsberechnung ist eine eventuelle Umlagerung des Verkehrs zu Gunsten des öffentlichen Personennahverkehrs einzuplanen.

Anlagen für den ruhenden Verkehr werden so angelegt, dass die Zentren oder wichtige Ziele eines Ortes in kurzer, fußläufiger Verbindung zu erreichen sind. Sie müssen von den Kraftfahrern leicht zu finden sein. In größeren Städten wird der einpendelnde Verkehr durch Parkleitsysteme über die Belegung der öffentlichen Anlagen für den ruhenden Verkehr informiert.

Im öffentlichen Straßenraum sind die Parkflächen gestalterisch mit dem Stadtbild und dem Umfeld abzustimmen. Durch eine entsprechende Bepflanzung fügt sich die Parkfläche häufig besser in die Umgebung ein.

Bezogen auf die Achse der Fahrbahn oder der Fahrgasse unterscheidet man drei Möglichkeiten der Fahrzeugaufstellung:

- Längsaufstellung ($\alpha = 0{,}0\,\text{gon}$)
- Schrägaufstellung ($50{,}0\,\text{gon} \leq \alpha < 100{,}0\,\text{gon}$)
- Senkrechtaufstellung ($\alpha = 100{,}0\,\text{gon}$).

Die Längsaufstellung wird in der Regel direkt am Fahrbahnrand angeordnet, um das Parken und das Be- und Entladen zu erleichtern, ohne den Straßenraum zu breit zu gestalten. Das rückwärtige Einparken kann dabei den fließenden Verkehr beeinträchtigen.
Bei der Schrägaufstellung kann zügig ein- und ausgeparkt werden. Bei Schrägaufstellung am Fahrbahnrand wird der fließende Verkehr durch das Ein- und Ausparken nur wenig behindert.

Die Senkrechtaufstellung ermöglicht eine Nutzung auch im Zweirichtungsverkehr. Das Ein- und Ausparken ist nicht immer zügig auszuführen. Der Verkehr auf der Fahrbahn wird häufig erheblich behindert. Beim rückwärtigen Ausparken sind die Sichtverhältnisse auf den fließenden Verkehr für den Kraftfahrer eingeschränkt.

Die erforderlichen Abmessungen für die Parkstände ergeben sich aus

- der Art der Aufstellung
- den Abmessungen des Bemessungsfahrzeugs
- dem Abstand zwischen Fahrzeug und Fahrbahn
- den Abständen von Bauwerken.

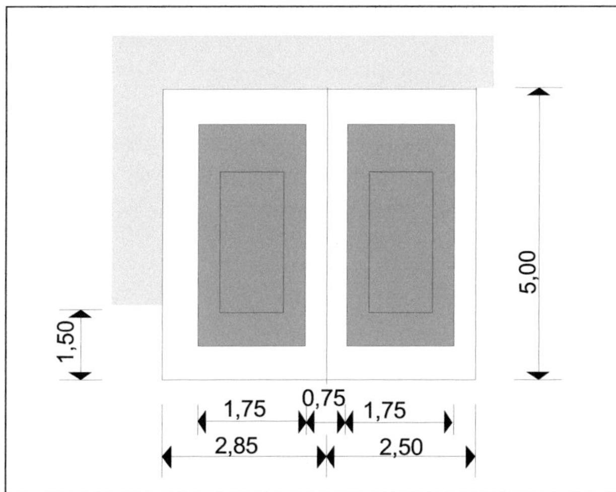

Abb. 72: Grundmaße für Pkw-Parkstände

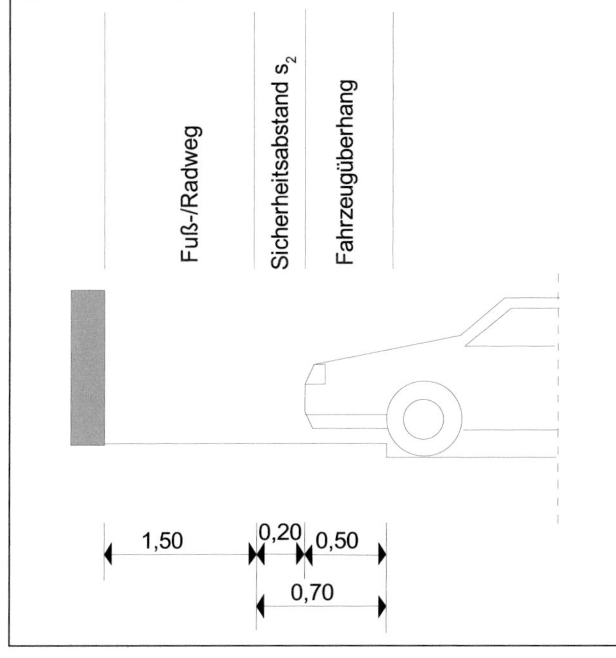

Abb. 73: Ausbildung des Überhangstreifens

Bei der Längsaufstellung von Pkw neben festen Begrenzungen oder Bauwerksteilen soll eine Parkstandbreite von 2,30 m vorhanden sein. Bei Schräg- oder Senkrechtaufstellung soll der seitliche Abstand 0,75 m betragen. Bei eingeschränkten Platzverhältnissen sind auch 0,55 m ausreichend. Dabei ist dann bequemes Ein- und Aussteigen und Ein- und Ausparken nicht mehr möglich.

Für Nutzfahrzeuge soll zwischen den einzelnen Fahrzeugen ein Abstand von 1,00 m sein. Daraus ergibt sich eine Parkstandbreite von 3,50 m.

Stellplatzflächen im öffentlichen Straßenraum

Die Flächen zum Parken können als Parkstreifen direkt neben der Fahrbahn oder als Parkbuchten angelegt werden. Parkbuchten ermöglichen eine bessere Bepflanzung und verbessern häufig das Straßenbild. An Knotenpunkten sind die Sichtverhältnisse besser als bei Parkstreifen direkt neben der Fahrbahn. Durch Einengungen, die in den Fahrbahnbereich hinein reichen, können geschwindigkeitsdämpfende Effekte erzielt werden.

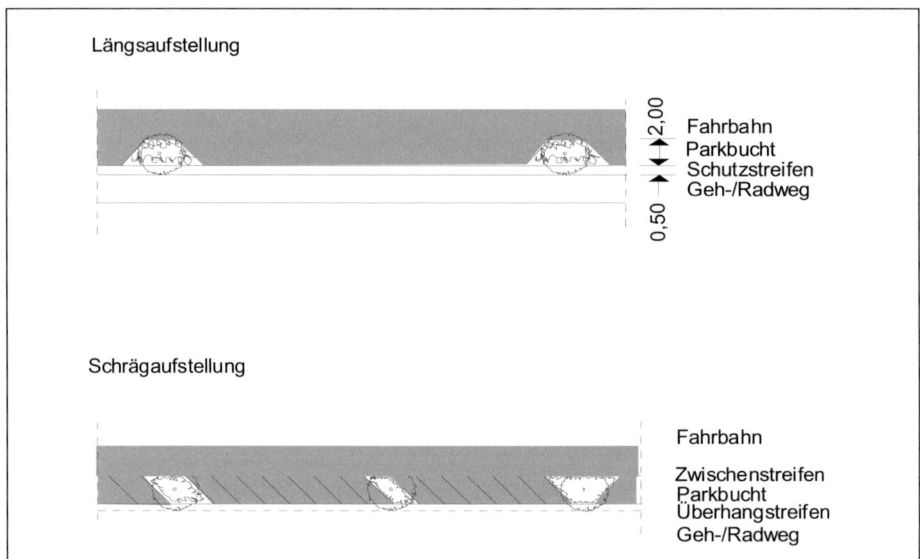

Abb. 74: Längsaufstellung, Schrägaufstellung

Bei der Längsaufstellung ist darauf zu achten, dass die Sicht auf den fließenden Verkehr ausreichend ist. Ihr Vorteil besteht in der geringen Breite, um die der Verkehrsraum im Straßenraum erweitert werden muss. Nachteilig wirkt sich das Rückwärtseinparken auf den fließenden Verkehr und auf Radfahrer aus. Da die Wagentüren beim Öffnen häufig in andere Verkehrsräume (z. B. Fahrbahn, Geh- oder Radweg) hinein reichen, muss zwischen dem Längsparkstreifen ein Schutzstreifen angeordnet werden. Er erhält neben einem Radweg eine Breite von bSR = 0,75 m, neben einem Gehweg von bG = 0,50 m.

Die Länge eines Stellplatzes mit den erforderlichen Abständen für das Ein- und Ausparken beträgt 5,50 m. Damit können auf einer Länge von 100 m etwa 18 Pkw untergebracht werden.

Für die Schrägaufstellung ist neben der Fahrbahn eine breitere Fläche für das Aufstellen der Fahrzeuge notwendig. Sie wird in der Regel in einem Winkel von $\alpha=50{,}0$ gon bis $\alpha=80{,}0$ gon angeordnet. Aufgrund des einfachen Ein- und Ausparkens passt sich diese Aufstellungsart gut den örtlichen Gegebenheiten an. Das Einparken beeinträchtigt den fließenden Verkehr nur unwesentlich, wenn das einparkende Fahrzeug nicht den Fahrstreifen für den Gegenverkehr mitbenutzen muss. Bei engen Fahrbahnen ist in diesem Fall die Anordnung eines Zwischenstreifens notwendig. Ein weiterer Vorteil der Schrägaufstellung ist das ungefährdete Ein- und Aussteigen. Das spontane Betreten der Fahrbahn durch Fußgänger wird verhindert.

Ein Nachteil besteht darin, dass die Parkplätze nur aus einer Richtung angefahren werden können. Beim Ausparken ist die Sicht auf den fließenden Verkehr nicht so günstig wie bei der Längsaufstellung.

Bei einer Aufstellung mit $b=2{,}50$ m und einem Winkel $\alpha=50$ gon können auf einer Länge von 100 m etwa 28 Pkw untergebracht werden. Wird dagegen ein Winkel von $\alpha=70$ gon gewählt, können etwa 35 Pkw aufgestellt werden.

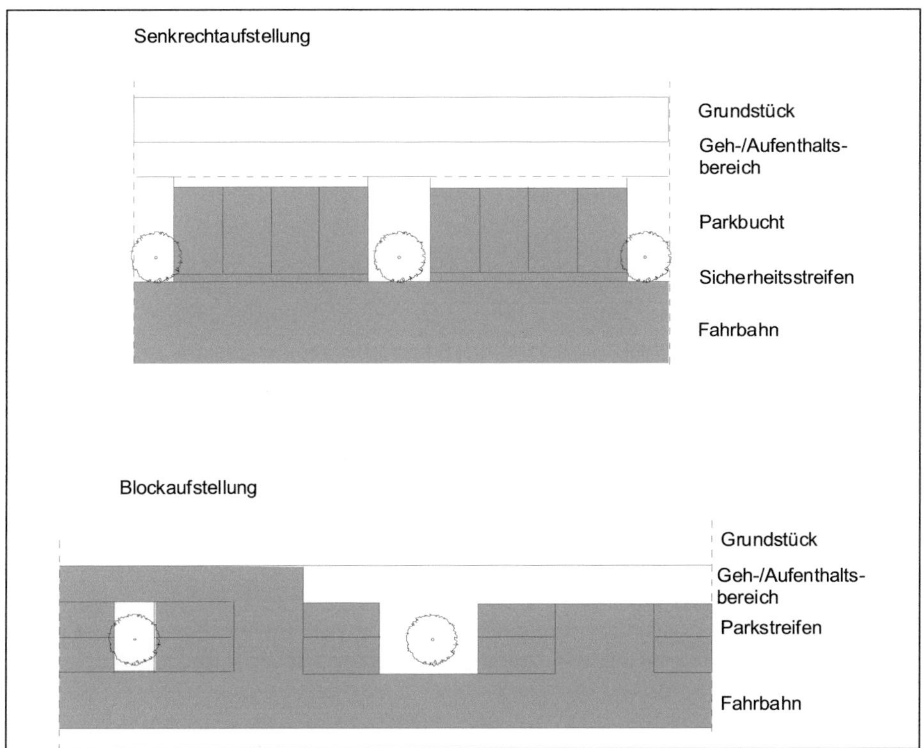

Abb. 75: Senkrechtaufstellung, Blockaufstellung

Bei einer schmalen Fahrbahn und einem großen Aufstellwinkel α ist der Fahrstreifen für das Ein- und Ausparken nicht ausreichend. Der Unterschied zwischen der vorhandenen Fahrstreifenbreite f und der benötigten Fahrgassenbreite g wird durch einen Zwischenstreifen ausgeglichen. Wenn die vorhandene Fahrbahnbreite f schmaler ist, als die notwendige Fahrgassenbreite g, muss der Zwischenstreifen mindestens eine Breite von $bZ = g - f$ erhalten.

Die Senkrechtaufstellung wird häufig dann eingesetzt, wenn die Stellplätze für beide Fahrtrichtungen erreichbar sein sollen. Dies ist jedoch nur bei einer geringen Verkehrsbelastung möglich. Das Ein- und Aussteigen ist ohne Beeinträchtigungen auszuführen. Auf einer Straßenlänge von 100 m können etwa 40 Pkw untergebracht werden.

Ein Nachteil der Senkrechtaufstellung ist die große Parkstandtiefe. Außerdem wird der Radverkehr auf der Fahrbahn beim Ausparken stark gefährdet.

Bei Straßen, die überwiegend die Funktion des Aufenthaltes erfüllen, können die Stellplätze auch hinter dem Gehweg angeordnet werden. Aufgrund der geringen Verkehrsbelastung und der niedrigen Geschwindigkeit werden Fußgänger beim Ein- und Ausparken nur wenig gefährdet. Wenn Langzeitparker (z. B. Anwohner) ihre Fahrzeuge dort abstellen, ist diese Möglichkeit besonders geeignet.

Die Blockaufstellung kann dann eingesetzt werden, wenn z. B. durch Grundstückszufahrten keine zusammenhängenden Parkbuchten angelegt werden können und ausreichend breite Seitenräume vorhanden sind. Der Raum zwischen den einzelnen Blöcken steht dann für andere Nutzungsarten (z. B. Spielen, Aufenthalt) zur Verfügung.[14], [19]

Stellplatzflächen außerhalb des öffentlichen Raumes

Bei Bedarf können außerhalb des öffentlichen Straßenraumes Flächen für den ruhenden Verkehr angelegt werden. Diese Flächen sollen eindeutig begrenzt sein und markierte Parkstände und Fahrgassen erhalten. Sie werden über deutlich erkennbare Zufahrten an das öffentliche Straßennetz angeschlossen. Zur Einbindung in das Umfeld sind entsprechende Flächen für eine Bepflanzung vorzusehen.
Bei Parkflächen außerhalb des öffentlichen Raumes sind die Erreichbarkeit und die Kapazität besonders wichtig. Mit einer entsprechenden Beschilderung ist auf die Plätze hinzuweisen. Sorgfältig geplante und ansprechend angelegte Parkplätze können zu einer Entlastung der Innenstädte beitragen.

6.3.2 Rastanlagen

Rastanlagen sind Anlagen für den ruhenden Verkehr an öffentlichen Straßen außerhalb geschlossener Ortslagen.

Dabei wird unterschieden zwischen unbewirtschafteten Rastanlagen ohne oder mit WC-Gebäude und bewirtschafteten Rastanlagen.

Unbewirtschaftete Rastanlagen mit einen WC-Gebäude werden als PWC-Anlage bezeichnet.

Bewirtschaftete Rastanlagen sind Anlagen mit Rasthöfen, Tankstellen oder Verkaufskiosken mit WC-Gebäuden (KWC-Anlage).

Die Flächen von Rastanlagen gliedern sich in

- Verkehrsflächen (Fahr- und Parkflächen)
- Rastflächen
- sonstige Flächen (Trennflächen, Trenninseln, Flächen für den Hochbau).

An Autobahnen werden Rastanlagen in Abständen von ca. 100 km angeordnet. Rastanlagen mit Tankstelle und Kiosk sollen ca. alle 50 km vorhanden sein.

Bei der Anlage von Toilettenbauten ist darauf zu achten, dass diese auch von Rollstuhlfahrern genutzt werden können.

Die Flächen von Rastanlagen werden gegenüber den Fahrbahnen für den fließenden Verkehr anders beansprucht. Der Verkehr läuft zwar langsam, aber es ist mit Tropfölen zu rechnen, die den Belag beeinflussen. Bei gepflasterten Flächen können diese Öle durch die Fugen in die ungebundene Tragschicht oder auch in den Untergrund gelangen. Fugenfüllstoffe sollen deshalb einen hohen Widerstand gegen Öle und Kraftstoffe haben.

Bei Deckschichten aus Asphaltbeton sowie bei Tragdeckschichten kann eine Versiegelung der Oberfläche, z. B. mit öl- und kraftstoffresistenten Schlämmen, sinnvoll sein.

Aus wirtschaftlichen Gründen kann der Oberbau zwischen Fahrgasse und Abstellflächen unterschiedlich dick ausgeführt werden. Eine unterschiedliche Belagsart erleichtert das Erkennen von Fahrgasse und Abstellfläche.

Damit eine ausreichende Entwässerung gewährleistet ist, erhalten die Abstellflächen eine Neigung von $q = 2{,}5\,\%$. Bei großen Flächen entstehen dadurch Neigungen in Dachform. Bei doppelt beparkten Flächen ist es sinnvoll, die Hochpunkte als Trennung zwischen die Parkstände zu legen und die Tiefpunkte am Rand der Fahrgasse anzuordnen. Pflastermulden leiten das Wasser zu den Schächten und dienen gleichzeitig als optische Trennung zwischen Parkstand und Fahrgasse.

Bei der Planung von Rastanlagen wird heute vielfach großen Wert auf eine ansprechende Gestaltung der WC-Gebäude und auch des Mobiliars gelegt. Dabei müssen jedoch immer die Vandalensicherheit und die Kosten für die Reinigungsarbeiten im Auge behalten werden.

6.3.3 Tankanlagen

Tankstellen sind so zu planen, dass sie den Anforderungen des Kraftverkehrs genügen. Durch einen zweckmäßigen Standort und eine einwandfreie Anlage müssen die Sicherheit und Leichtigkeit des Verkehrs auf der freien Strecke ebenso gewährleistet sein wie innerhalb der geschlossenen Ortslage. Die planungs- und bauordnungsrechtlichen Forderungen sowie der Umweltschutz sind ebenso zu beachten. Beeinträchtigungen der Anwohner durch den Tankstellenbetrieb sind nach Möglichkeit zu vermeiden.

Tankstellen stehen in einem engen verkehrlichen und baulichen Zusammenhang zu den Straßen. Bei der Planung sind neben der Bauleitplanung auch städtebauliche und wirtschaftliche Belange zu berücksichtigen.

Die Planung einer Tankstelle ist abhängig von

- dem Einzugsgebiet
- dem Kundenkreis
- den örtlichen Verhältnissen.

Tankstellen dürfen nur dort errichtet werden, wo bauliche und städtebauliche Gesichtspunkte dies zulassen. Sie sind so zu planen, dass eine Gefährdung der Fußgänger ausgeschlossen ist und der durchgehende Verkehr nur unwesentlich beeinträchtigt wird. An besonders zu schützenden Einrichtungen wie Schulen, Kindergärten, Krankenhäusern, Erholungsheimen, Altersheimen, Kirchen, Friedhöfen und Denkmälern ist ein entsprechender Abstand einzuhalten.

An wichtigen Verkehrspunkten dürfen Tankstellen nur in begründeten Ausnahmefällen zugelassen werden.
Zu diesen Punkten gehören

- Knotenpunkte mit und ohne Lichtzeichenregelung
- Verkehrsreiche Straßen in Kerngebieten
- Straßen mit erheblichem Fußgänger- und Radfahrerverkehr
- Straßen mit schmalen Fahrbahnen, auf denen der Verkehr durch ein- und abbiegende Fahrzeuge besonders beeinträchtigt wird.

Vor besonders kritischen Straßenabschnitten ist ein genügend großer Abstand einzuhalten. Er muss innerhalb der geschlossenen Ortslage mindestens 100 m bzw. 250 m auf stärker befahrenen Straßen und 500 m auf der freien Strecke betragen.

Zu den kritischen Straßenabschnitten gehören

- besonders schnell befahrene Abschnitte
- Kreuzungen und Einmündungen von Straßen und Wegen
- Kreuzungen mit anderen Verkehrswegen (z. B. Bahnstrecken, Wasserstraßen)
- Bereiche, auf denen sich der Verkehr häufig staut
- Kurven, die eine erhöhte Aufmerksamkeit beanspruchen

- Kuppen
- Haltestellen von öffentlichen Verkehrsmitteln
- Abschnitte mit unübersichtlicher und enger Bebauung.

An der freien Strecke sollen Tankstellen nur dort errichtet werden, wo die Versorgung mit Kraftstoff sichergestellt werden muss. Als Anhaltswert gilt ein Abstand von 25 km zwischen zwei vorhandenen Tankstellen. Die Gesamtzahl der Tankstellen ist nach Möglichkeit gering zu halten.

Bei der Planung einer Tankstelle an der freien Strecke ist der Ausbau zu einer doppelseitigen Tankstellenanlage vorzusehen, wenn der DTV von 3000 Kfz/24 h überschritten wird. Ein Abstand zwischen den beiden Anlagen auf Sichtweite ist zulässig. Dabei sollen beide einseitigen Anlagen gegeneinander so versetzt sein, dass in Fahrtrichtung die erste Zufahrt rechts erscheint um ein Kreuzen des Gegenverkehrs zu vermeiden.

Lässt die zukünftige Verkehrsentwicklung die Notwendigkeit einer doppelseitigen Anlage erwarten, muss diese Ergänzung bereits bei der Planung der einseitigen Anlage beachtet werden.

Der erforderliche Flächenbedarf einer Tankstelle wird im Wesentlichen bestimmt durch die Anzahl der Tankvorgänge, der örtlichen Lage und der Einbindung in die Umgebung. Die mit der Tankstelle verbundenen Einrichtungen wie Verkaufsfläche, Werkstätten und sonstige wirtschaftliche Einrichtungen beeinflussen ebenfalls die Grundstücksgröße.

Aus den verkehrstechnischen Entwurfselementen ergibt sich eine Mindestgröße von 800 m². Sollen noch Werkstätten, Waschanlagen und Verkaufsräume untergebracht werden, ist eine Fläche von ca. 1200 m² notwendig. Für Großanlagen werden in der Regel 2000 m² Grundstücksfläche benötigt.

Die Sicherheit und Leichtigkeit des Verkehrs müssen durch eine verkehrstechnisch einwandfreie Ausbildung der Tankstelle gewährleistet sein. Der Benutzer sollte nach Möglichkeit die gleichen übersichtlichen Verhältnisse vorfinden.

Im Allgemeinen sind Tankstellen als Frontaltankstellen (parallel zur Fahrbahn) auszubilden. In geschlossener Ortslage kann in Ausnahmefällen auch eine Ecktankstelle an einer Straßenkreuzung oder -einmündung mit geringem Verkehr errichtet werden. Sie ist so anzuordnen, dass der Verkehr nicht beeinträchtigt wird. Ecktankstellen sind in der Regel zum Betanken von Lkw nicht geeignet.

Alle Tankvorgänge und sonstigen Dienstleistungen müssen innerhalb des Tankstellengrundstückes abgewickelt werden. Auf dem Tankstellengrundstück parkende Fahrzeuge dürfen nicht in den lichten Raum der Straße hinein reichen.

Die Lage, Anordnung und Gestaltung der Hochbauten, einschließlich der Zapfinseln, sind von den örtlichen Gegebenheiten abhängig.

Der Abstand der Zapfsäulen, Wasser- und Luftabgabestellen usw. von der Straße muss so groß sein, dass auf der Fahrbahn haltende Fahrzeuge diese nicht bedienen können.

Sie sollen mindestens 10,0 m (Zapfsäulen für Dieselkraftstoff mindestens 25,0 m) vom Schnittpunkt der Straßenachse mit der Zufahrt entfernt sein.

An Tankstellen, die nur für den Pkw-Verkehr bemessen sind, dürfen nur Dieselfahrzeuge mit einem zulässigen Gesamtgewicht bis zu 3,5 t tanken.

Auf dem Tankstellengrundstück sind ausreichende Halteflächen einzuplanen. Außer den Verkehrsflächen sind weitere Abstellflächen, z. B. für Waschhallen, vorzuhalten. Die rechtlichen Vorschriften der einzelnen Länder sind dabei zu beachten.

Für die Fahrstreifen ist bei Pkw-Verkehr ein Wendekreisdurchmesser von mindestens 12,50 m und bei Lkw- und Busverkehr von 26,0 m vorzusehen. Bei Überdachung der Tankstelle ist mindestens an einem Tankstreifen eine lichte Höhe von ≥ 4,20 m einzuhalten.

Die Zu- und Abfahrten erhalten einen Belag, der sich optisch deutlich von den übrigen Verkehrsflächen unterscheidet. Zur eindeutigen Trennung von Tankstelle und Straße ist eine gut sichtbare Abgrenzung bis zu einer Höhe von 0,70 m anzulegen, damit der Tankstellenverkehr nur über die Zu- und Abfahrten abgewickelt werden kann.

Die funktionalen Ansprüche an Tankstellen und die Nutzung und Gestaltung der baulichen Anlagen geben Hinweise auf die Einordnung in die städtebauliche Situation.

Bei Tankstellen in Wohngebieten ist durch geeignete Maßnahmen, wie eine sinnvolle Anordnung der Baukörper, eine entsprechende Bepflanzung und ähnliche Maßnahmen der Immissionsschutz zu gewährleisten.

In Gebieten mit geschlossener, mehrgeschossiger Bebauung sollten aus städtebaulichen Gründen sichtbare Brandwände vermieden werden.

Bei der Festsetzung von Baugebieten in Bebauungsplänen kann es sinnvoll sein, notwendige Stell- und/oder Garagenplätze mit Tankstellen zu kombinieren. Die Tankstellenanlage sollte außerhalb der baulichen Anlagen und Verkehrsflächen besonders zu den Nachbargrundstücken und zur Straße durch Bepflanzung gestaltet werden.

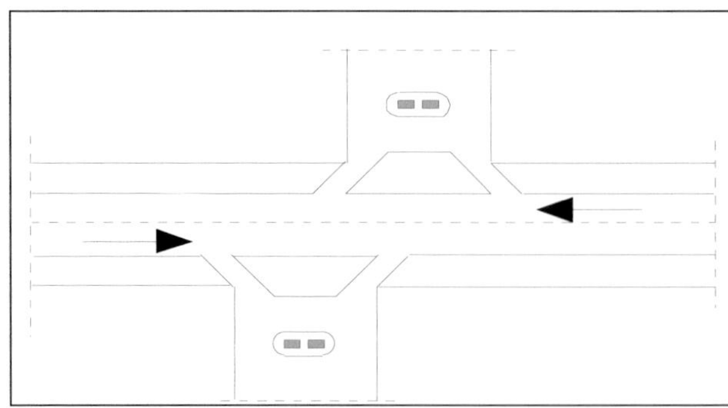

Abb. 76:
Beispiel für eine doppelseitige Tankstellenanlage an freier Strecke

Tankstellen an der freien Strecke sollen auf eine Entfernung von 200 m eingesehen werden können. Innerhalb der geschlossenen Ortschaft beträgt die Entfernung 100 m. Zur Kennzeichnung sind Mastenschilder am besten geeignet. Tankstellen, die ausschließlich dem Eigenverbrauch dienen (z. B. auf Firmengelände), dürfen zur Straße hin nicht gekennzeichnet werden.

6.4 Brücken

In seinem Buch »*Die vier Bücher zur Architektur*« aus dem Jahr 1570 schreibt Andrea Palladio zum Bau von Brücken Folgendes:

> *»Da viele Flüsse wegen ihrer Breite, Tiefe und Schnelligkeit nicht trockenen Fußes überquert werden können, besann man sich früh auf die Annehmlichkeiten, wie sie die Brücken bieten, weshalb man sagen kann, dass sie ein Hauptbestandteil der Straßen sind und nichts anderes als Straßen über dem Wasser. Sie müssen dieselben Eigenschaften besitzen, die wir für die anderen Straßen als Voraussetzungen genannt haben, das heißt, sie müssen zweckmäßig, schön und dauerhaft sei*...[21]«.

Wenn auch heute, mehr als 400 Jahre später, nicht nur Flüsse, sondern auch Täler, Straßen und sogar Meere mit Brücken überquert werden, hat der Grundgedanke von Palladio, dass diese zweckmäßig, schön und dauerhaft sein müssen, immer noch Bedeutung.

Die Entwicklung neuer Bauverfahren und der Einsatz neuer Werkstoffe lassen immer komplexere Bauwerke zu. Doch damals wie heute war und ist die Realisierung von Brücken eine Meisterleistung der Ingenieurbaukunst und immer wieder eine Herausforderung.

Die Einteilung der Brücken erfolgt nach unterschiedlichen Kriterien:

- Nach der Lage zum Verkehrsweg
  Je nach der Lage zum Verkehrsweg spricht man von Unterführungs- und Überführungsbauwerken. In bebauten Gebieten bezeichnet man längere Brücken auch als Hochstraßen. Eine Straßenbrücke ist demnach eine Brücke für eine Straße und nicht über eine Straße. Nur bei Wasserläufen und Tälern wird eine andere Bezeichnung gewählt. In diesem Fall heißt es dann z. B. Weserbrücke oder Brücke über die Weser und nicht die Weser wird unterführt.
- Nach dem Verkehrshindernis und der Lage im Gelände
  Nach dem Hindernis nennt man die dazu erforderlichen Bauwerke z. B. Tal-Brücken, Fluss-Brücken oder Hang-Brücken. Hier werden auch die Kreuzungsbauwerke eingeordnet, die notwendig sind, wenn Verkehrswege sich kreuzen.
- Nach der Belastung
  Der Nutzungszweck und die daraus resultierende Belastung ergeben Bezeichnungen

wie Fußgänger-, Wirtschaftsweg-, Straßenbahn-, Straßen-, Eisenbahn- oder Rohrbrücken.

- Nach der Querschnittsgestaltung
  Zur Typisierung der Bauwerke gibt es Bezeichnungen, die sich aus der Gestaltung des Querschnittes ergeben wie z. B. Platten-, Hohlplatten-, Hohlkasten-, Plattenbalken und Trogbrücken.
- Nach der Gestaltung des Haupttragwerks
  In der Regel bestimmt das Haupttragwerk die äußere Form eines Bauwerks wie z. B. Bogen-, Balken-, Schrägkabel-, Hänge- oder Fachwerkbrücken.
- Nach der Grundrissform
  Es wird unterschieden zwischen gekrümmten, schiefen oder geraden Brücken.
- Nach der Herstellungsart
  Man unterscheidet zwischen Ortbeton-Bauwerken und Fertigteil-, Freivorbau-, bzw. Taktschiebe-Brücken.
- Nach dem tragenden Werkstoff
  Sie werden als Holz-, Stein-, Stahl-, Stahlbeton- oder Spannbetonbrücken bezeichnet.

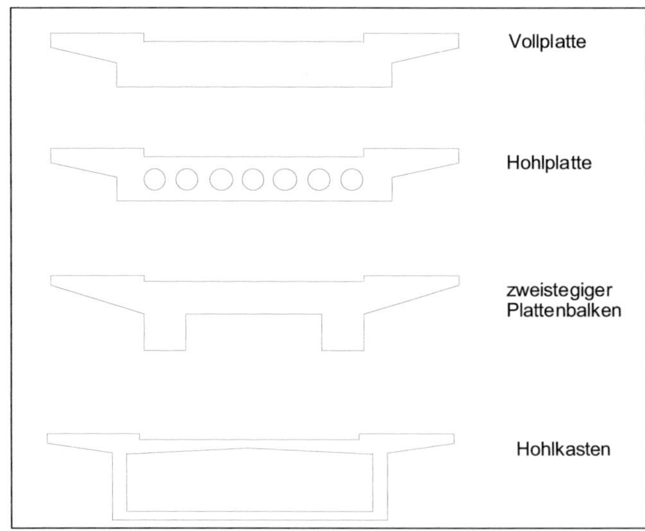

Abb. 77: Tragwerksquerschnitt

Bogenbrücken zählen zu den ältesten Tragkonstruktionen. Das Prinzip des Gewölbes haben bereits die Römer für ihre eindrucksvollen Brücken angewandt. Die Form lässt erkennen, wohin die Lasten abgetragen werden. Dies ist auch der Grund, weshalb Bogenbrücken als besonders schön empfunden werden. Auf Grund der höheren Herstellungskosten gegenüber Balkenbrücken werden sie heute jedoch nur noch selten gebaut.

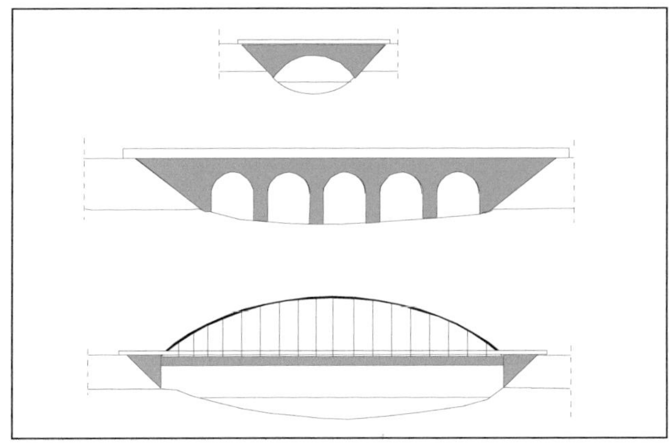

Abb. 78:
Beispiele für Bogenbrücken

Balkenbrücken können als Einfeld- oder Mehrfeld-Bauwerk ausgeführt werden. Bei Brücken über einbahnige Straßen ist häufig das Einfeldsystem ausreichend. Hierbei ist dann zu beachten, dass das Bauwerk nicht zu klobig wirkt. In diesem Fall sind die Widerlager zurück zu setzen, so dass ein Dreifeld-Bauwerk entsteht.

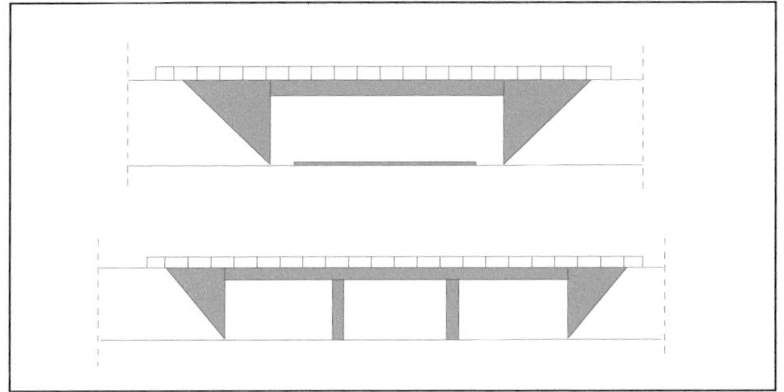

Abb. 79:
Beispiele für Balkenbrücken

Seit etwa 1950 werden Schrägkabel-Brücken gebaut. Der Balken wird mit schrägen Zuggliedern an Pylonen oder Türmen aufgehängt. Als Zugglieder werden Stahldraht-Kabel oder Seile eingesetzt. Bei der Verwendung von Seilen spricht man von Schrägseilbrücken.

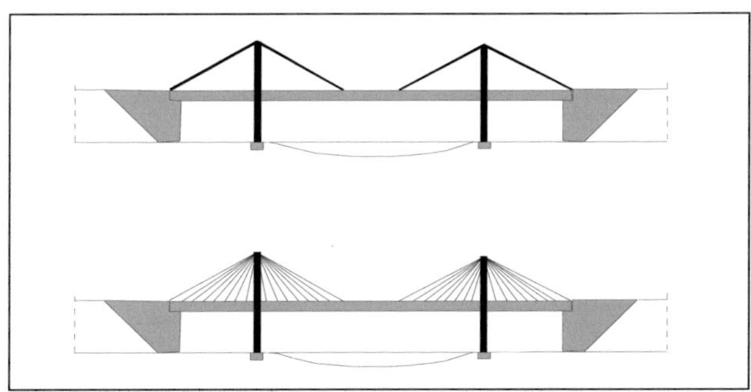

Abb. 80:
Beispiele für Schrägkabel-Brücken

Hängebrücken eignen sich besonders für Spannweiten über 300 m. Sie sind auch für Fußgängerbrücken besonders reizvoll. Wie bei der Bogenbrücke ist bei der Hängebrücke zu erkennen, wo die Lasten abgetragen werden. Auf Grund des gleichförmigen Eigengewichtes der Fahrbahn verlaufen die Kabel parabelförmig. Diese Anordnung der Kabel wird als schön empfunden.

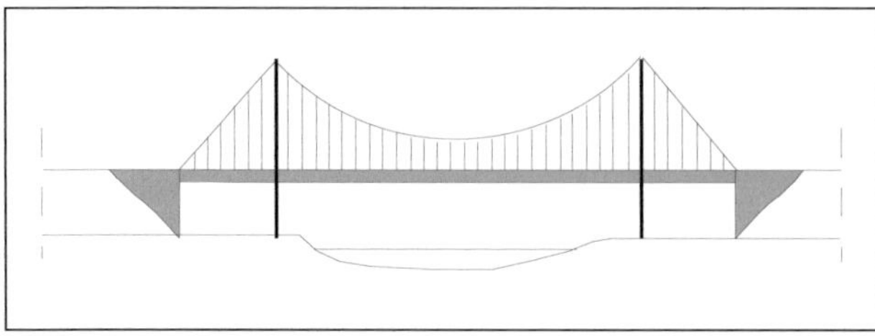

Abb. 81:
Beispiel für Hängebrücken

Fachwerkbrücken wurden aus dem Stahlbau übernommen. Das günstige statische System erlaubt einen Einsatz auch bei schlechten Baugrundverhältnissen. Damit das Bauwerk als schön empfunden wird, sind die Neigungen der Fachwerkstäbe auf wenige Richtungen zu beschränken.

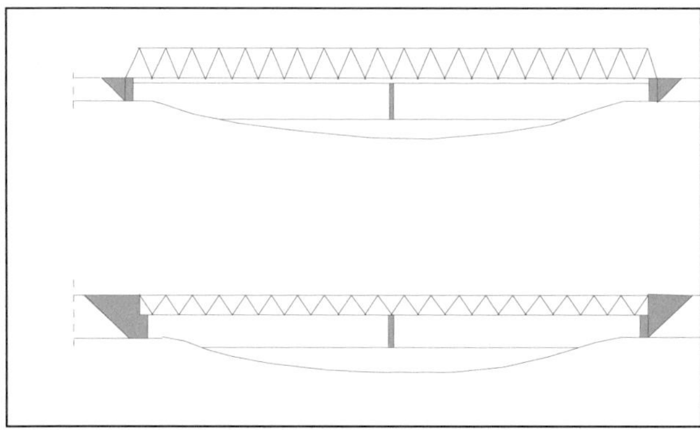

Abb. 82:
Beispiel für Fachwerkbrücken

Bauablauf bei einer Stahlbeton- oder Spannbetonbrücke (siehe Abb. 83):

1. Betonieren des Widerlagers ohne Kammerwand
2. Betonieren des Überbaues in höherer Lage
3. Absenken des Überbaues
4. Betonieren der Kammerwand
5. Betonieren der Konsole.

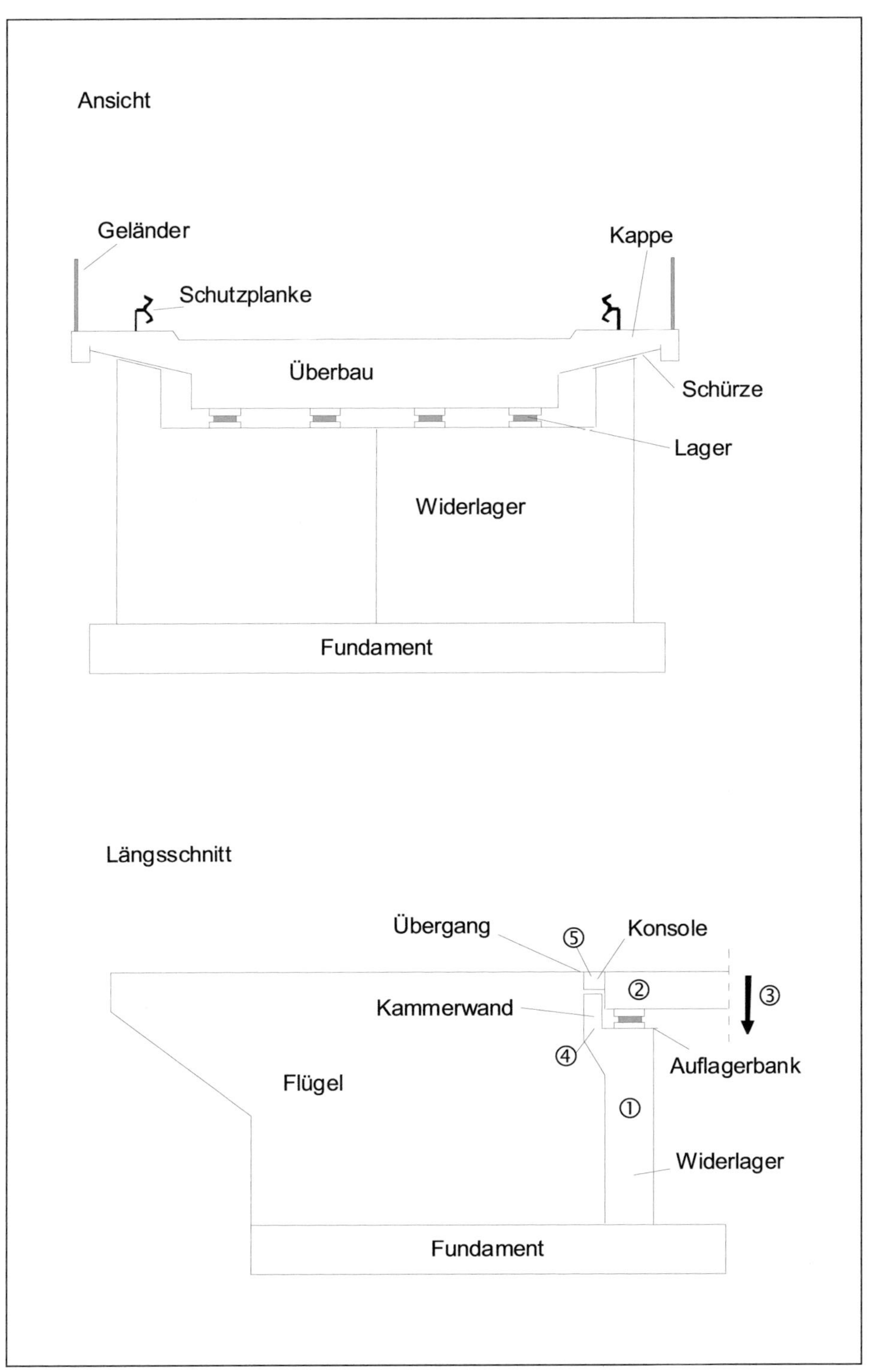

Abb. 83: Bezeichnungen eines Brückenbauwerkes

7 Bauausführung

7.1 Vermessung im Straßenbau

Eine im Straßenbau häufig vorkommende Tätigkeit ist das Abstecken von Kreisbögen. Unter dem Begriff »Abstecken« versteht man das Übertragen von Punkten aus einem Plan in die Örtlichkeit. Die Wahl des Verfahrens für das Abstecken der Bogenpunkte ist von folgenden Kriterien abhängig:

- Der Mittelpunkt des Kreisbogens ist zugänglich und/oder $r \leq 25$ m.
  Verfahren:
  1. Bestimmung des Mittelpunktes
  2. Festlegen der Bogenpunkte vom Mittelpunkt aus (z. B. mit Bandmaß)
- Der Mittelpunkt des Kreisbogens ist nicht zugänglich und/oder $r > 25$ m.
  Verfahren:
  1. Bogenanfang (BA) und Bogenende (BE) festlegen (konstruktiv oder rechnerisch)
  2. Bogenpunkte festlegen

7.1.2 Bestimmung des Mittelpunktes

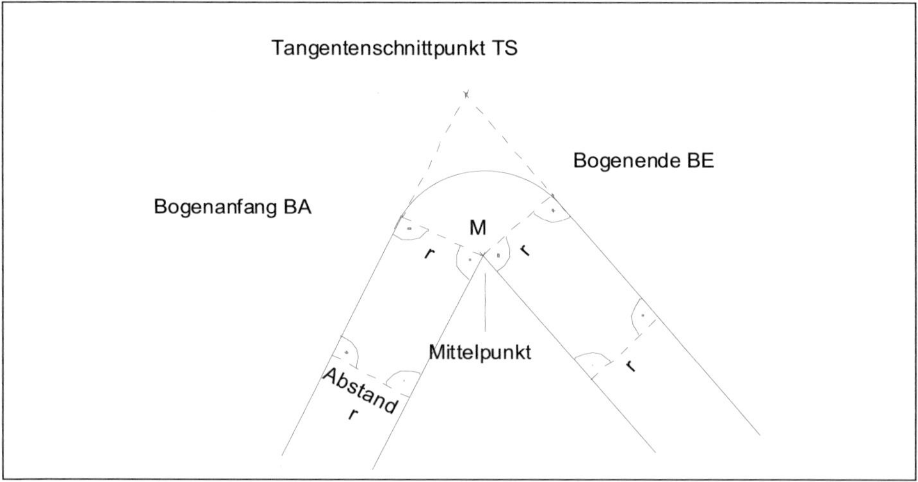

Abb. 84: Bestimmung des Mittelpunktes mit Parallelen

1. Ermittlung des Tangentenschnittpunktes TS durch Verlängerung der Geraden
2. Parallelen zu den Tangenten mit dem Abstand r schneiden sich im Schnittpunkt M

Wenn der Mittelpunkt ermittelt wurde, können von dort aus beliebig viele Bogenpunkte mit dem Bandmaß abgesteckt werden. Die Strecken BA-M und BE-M entsprechen dabei einer Senkrechten auf den Tangenten mit der Länge r.[17]

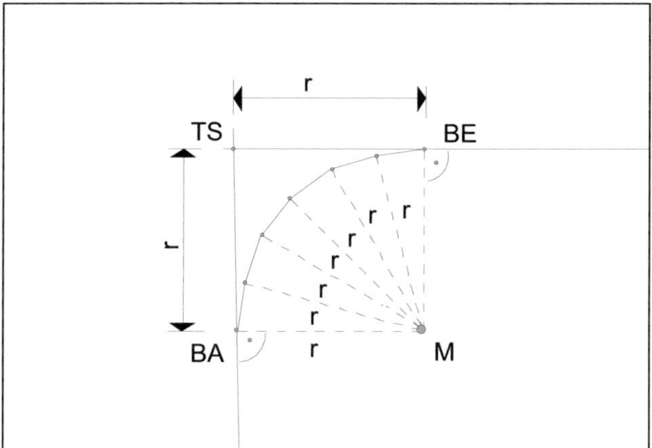

Abb. 85: Abstecken der Bogenpunkte vom Mittelpunkt

7.1.3 Bestimmen der Bogenpunkte BA und BE

Sollen die Bogenpunkte von der Tangente aus abgesteckt werden, weil z.B. der Mittelpunkt nicht zugänglich ist, müssen zunächst die Punkte BA und BE ermittelt werden.[17]

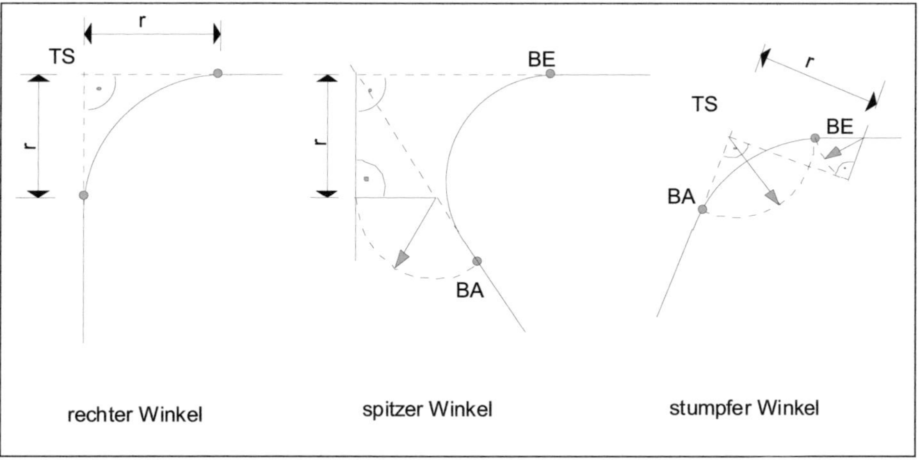

Abb. 86: Bestimmung von Bogenanfang und Bogenende

7.1.4 Abstecken der Bogenpunkte von der Tangente aus

Wenn BA und BE ermittelt sind, können die Bogenpunkte mit Hilfe der x- und y-Werte festgelegt werden. Es bedeuten:

x = Entfernung (Abszisse) des Fußpunktes D der Ordinate von BA bzw. BE aus
y = rechtwinkliger Abstand (Ordinate) des Bogenpunktes P von der Tangente aus

Übliche y-Werte für häufige Radien und volle x-Werte können Tabellen entnommen werden.
Fehlende Werte können nach der Formel

$$y = R - \sqrt{R^2 - x^2}$$

oder näherungsweise nach der Formel

$$y \sim \frac{x^2}{2R}$$

berechnet werden.[17]

Beispiel für einen Bogen mit dem Radius r=9,00 m
Mit der Formel $y = R - \sqrt{R^2 - x^2}$ ergeben sich für die x-Werte folgende y-Werte:

x-Wert[m]	1,00	2,00	3,00	4,00	5,00	6,00	7,00	8,00
y-Wert [m]	0,06	0,23	0,51	0,94	1,51	2,29	3,34	4,88

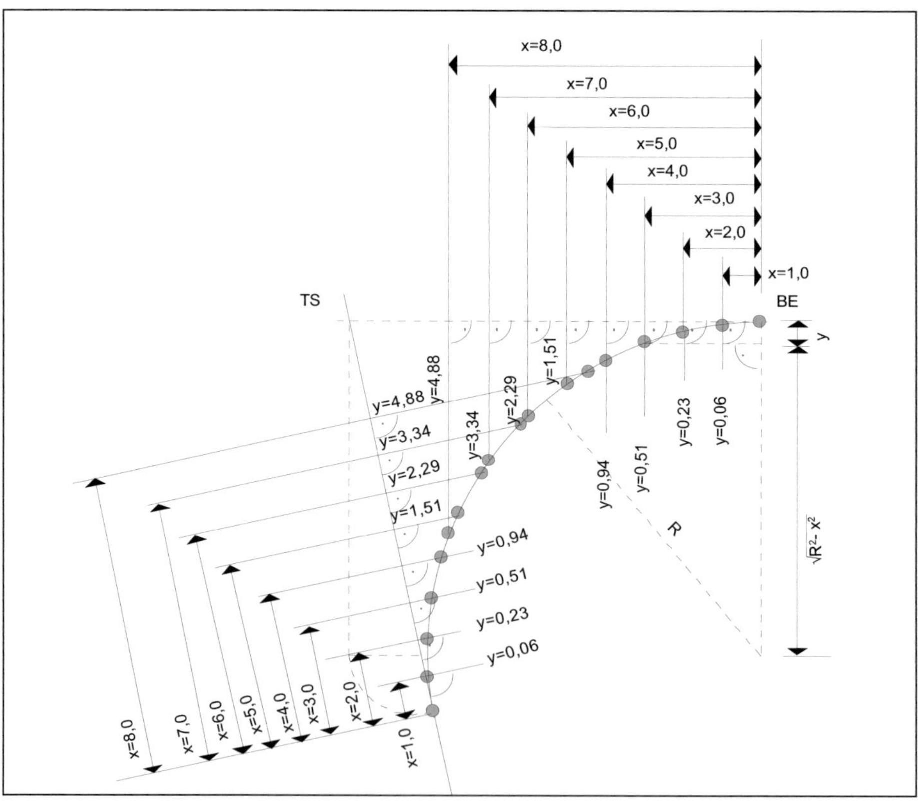

Abb. 87: Abstecken von der Tangente aus

7.1.5 Abstecken von der Sehne aus

Hierbei werden die einzelnen Bogenpunkte von der Sehne aus bei s/2 rechtwinkelig mit dem Wert h abgesteckt.

Für die jeweilige Sehne s und den vorliegenden Radius r gilt für h:

$$h = r - \sqrt{r^2 - (s/2)^2}$$

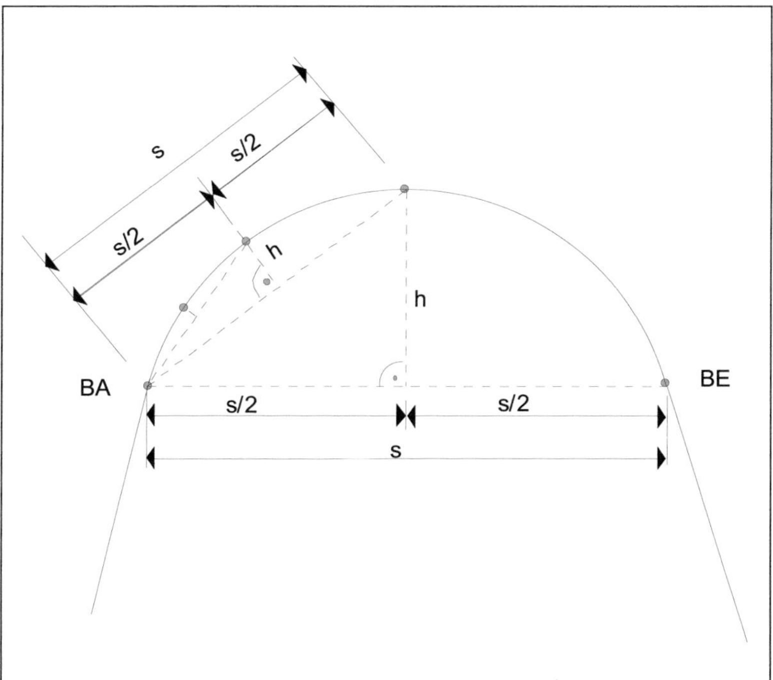

Abb. 88: Abstecken von der Sehne aus

7.1.6 Viertelmethode

Mit der Viertelmethode wird das Abstecken von der Sehne aus vereinfacht. Es wird nur der erste Wert h errechnet und h/4 als h1, h1/4 als h2 usw. rechtwinkelig bei s/2 abgesteckt.

h wird näherungsweise wie folgt berechnet:

$$h \sim \frac{s^2}{8r}$$

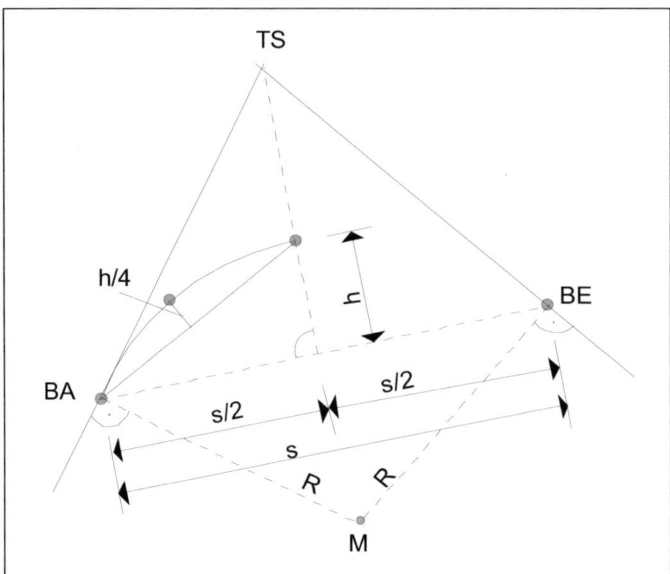

Abb. 89: Abstecken von Kreisbögen mit der Viertelmethode

7.1.7 Gitterverfahren

Mit dem Gitterverfahren wird nur näherungsweise ein Kreisbogen erreicht. Tabellen und Berechnungen sind hierfür nicht erforderlich. Die Tangentenlängen T werden in regelmäßige Abstände aufgeteilt und kreuzweise miteinander verbunden. Dabei bilden die innen liegenden Schnittpunkte die Bogenpunkte.

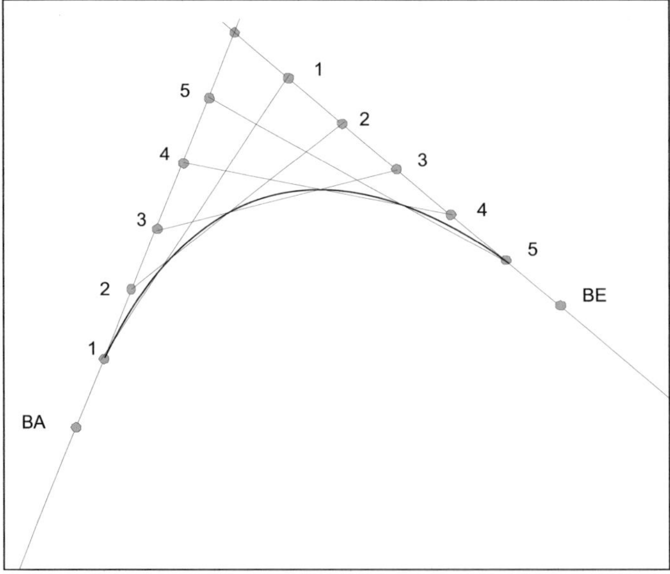

Abb. 90: Abstecken nach dem Gitterverfahren

7.2 Straßenuntergrund und -unterbau

Die Qualität der Straße ist wesentlich von der Ausführung der Arbeiten und dem verwendeten Material abhängig. Die in den *»Zusätzlichen Technischen Vertragsbedingungen und Richtlinien für Erdarbeiten im Straßenbau (ZTVE-StB)«* festgelegten Anforderungen an das Planum sind einzuhalten. Das Einhalten dieser Mindestanforderungen ist Voraussetzung für eine gute Einbauqualität der nachfolgenden Schichten des Oberbaus. Kann die geforderte Tragfähigkeit nicht erreicht werden, muss der Boden ausgetauscht oder verfestigt werden. Alternativ dazu ist auch der Einbau einer zusätzlichen Tragschicht, z. B. aus Recyclingmaterial oder Hochofenschlacke, möglich.

Vor Baubeginn wird der anstehende Boden durch Schürfe, Bohrungen und Sondierungen erkundet und die Einbaufähigkeit für den Unterbau festgestellt. Der Boden wird, je nach Erfordernis, abgetragen oder aufgeschüttet und ausreichend verdichtet. Die Erdarbeiten sind dann abgeschlossen, wenn die Oberfläche die vorgesehene Höhe und Querneigung aufweist. Wenn die Qualität des Planums durch entsprechende Prüfungen nachgewiesen ist, kann es vom Auftraggeber an den Auftragnehmer übergeben werden.

Die Bemessung und Konstruktion der einzelnen Schichten des Oberbaus, die Entwässerung und der Baubetrieb sind von der Bodenart und den Eigenschaften des anstehenden Bodens abhängig.

Tragfähigkeit

Eine gute Tragfähigkeit und ein hoher Widerstand gegen Verformungen werden im Wesentlichen von der Bodenart bestimmt. Erwünscht ist ein gut abgestuftes Material mit einem hohen Grobkornanteil.

Grobkörnige Kies- und Sandböden erreichen eine gute und dauerhafte Tragfähigkeit. Gut geeignet sind auch Böden der Gruppen GU, GT, SU und ST, die sich aber bei Wasserzutritt verändern.

Verdichtbarkeit

Damit ein Boden seine volle Tragfähigkeit erreicht, muss er ausreichend verdichtet werden. Die Verdichtbarkeit ist besonders in engen Baustellenbereichen, wie z. B. Leitungsgräben und Hinterfüllbereichen von Widerlagern, gefordert, da hier der Geräteeinsatz sehr schwierig ist. Bei schlecht verdichtbaren Böden (feinkörnige Böden) kann eine Nachverdichtung auftreten. Bei der Auswahl der einzelnen Verdichtungsgeräte ist die Bodenart zu berücksichtigen, da sie die Leistung und die Wirksamkeit der Geräte beeinflusst.

	Frostempfindlichkeit	Bodengruppen (DIN 18196)
F1	nicht frostempfindlich	GW, GI, GE, SW, SI, SE
F2	Gering bis mittel frostempfindliche	TA OT, OH, OK ST, GT SU, GU } 1)
F3	Sehr frostempfindlich	TL, TM UL, UM, UA OU ST*, GT* SU*, GU*

Anmerkung:
1) zu F1 gehörig bei einem Anteil an Korn unter 0,063 mm von 5,0 Gew.-% bei U ≥ 15,0 oder 15,0 Gew.-% bei U ≤ 6,0

Im Bereich 6,0 < U < 15,0 kann der für eine Zuordnung zu F1 zulässige Anteil an Korn unter 0,063 mm linear interpoliert werden.

Tab. 13: Klassifikation der Frostempfindlichkeit von Bodengruppen nach ZTVE-StB

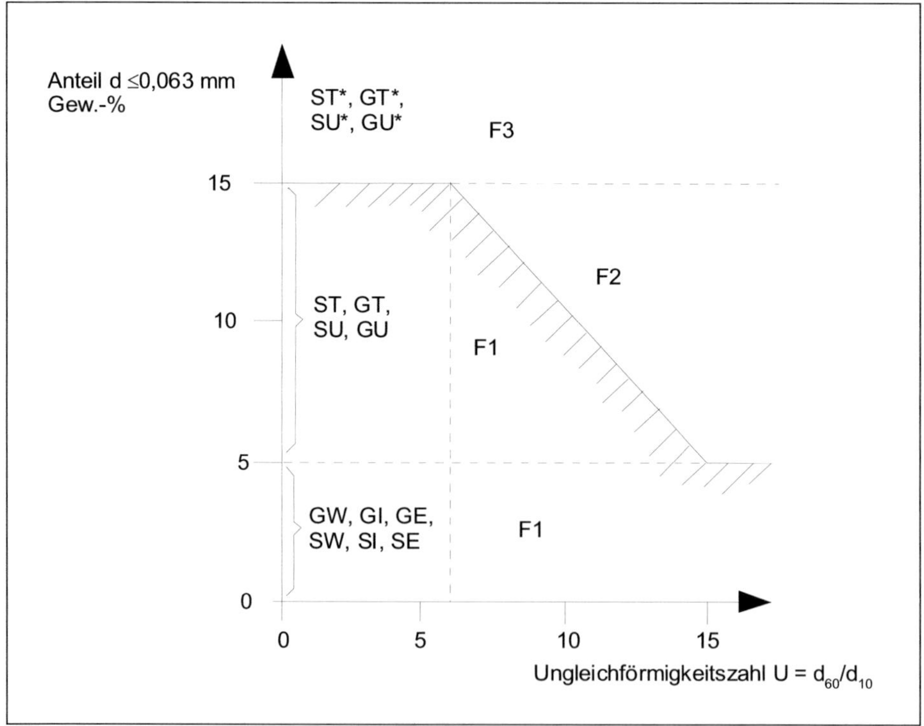

Abb. 91: Diagramm zur Ungleichförmigkeitszahl

Kornwanderung

Bei fehlender Kohäsion können einkörnige Böden SE und GE bei Wasserzutritt und bei Erschütterung wandern oder fließen (Fließsand). Dies kann auch noch bei ungünstigen Korngrößenverhältnissen bei SI- und GI-Böden auftreten.

Frostsicherheit, Frostempfindlichkeit

Bei einer unzureichenden Frostsicherheit werden die Tragfähigkeit und die Ebenheit einer Straße gefährdet. Bei den grobkörnigen Böden ist eine ausreichende Frostsicherheit gegeben. Bei den Böden GU, GT, SU ST, TA und TM ist die Frostsicherheit eingeschränkt.[22]

7.3 Böschungen

7.3.1 Dammböschungen

Dammböschungen sind kurz nach ihrer Herstellung stark erosionsgefährdet. Bei heftigen Regenfällen kann das auf der Fahrbahn anfallende Oberflächenwasser ungehindert über die noch nicht begrünte Böschung abfließen. Hierbei treten vielfach, besonders bei plötzlichen Sommergewittern, große Schäden auf.

Zur Vermeidung sollte die Fahrbahndecke an der Böschungsseite einen Rand aus Reparaturasphalt (Eimerware) erhalten und das Wasser gezielt in die Entwässerungsmulde am Böschungsfuß eingeleitet werden.

Ein ausreichender Schutz ist erst bei einer Begrünung der Böschung gegeben.[22]

7.3.1 Böschungen im Einschnitt

Die Form der Böschung im Einschnitt ist von der vorhandenen Bodenart abhängig. Ein Kriterium ist das Vorhandensein von Grundwasser. Die Böschungsneigung kann, in Abhängigkeit vom Boden, 1:1,5 bis 1:2,5 betragen, in Sonderfällen ist sie noch flacher auszuführen.

7.3.2 Felsböschungen

Die Ausbildung der Böschungen im Fels ist abhängig von der Felsart und seiner Schichtung und Klüftung.

Eine Kluft ist eine geologische Trennfuge, deren Ursache geologische, tektonische, physikalische oder chemische Prozesse sein können.

Mit Ankern und Stützmauern können gefährdete Böschungen abgesichert werden. Gittergewebe schützen vor Schäden durch herab fallende Steine.

7.4 Anforderungen an den Unterbau und das Planum

7.4.1 Allgemeines

Neben der Einhaltung von Prüfwerten sind für eine erfolgreiche Weiterarbeit auf dem Planum auch die Eigenschaften des Bodens bei wechselnden Witterungsbedingungen während der Bauzeit und der Baustellenverkehr maßgebend.

7.4.2 Oberfläche

Damit anfallendes Wasser auf dem Planum sofort abfließt, wird es mit dem gleichen Quergefälle wie die Fahrbahnoberfläche hergestellt. Wasserempfindliche Böden, die nicht verfestigt oder mit Bindemitteln verbessert werden, erhalten eine Mindestquerneigung von 4 %. Damit das in das obere Bankett eindringende Wasser vom Straßenkörper weggeleitet wird, erhält das Planum am oberen Rand ein Gegengefälle.

An keiner Stelle darf die Höhenlage um mehr als ±3 cm von der geforderten Höhe abweichen. Wenn eine gebundene Tragschicht unmittelbar darüber eingebaut wird, darf nicht mehr als ± 2 cm von der Sollhöhe abgewichen werden.

Das fertig hergestellte Planum darf bei witterungsempfindlichen Böden über längere Zeit, besonders während niederschlagsreicher Perioden oder im Winter, nicht ungeschützt liegen bleiben. Als Schutzmaßnahmen kommen in Frage:

- das Aufspritzen von Bitumenemulsion
- das Abdecken mit Kunststofffolien oder -vlies
- die Verfestigung der obersten Schicht mit Bindemittel
- das Aufschütten einer abdichtenden Schutzschicht (Dicke ca. 50 cm) aus anstehendem Boden.

Wenn keine Schutzmaßnahmen getroffen werden, ist unmittelbar vor dem Einbau der Tragschicht das Planum nach zu verdichten. Ist der Boden für das Verdichten zu nass, muss er entweder durch Einmischen von Bindemittel verbessert oder die aufgeweichte Zone entfernt und durch geeignetes Material ersetzt werden.

7.4.3 Verdichtung

Eine ausreichende Verdichtung des Bodens ist Voraussetzung für die Tragfähigkeit des Planums während der Baumaßnahme und zur Aufnahme der Verkehrsbeanspruchung. Die Nachprüfung der Verdichtung dient nicht nur der Kontrolle der Bauarbeiten, sondern bildet gleichzeitig ein Gütemaß für das Planum.

Als Kenngröße für die Verdichtung dient in der Regel der Verdichtungsgrad DPr. Zur Überprüfung des Verdichtungsgrades werden auf der Baustelle nach statistischen Grundsätzen in Abhängigkeit der Flächengröße mehrere Proben entnommen. Von den Proben werden ermittelt:

- Feuchtmasse
- Trockenmasse
- Wassergehalt
- Volumen.

<table>
<tr><th colspan="2" rowspan="2">Bodenart</th><th colspan="2">Verfahren</th></tr>
<tr><th>Gut geeignet</th><th>ungeeignet</th></tr>
<tr><td rowspan="2">Bindiger Boden</td><td>Ohne Grobkorn</td><td>Ausstechzylinder- und alle anderen Verfahren</td><td>keine</td></tr>
<tr><td>Mit Grobkorn</td><td>Alle Ersatzverfahren</td><td>Ausstechzylinderverfahren</td></tr>
<tr><td rowspan="3">Nicht Bindiger Boden</td><td>Fein- bis Mittelsand</td><td>Ausstechzylinder- und alle Ersatzverfahren</td><td>keine</td></tr>
<tr><td>Kies-Sand-Gemisch</td><td>Ballon-, Flüssigkeitsersatz-, Gipsersatzverfahren</td><td>Ausstechzylinderverfahren</td></tr>
<tr><td>Sandarmer Kies</td><td>Ballon-, Wasserersatz, Gipsersatzverfahren</td><td>Ausstechzylinder-, Sandersatz-, Flüssigkeitsersatzverfahren mit Bentonitschlämme</td></tr>
<tr><td colspan="2">Steine und Blöcke mit geringen Beimengungen</td><td>Schürfgrubenverfahren</td><td>Alle anderen Verfahren</td></tr>
<tr><td colspan="4">Anmerkung: Die Anwendbarkeit der Verfahren kann in Frage gestellt sein bei weichen, bindigen und locker gelagerten nichtbindigen Böden.</td></tr>
</table>

Tab. 14: Eignung von Verfahren zur Volumenbestimmung gemäß DIN 18125, Teil 2

7.4.4 Tragfähigkeit

Die Tragfähigkeit wird mit Hilfe des statischen Plattendruckversuches nach DIN 18134 auf der Baustelle an zuvor festgelegten Prüfpunkten eines Prüfloses ermittelt. Als Maß für die Tragfähigkeit gilt der Verformungsmodul nach der Zweitbelastung E_{v2}.

Alternativ zum statischen Plattendruckversuch kann der dynamische Plattendruckversuch zur Überprüfung der Tragfähigkeit eingesetzt werden, wenn die gegenseitigen Zusammenhänge für den untersuchten Boden bekannt sind. Beim dynamischen Plattendruckversuch wird ein Gewicht von 10 kg stoßartig über ein Federelement auf eine Lastplatte von 30 cm Durchmesser und 15 kg Gewicht aufgebracht. Während des Stoßes wird die Setzungsamplitude gemessen und der Wert $E_{v\,dyn}$ berechnet. Die E_v-Werte des statischen Plattendruckversuchs stimmen nicht mit den $E_{v\,dyn}$-Werten des dynamischen Plattendruckes überein.

Die ZTVE-StB enthalten Richtwerte für die Zuordnung zwischen Verdichtungsgrad und Verformungsmodul E_{v2} bzw. zwischen dem Verdichtungsgrad und dem Verhältniswert E_{v2}/E_{v1}.

Die Vorteile des dynamischen Plattendruckversuches gegenüber dem statischen Plattendruckversuch:

- kein Widerlager (beladener LKW) erforderlich
- schnellere Versuchsdurchführung
- einfache Handhabung
- geringe Störung des Bauablaufes
- auch für beengte Platzverhältnisse (Widerlagerverfüllung, Leitungsgräben) geeignet.

7.4.5 Bodenverbesserungen

Nicht immer werden die in den ZTVE-StB vorgeschriebenen Werte für den Verdichtungsgrad eingehalten. Der obere Bereich des Untergrundes oder Unterbaues ist dann zu verbessern oder zu verfestigen.

Bodenverbesserungen sind Verfahren, mit denen die Einbaufähigkeit und die Verdichtbarkeit von Böden verbessert werden. Die Ausführung von Baumaßnahmen wird damit erleichtert. Durch die Zugabe von Bindemitteln oder anderen geeigneten Baustoffen können Bodenverbesserungen erzielt werden.

Es wird zwischen mechanischen Bodenverbesserungen und Bodenverbesserungen mit Bindemitteln unterschieden. In Abhängigkeit von der Bodengruppe erfolgt die Verbesserung der Böden durch:

- Einmischen geeigneter Böden
- Einmischen geeigneter Körnungen
- Einrütteln geeigneter Baustoffe.

Beim Einsatz von Bindemitteln zur Bodenverbesserung gelten die gleichen Regeln wie für die Bodenverfestigung.

Die Verwendung von Kalk bewirkt:

- Krümelbildung
- Reduzierung des Wassergehaltes
- Verbesserung der Plastizitätseigenschaften
- Verbesserung der Verdichtungseigenschaften
- Verbesserung der Tragfähigkeit.

An die zu verbessernden Böden werden keine Anforderungen hinsichtlich der Kornzusammensetzung gestellt. Sie müssen sich genügend zerkleinern lassen und mit Maschinen zu bearbeiten sein.

Zur Verbesserung des Bodens können Branntkalk, Kalkhydrat oder Zement zugegeben werden. Die Bodenverbesserung mit Kalk erfolgt in der Regel im Baumischverfahren. Hierbei wird der Boden zerkleinert, verteilt und vorverdichtet. Das Bindemittel wird mit einem Verteilungsgerät zugegeben. Danach werden der Boden und das Bindemittel gelockert und zerkleinert. Es ist so lange zu mischen, bis das Bindemittel gleichmäßig im Boden verteilt ist. Nachdem der Kalk die Bodenstruktur verändert hat, wird der Boden mit Walzen verdichtet. Die auf diese Art verbesserte Schicht soll eine gleichmäßige Dicke von mindestens 15 cm haben.[23]

7.4.6 Bodenverfestigungen

Bodenverfestigungen sind Verfahren, mit denen die Widerstandsfähigkeit des Bodens gegen die Beanspruchungen durch den Verkehr und das Klima durch die Zugabe von Bindemitteln erhöht wird.

Die folgenden Böden sind gemäß ZTVE-StB für Bodenverfestigungen geeignet:

- grobkörnige Böden gemäß DIN 18 196 mit einer maximalen Korngröße von 63 mm, also Böden der Gruppen GE,GW, SE, SW, SI
- gemischtkörnige Böden der Gruppen GU, GU*, GT, GT*, SU, SU*, ST, ST*,
- feinkörnige Böden der Gruppen UL, UM, UA, TL.

Folgende Böden sind gemäß ZTVE-StB bedingt geeignet:

- mittel- und ausgeprägt plastische Tone (TM, TA), soweit sie weiche bis steife Konsistenz haben und ausreichend zerkleinert werden können,
- gemischtkörnige Böden mit Steinen über 63 mm, sofern diese aussortiert oder bei angewittertem Zustand zerkleinert werden
- Böden mit organischen Beimengungen
- Böden mit sehr wechselhafter Zusammensetzung oder Beschaffenheit
- industrielle Nebenprodukte und wiederaufbereitete Baustoffe.

Ungeeignete Böden und Felsarten sind:

- veränderliche Gesteine, z. B. Schluff- und Tonsteine
- unvollständig zersetzte Gesteine
- organische Böden.

Als Bindemittel können Zement, Baukalk, hydraulische Tragschichtbinder und andere Bindemittel, die vom Deutschen Institut für Bautechnik (DIBt) zugelassen sind, verwendet werden.

Die Bodenverfestigungen werden entweder im Baumisch- oder Zentralverfahren in einer Dicke von 15 cm hergestellt.

Beim Baumischverfahren werden Boden, Bindemittel und Wasser direkt vor Ort mit einem entsprechenden Gerät gemischt.

Beim Zentralmischverfahren wird der Boden zu einer Mischanlage transportiert und dort mit dem Bindemittel und mit Wasser vermischt. Das fertige Baustoffgemisch wird anschließend wieder zur Baustelle transportiert und in einer gleichmäßigen Schichtdicke eingebaut.

Das zugemischte Wasser darf keine schädlichen Bestandteile oder Beimengungen enthalten.

Das Baustoffgemisch muss so zusammengesetzt sein, dass die Anforderungen der ZTVE-StB eingehalten werden. Die Zusammensetzung ist vorher durch eine Eignungsprüfung zu ermitteln. Bei der Eignungsprüfung wird die Eignung des Baustoffes durch den Auftragnehmer nachgewiesen.

Die verfestigte Schicht darf nur befahren werden, wenn dadurch keine Verdrückungen oder Beschädigungen verursacht werden. Bei der Verfestigung in mehreren Lagen ist jede Lage in die darunter liegende, noch nicht erhärtete Lage, einzubinden. Der lagenweise Einbau ist frisch auf frisch durchzuführen.

Bodenverfestigungen mit Feinkalk und Kalkhydrat müssen mindestens zwei Monate vor dem Eintreten von Frost hergestellt werden. Ansonsten sind sie ausreichend gegen Frost zu schützen.[23], [24]

7.5 Einteilung, Bemessung und Standardbauweisen

Damit ein einheitlicher Befestigungsstandard für alle Verkehrsflächen im öffentlichen Straßenraum garantiert wird, sind für die Bundesrepublik Deutschland die »Richtlinien für die Standardisierung des Oberbaues von Verkehrsflächen-RStO« aufgestellt worden. Dies wird durch technisch geeignete und wirtschaftliche Bauweisen erreicht, die Folgendes berücksichtigen müssen:

- Funktion der Verkehrsfläche
- Verkehrsbelastung
- Lage im Gelände
- Bodenverhältnisse
- Lage zur Umgebung.

Damit ergeben sich für den Straßenquerschnitt Regelanordnungen, die dem Planer die Wahl unterschiedlicher Befestigungen (Asphalt-, Beton- oder Pflasterdecke) überlassen.

Zwischen den verschiedenen Oberbaukonstruktionen wird eine Gleichwertigkeit angestrebt. Dies bedeutet, dass die Befestigung die angenommene Verkehrsbelastung für die Dauer des festgelegten Nutzungszeitraumes (in der Regel 20 Jahre) aufnehmen kann.

Bei der Auswahl der Oberbauart müssen folgende Kriterien berücksichtigt werden:

- Lage der Gewinnungsstelle der benötigten Baustoffe
- Besonderheiten der Nutzung der Verkehrsflächen
- Verkehrsführung während der Baudurchführung
- Auswirkungen auf Erhaltungs- und Reparaturarbeiten.

Die jeweilige Bauweise einer Straße ergibt sich aus der vorliegenden Bauklasse. Die Beanspruchung durch den Verkehr wird im Wesentlichen durch die Radlasten bestimmt. Deshalb wird für die Einstufung in eine Bauklasse der Lkw- und Busverkehr zu Grunde gelegt. Die für die Bemessung relevante Beanspruchung B umfasst die verschiedenen Einflüsse, wie z. B. die Fahrstreifenbreite, die Steigung, die Anzahl des Schwerverkehrs u. ä.

Die einzelnen Faktoren sind den RStO zu entnehmen.

Dort sind für die Bauweisen mit Asphalt, Beton oder Pflaster die standardisierten Schnitte durch den Oberbau dargestellt. Bei den einzelnen Schichtdicken wird vorausgesetzt, dass auf dem Planum eine Verformungsmodul min $E_{V2}=45\,MN/m^2$ erreicht wird. Ergibt sich rechnerisch eine größere Oberbaudicke als in den Tabellen angegeben, wird die Differenz in der Frostschutzschicht verringert.

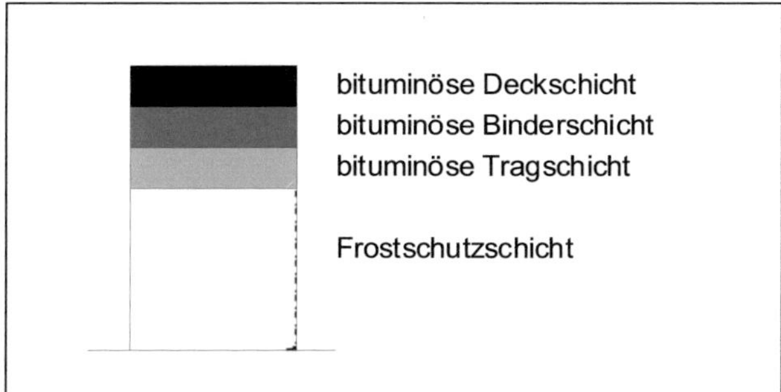

Abb. 92:
Beispiel für eine Standardbauweise mit bituminöser Deckschicht

Wenn der Unterbau bzw. der Untergrund als unmittelbare Unterlage des Oberbaus in ausreichender Dicke aus Böden der Frostempfindlichkeitsklasse F1 besteht, kann die Frostschutzschicht entfallen, sofern von diesen Böden die Anforderungen an Frostschutzschichten in Bezug auf den Verdichtungsgrad und den Verformungsmodul erfüllt oder die Böden verfestigt werden.

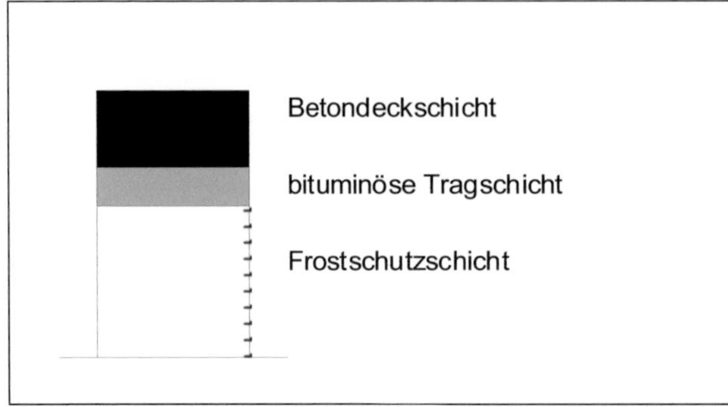

Abb. 93:
Beispiel für eine Standardbauweise mit Betondecke

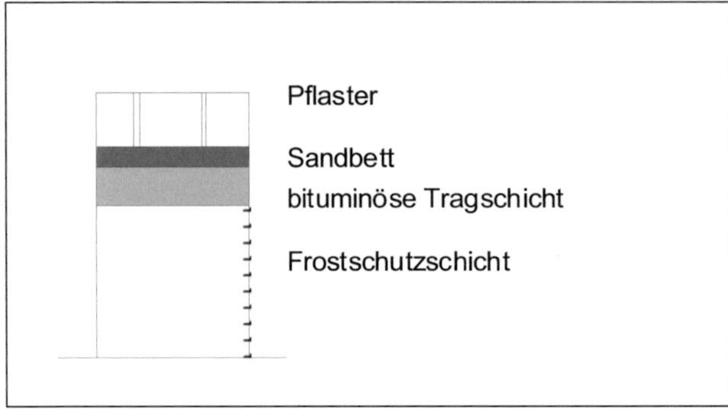

Abb. 94:
Beispiel für eine Standardbauweise mit Pflasterdecke

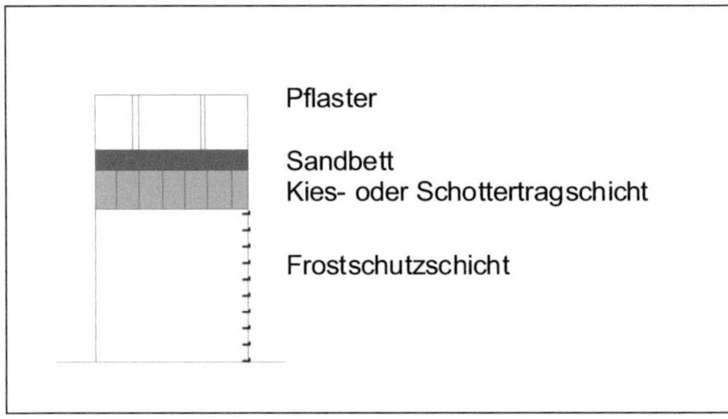

Abb. 95:
Beispiel für eine Standardbauweise für Rad- und Gehwege

7.6 Dicke des frostsicheren Oberbaues

Die Dicke des frostsicheren Straßenaufbaues ist abhängig vom Trag- und Verformungsverhalten sowie der Frostempfindlichkeit des Untergrundes oder Unterbaues. Sie ist so zu wählen, dass während der Frost- und Tauperioden keine schädlichen Verformungen entstehen.

Die erforderliche Mindestdicke des frostsicheren Straßenaufbaues richtet sich nach der Frostempfindlichkeit der Bodenarten und der Frosteindringtiefe.

Die Einteilung der Bodengruppen erfolgt gemäß ZTVE-StB in die Frostempfindlichkeitsklassen F1, F2 und F3.

Die Böden der Frostempfindlichkeitsklasse F1 sind ausreichend frostsicher, so dass hierfür keine Mindestdicke vorgeschrieben ist.

Für Böden der Frostempfindlichkeitsklassen F2 und F3 gelten in Abhängigkeit von der Bauklasse die Richtwerte der RStO für die Dicke des frostsicheren Straßenaufbaues.

Die örtlichen Gegebenheiten in Bezug auf die

- Frosteinwirkung
- Lage der Gradiente
- Lage der Trasse
- Wasserverhältnisse
- Ausführung der Randbereiche

müssen bei der Festlegung der Mindestdicke des frostsicheren Straßenaufbaus berücksichtigt werden, da hieraus Mehr- oder Minderdicken resultieren können.

7.7 Frostschutzschichten

Als Baustoffe für Frostschutzschichten können natürliche Mineralstoffe (z. B. Sand, Kies, Kalksteinschotter) und künstliche Mineralstoffe (z. B. Hochofenschlacke) sowie Recyclingbaustoffe wie folgt verwendet werden:

- Kiese und Kies-Sand-Gemische der Gruppen GE, GI und GW nach DIN 18196
- Sande und Sand-Kies-Gemische der Gruppen SE, SI und SW nach DIN 18196
- Gemische aus Splitt und Brechsand der Lieferkörnungen 0/5 und 0/32 sowie Gemische aus Schotter, Splitt und Brechsand der Lieferkörnungen 0/45 und 0/56.

Für den Anteil der einzelnen Kornklassen am Gemisch sind in den »Zusätzlichen technischen Vertragsbedingungen und Richtlinien für Tragschichten im Straßenbau (ZTVT-StB)« Grenzwerte enthalten.

Bei der Verwendung von Mineralstoffgemischen ist die Mindesteinbaudicke jeder Lage oder Schicht vom Größtkorn der Lieferkörnungen abhängig.

Größtkorn der Lieferkörnung [mm]	Mindesteinbaudicke [cm]
bis 32	12
bis 45	15
bis 56	18
bis 63	20

Tab. 15: Mindesteinbaudicke in Abhängigkeit vom Größtkorn gemäß ZTVT-StB

Die Frostschutzschicht muss so hergestellt werden, dass ihr Trag- und Verformungsverhalten möglichst gleichmäßig ist.

Das Baustoffgemisch ist so zu verladen, zu entladen und einzubauen, dass es nicht entmischt wird. Die in der ZTVT-StB geforderten Werte müssen erreicht werden.

7.8 Tragschichten

Die folgenden Aufgaben werden von den Tragschichten übernommen:

- Übertragen der Verkehrslasten und der Eigenlast in den Untergrund
- Schutz gegen Frost- und Tauschäden
- Erhöhung der Widerstandsfähigkeit des Bodens gegen klimatische und mechanische Beanspruchung durch das Einmischen von Bindemitteln (Kalk, Zement, bituminöse Mittel).

Für die Ausführung von Tragschichten gelten die ZTVT-StB.

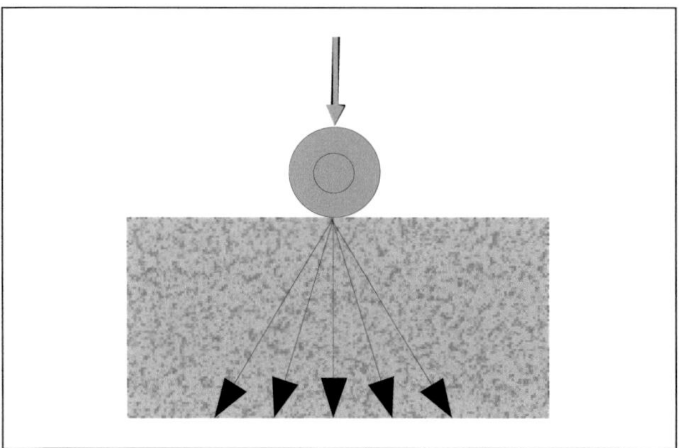

Abb. 96: Lastübertragung einer Tragschicht

Danach werden die Tragschichten in drei Gruppen eingeteilt:

- Tragschichten ohne Bindemittel
- Tragschichten mit bituminösen Bindemitteln
- Tragschichten mit hydraulischen Bindemitteln.

Die einzelnen Schichten oder Lagen einer Tragschicht sind so herzustellen, dass ihre Güteeigenschaften gleichmäßig sind und die gestellten Anforderungen erreicht werden. Das Herstellen einer Tragschicht auf einer gefrorenen Unterlage ist nicht zulässig.

Wenn kein Bindemittel zugegeben wird, das die Mineralstoffe aneinander bindet, müssen die auftretenden Kräfte durch die Reibung zwischen den Körnern abgetragen werden. Eine enge Lagerung der einzelnen Körner wird durch Verdichtung erreicht.

Die Verschiebungen zwischen den Körnern sollen möglichst gering sein. Um das zu erreichen, müssen in Bezug auf den Kornaufbau einer ungebundenen Tragschicht einige Grundsätze eingehalten werden.

Kies- und Schottertragschichten

Kiestragschichten sind Tragschichten aus Kies-Sand-Gemischen der Lieferkörnungen 0/32, 0/45 oder 0/56, gegebenenfalls unter Zusatz von gebrochenen Mineralstoffen.

Schottertragschichten sind Tragschichten aus Schotter-Splitt-Sand-Gemischen der Lieferkörnungen 0/45 oder 0/56 oder aus Splitt-Sand-Gemischen der Lieferkörnungen 0/32.

Für die Korngrößenverteilung der einzelnen Gemische müssen bestimmte Grenzwerte eingehalten werden. Diese Anforderungen müssen nicht nur bei der Anlieferung, sondern auch im eingebauten Zustand, erfüllt werden.

Die Baustoffe sind gleichmäßig gemischt und gleichmäßig durchfeuchtet anzuliefern. [24]

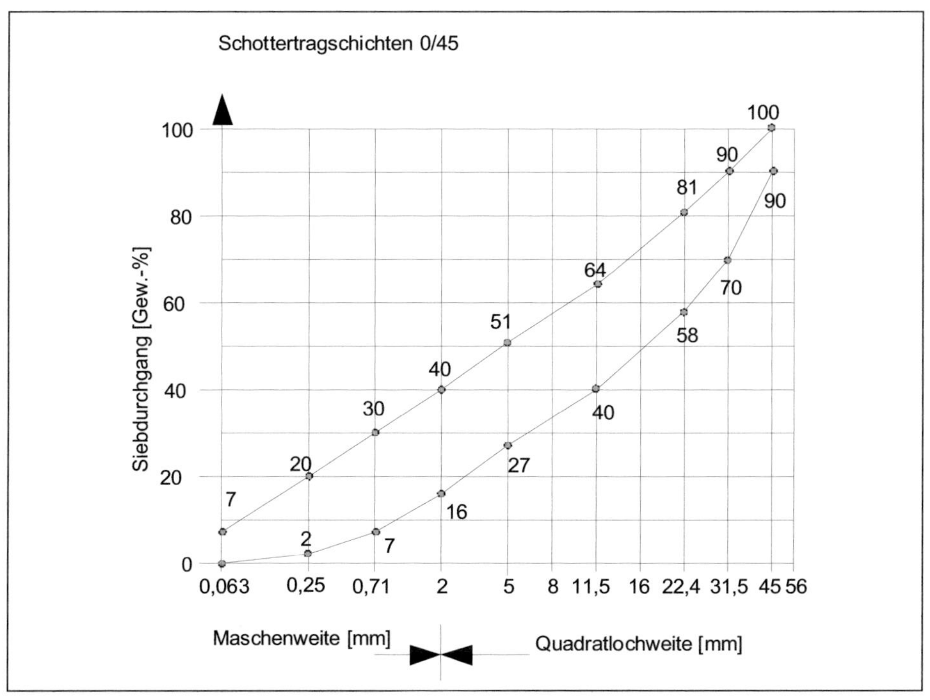

Abb. 97: Beispiel für Sieblinienbereiche von Schottertragschichten

Tragschichten mit hydraulischen Bindemitteln

Verfestigungen

Bei diesem Verfahren wird die Widerstandsfähigkeit von Böden und Mineralstoffgemischen durch das Zumischen von hydraulischen Bindemitteln und Wasser sowie durch nachträgliches Verdichten gegen Beanspruchung durch Verkehr und Klima erhöht. Die so hergestellten Schichten bezeichnet man als Verfestigungen.

In der Regel wird das Baumischverfahren durchgeführt.

Geeignet für eine Verfestigung sind Böden oder Mineralstoffgemische bis zu einem Größtkorn von 63 mm.

Die zweckmäßige Zusammensetzung des fertigen Baustoffgemisches (Boden oder Mineralstoffgemisch + Bindemittel + Wasser) ist durch eine Eignungsprüfung zu ermitteln. Die Bindemittelmenge darf jedoch 3,0 Gew.-%, bezogen auf den trockenen Boden oder das trockene Mineralgemisch, nicht unterschreiten.

Die Bindemittelmenge ist so auszuwählen, dass die Anforderungen gemäß ZTVT-StB eingehalten werden.

Hydraulisch gebundene Tragschichten (HGT)

Diese Tragschichten bestehen aus ungebrochenen und gebrochenen Mineralstoffgemischen und hydraulischen Bindemitteln. Für die Korngrößenverteilung der Mineralstoffgemische sind in den ZTVT-StB Sieblinienbereiche vorgeschrieben.

Die Zusammensetzung des fertigen Baustoffgemisches ist durch eine Eignungsprüfung zu ermitteln. Für eine gezielte Rissbildung sind gegebenenfalls Kerben in Längs- und Querrichtung vorzusehen. Die Tiefe der Kerben muss mindestens 35 % der vorgesehenen Einbaudicke der hydraulisch gebundenen Tragschicht betragen.

Nach Fertigstellung der Tragschicht ist diese mindestens drei Tage lang feucht zu halten oder durch andere Maßnahmen gegen Austrocknen zu schützen, wie durch das

- Ansprühen mit Bitumenemulsion
- Ansprühen mit Bitumenemulsion und Abstreuen mit Splitt
- Aufbringen einer wasserhaltenden Abdeckung (z. B. Jutetuch).

Betontragschichten

Betontragschichten sind Tragschichten aus Beton der Druckfestigkeitsklassen C12/15 oder C20/25 nach DIN EN 206-1.

Dabei wird der Beton in einer Mindestdicke von 12 cm je Schicht oder Lage mit Fertigern eingebaut. Bei kleineren Flächen und bei einem schwierigen Profil der Straßenoberfläche sowie bei zahlreichen Einbauten kann der Beton auch ohne Fertiger eingebaut werden.

Die Lufttemperaturen sollen zwischen + 5 °C und + 25 °C liegen.

Betontragschichten werden in der Regel durch Fugen unterteilt. Diese Scheinfugen (Sollrissstellen) werden in Abständen ≤ 5 m vorgesehen. Bei Betontragschichten unter Betondecken muss die Fugenunterteilung den Fugen in der Betondecke entsprechen.

Nach dem Einbau ist der Beton mindestens drei Tage lang feucht zu halten oder durch andere Maßnahmen gegen Austrocknung zu schützen.

Auf der Oberfläche der Tragschicht dürfen Unebenheiten innerhalb einer 4 m langen Messstrecke nicht größer als 1,0 cm sein. Die Abweichung von der Sollhöhe darf ebenfalls nicht mehr als ± 1,5 cm betragen (unter Betondecken nicht mehr als + 0,5 bzw. − 1,5 cm).

Die Einbaudicke (cm) der Tragschicht darf den im Bauvertrag geforderten Wert um nicht mehr als 10 % unterschreiten.[25]

Asphalttragschichten

Bituminöse Tragschichten bestehen aus kornabgestuften Mineralstoffgemischen (natürliche oder künstliche Gesteine), die mit Straßenbaubitumen gebunden werden. Die Herstellung der Tragschicht erfolgt im Heißeinbau.

Die Zusammensetzung der Mineralstoffe ist in den ZTVT-StB nach Sieblinien festgelegt. Die Einteilung der Mischgutarten AO, A, B, C und CS ist abhängig von dem Anteil des Kornes über 2 mm am Mineralstoffgemisch. Die Rezepturen werden in Eignungsprüfungen getestet und laufend geprüft. Die Wahl der Mischgutarten ist von der Bauklasse gemäß RStO und der Beanspruchung der Fahrbahn abhängig.

Der Einbau des Mischgutes erfolgt mit Fertigern. Handeinbau ist nur bei kleineren Flächen, schwierigem Straßenprofil und zahlreichen Einbauten erlaubt. Die Lufttemperatur darf nicht unter − 3 °C liegen.

Erfolgt der Einbau des Mischgutes in zwei Lagen, muss die Oberfläche der unteren Schicht mit Bindemittel angesprüht werden, damit ein ausreichender Verbund der einzelnen Schichten erreicht wird.

Zu den besonderen Beanspruchungen des Asphaltoberbaues gehören

- spurfahrender Schwerverkehr
- langsam fahrender Schwerverkehr
- häufige Brems- und Beschleunigungsvorgänge
- Standverkehr

besonders, wenn hohe Temperaturen über einen längeren Zeitraum auftreten oder bei direkter intensiver Sonneneinstrahlung.

Die Oberfläche der Tragschicht darf nicht mehr als ±1,0 cm von der Sollhöhe abweichen (unter Fahrbahndecken aus Beton nicht mehr als +0,5 cm bzw. −1,5 cm). Unebenheiten auf der Oberfläche der Tragschicht dürfen innerhalb einer 4 m langen Messstrecke nicht größer sein als 1,0 cm.

Die Einbaudicke (cm) oder das flächenbezogene Einbaugewicht (kg/m^2) darf den im Bauvertrag vorgeschriebenen Wert nicht mehr als 10 % unterschreiten.[25]

7.9 Deckschichten

7.9.1 Bituminöse Deckschichten

Der Begriff »bituminös« ist eine Sammelbezeichnung für die Bindemittel Bitumen und Teer und die daraus hergestellten Bindemittel und Gemische mit Mineralstoffen.

Wegen der gesundheitsschädigenden Eigenschaften wird Teer (Pech) kaum noch eingesetzt, kann aber in alten Straßen immer noch vorhanden sein.

Die bituminösen Bauweisen werden nach mehreren Kriterien unterschieden:

Nach der Einbaudicke

- leichte Bauweisen (z. B. Oberflächenbehandlungen, Tragdeckschichten)
- mittelschwere Bauweisen (Asphalttrag-, Asphaltdeck- und Asphalttragdeckschichten)
- schwere Bauweisen (z. B. Asphaltbeton und Gussasphalt über Asphalttrag- und -binderschichten)

Nach der Herstellung

- Spritzverfahren (die Mineralstoffe werden auf das vorher aufgespritzte Bindemittel gestreut)
- Mischverfahren (Mineralstoffe und bituminöse Bindemittel werden gemischt und »fertig« eingebaut)

Nach der Zusammensetzung und dem Hohlraumgehalt

- Hohlraumarme Decken (Asphaltbeton, Gussasphalt)
- Hohlraumfreie Deckschichten (Gussasphalt)

Nach der Art des Einbaues und der Verdichtung

- Walzasphalt (das bituminöse Mischgut wird durch Walzen verdichtet)
- Gussasphalt (das Material wird gegossen)

Nach der Verarbeitungstemperatur

- Heißeinbau (Einbautemperatur 100–260 °C, Bindemittel z. B. Straßenbaubitumen)
- Warmeinbau (Einbautemperatur 80 bis 130 °C, Bindemittel z. B. Verschnittbitumen)
- Kalteinbau (Einbautemperatur 20 °C, Bindemittel z. B. Bitumenemulsion)

In den »Zusätzlichen Technischen Vorschriften und Richtlinien für den Bau bituminöser Fahrbahndecken (ZTV bit)« sind alle bituminösen Deck- und Binderschichten unterschieden, die Baustoffe beschrieben sowie die Ausführung, Gewährleistung und Abrechnung enthalten.[17]

7.9.1.1 Asphaltbinder

Die Aufgabe der Tragschicht liegt darin, die auftretende Last der Fahrzeuge zu verteilen. Die Deckschicht dagegen muss die rollenden Lasten aufnehmen und verschleißfest sein. Um ein Verschieben der 0,04 m dicken Deckschicht zu verhindern, wird zwischen Tragschicht und Deckschicht eine Binderschicht eingebaut. Diese hat mehr Hohlräume als die Tragschicht und die Deckschicht, so dass sich die Kornspitzen in die Trag- und Deckschicht eindrücken können und Unebenheiten in der Tragschicht ausgeglichen werden. Damit wird eine höhere Sicherheit gegen Verschieben der einzelnen Schichten erreicht.

Als Baustoff wird ein bituminöses Mischgut verwendet, das viel Splitt und wenig Füller enthält. Das Mischgut wird in stationären Mischanlagen aufbereitet und direkt zur Baustelle geliefert. Bevor das Mischgut aufgebracht wird, ist die Unterlage zu säubern. Glatte Unterlagen werden mit Bitumenemulsion (Haftkleber) besprüht.[14]

7.9.1.2 Asphaltbeton (Heißeinbau)

Asphaltbeton besteht aus einem kornabgestuften Mineralgemisch, dem Bitumen als Bindemittel zugegeben ist. Das Material kann Längenänderungen aufnehmen, so dass keine Fugen, wie bei Betondecken, notwendig sind.

Asphaltbeton als Deckschicht im Straßenbau bietet viele Vorteile:

- Einbau mit Fertigern möglich
- fugenloser Einbau
- rasche Befahrbarkeit nach dem Einbau
- spätere Schäden sind einfach zu beheben
- Wiederverwendbarkeit des Materials.

7.9.1.3 Splittmastixasphalt

Im Gegensatz zum Asphaltbeton enthält Splittmastixasphalt Ausfallkörnungen, d. h. die Sieblinie verläuft nicht stetig. Das Mineralstoffgemisch enthält einen hohen Anteil an Splitt der gröbsten Kornklasse (bis zu 80 Gew.-%), wenig Feinsplitt und Sand und viel Füller.

Deckschichten aus Splittmastixasphalt werden für hochbelastete Straßen verwendet, an denen Spurrinnen zu erwarten sind. Da er in dünnen Schichten (1,5 cm bis 2,5 cm) eingebaut werden kann, eignet er sich besonders für Reparaturarbeiten.

Beim Einbau und bei der Herstellung von Splittmastixasphalt müssen die Temperaturgrenzen eingehalten werden. Bei einer Erhitzung über 180 °C kann das Bindemittel von den Zuschlagstoffen ablaufen und so zu einer Entmischung führen. Bei 100 °C soll die Verdichtung abgeschlossen sein.[22]

7.9.1.4 Gussasphalt

Gussasphalt ist ein hohlraumarmes Material aus Splitt, Sand, Füller und Bindemittel. Es kann im heißen Zustand gegossen werden und benötigt keine Verdichtung. Durch die wenigen Hohlräume wird Gussasphalt unter Verkehr nicht mehr nachverdichtet. Deshalb wird er dort eingesetzt, wo hohe Beanspruchungen zu erwarten sind, wie z. B. bei Autobahnen und Hauptverkehrsstraßen, eine hohe Wasserdichtigkeit erforderlich ist (bei Brücken) und eine Verdichtung des Materials nicht möglich ist (z. B. bei beengten Platzverhältnissen oder auf Gehwegen).

Der Einsatz spezieller Maschinen macht Gussasphalt in der Herstellung teuer. Aufgrund seiner Widerstandsfähigkeit gegen Verschleiß und Verformungen, seiner Dauerfestigkeit und seiner Dichtigkeit ist er jedoch inzwischen zu einer Standarddeckschicht geworden.[22]

7.9.1.5 Offenporiger Asphalt

Offenporige Deckschichten kennt man auch unter den Bezeichnungen »Drän-« oder »Flüsterasphalt«. Die Zusammensetzung des Mischgutes wird dabei so ausgewählt, dass die Deckschicht nach der Verdichtung einen Porenanteil von ca. 20 % enthält.

Da die einzelnen Hohlräume auch miteinander verbunden sind, kann anfallendes Oberflächenwasser in der Deckschicht abgeführt werden. Hierbei muss dann das Wasser am Fahrbahnrand abfließen können.

Durch den hohen Porenanteil kann Wasser auf der Fahrbahn schneller innerhalb der Schicht abfließen.

Da die unter den Reifen eingepresste Luft durch die Hohlräume entweichen kann, verringern sich die Fahrgeräusche.

Die Oberfläche ist regelmäßig zu reinigen, da die genannten Eigenschaften nur bei einem ausreichend großen Hohlraumgehalt erreicht werden.

7.9.1.6 Asphaltbeton (Warmeinbau)

In Ausnahmefällen kann Asphaltbeton im Warmeinbau als Deckschicht für untergeordnete Straßen und Wege verwendet werden. Da als Bindemittel ein weiches Bitumen verwendet wird, ist die Widerstandsfähigkeit gegen Verformungen zu Beginn der Nutzung nicht gegeben. Damit die Mineralöle, mit denen das Bitumen verschnitten ist, verdunsten, hat das Material einen hohen Porenanteil und ist somit wasserdurchlässig.

Die Vorteile liegen in dem langen Zeitraum, in dem eine Verarbeitung und Verdichtung möglich ist, da das Material nur langsam abkühlt.

Um das Eindringen von Schmutz in die Hohlräume zu verhindern, werden die Deckschichten häufig mit einer Oberflächenbehandlung versehen.

7.9.1.7 Makadam

Zu Beginn des bituminösen Straßenbaues war die Makadam-Bauweise die am häufigsten angewendete Bauweise für Straßendecken. Sie wird heute nur noch in Ausnahmefällen bei kleineren Reparaturarbeiten durchgeführt.

Die einzelnen Korngruppen aus gebrochenem Gestein werden auf der Baustelle schichtweise übereinander aufgebaut. Das feinere Korn verkeilt die darüber liegende gröbere Körnung.

Die so aufgebauten Asphaltschichten lassen sich mit einfachen Geräten herstellen und verdichten. Aufgrund der vielen Hohlräume verdichten sich die Schichten unter der Verkehrsbelastung nach und sind somit nur für gering beanspruchte Flächen zu verwenden.

7.9.1.8 Oberflächenschutzschichten

Oberflächenschutzschichten sind dünne Schichten, die entweder als Oberflächenbehandlung (OB) oder als bituminöse Schlämmen ausgeführt werden. Ihre Aufgabe ist es, rissige, glatte oder abgefahrene Decken zu verschließen, zu versiegeln, aufzufrischen oder griffiger zu machen. Sie werden überwiegend auf Straßen der Bauklassen IV bis VI sowie auf Wegen und Plätzen ausgeführt.

7.9.1.9 Oberflächenbehandlung

Unter dem Begriff »Oberflächenbehandlung« versteht man das Anspritzen der Unterlage mit Bindemittel, das entweder mit rohem oder mit bindemittelumhülltem Splitt abgestreut wird. Es werden die folgenden Arbeitsweisen unterschieden:

- einfache Oberflächenbehandlung
- einfache Oberflächenbehandlung mit doppelter Splittabstreuung
- doppelte Oberflächenbehandlung.

Das Bindemittel wird maschinell mit einem Spritzgerät aufgetragen. Nur bei kleinen Flächen erfolgt der Einbau mit einer handgeführten Spritze. Anschließend wird mit einkörnigem Splitt abgestreut und der Splitt mit einer Gummiradwalze angedrückt (einfache Oberflächenbehandlung). Wird dieser Vorgang wiederholt, entsteht eine doppelte Oberflächenbehandlung.

Bei einer doppelten Oberflächenbehandlung mit doppelter Splittabstreuung wird nach dem Anspritzen des Bindemittels und dem Abstreuen mit Splitt eine zweite, feinere Körnung aufgetragen. Beide Körnungen werden gemeinsam in einem Arbeitsgang angedrückt. Dadurch erhält man eine feinkörnigere Oberfläche.

Da die Qualität zum Großteil vom Material abhängt, sind nur saubere Edelsplitte aus festem Gestein einzubauen.

Für eine doppelte Oberflächenbehandlung wird für die erste Schicht Edelsplitt der Körnung 8/11, für die zweite Schicht Edelsplitt der Körnung 5/8 oder 2/5 verwendet.

Die genauen Mengen von Bindemittel und Edelsplitt sowie die Körnung und die Bindemittelsorte sind in den »Zusätzlichen Technischen Vertragsbedingungen und Richtlinien für den Bau von Fahrbahndecken aus Asphalt« (ZTV Asphalt-StB) enthalten.

Die Bindemittel- und Splittmengen müssen genau eingehalten werden. Nach einer kurzen Wartezeit kann die behandelte Oberfläche wieder befahren werden. Durch eine Geschwindigkeitsbegrenzung auf max. 40 km/h wird verhindert, dass der Splitt heraus gerissen wird. Das Einarbeiten des Splittes in das Bindemittel durch den Verkehr wird begünstigt. Nicht gebundener Splitt wird mit einer Kehrmaschine beseitigt und eingesammelt.[22]

7.9.1.10 Bituminöse Schlämmen

Schlämmen bestehen aus einem Gemisch aus kornabgestuften feinkörnigen Mineralstoffen (Sand), Bindemitteln und Wasser. Sie werden zur Versiegelung der Oberfläche gegen eindringendes Wasser eingesetzt und erhöhen die Rauhigkeit und die Ebenheit. Offene Oberflächen werden mit Schlämmen abgedichtet und kleine Risse überbrückt.

Schlämmen haben nur einen geringen Widerstand gegen Verformungen und bei Nässe nur eine geringe Griffigkeit bei hoher Geschwindigkeit. Deshalb werden sie nur auf Flächen mit langsamem und schwachem Verkehr eingesetzt. Es werden unterschieden:

- anionische Schlämmen
- kationische Schlämmen
- treibstoffbeständige Schlämmen.

Für den Handeinbau (nur in Ausnahmefällen) verwendet man anionische Schlämmen, die nur durch das Verdunsten des Emulsionswassers abbinden.

In der Regel werden kationische Schlämmen unter der Verwendung von kationischen Emulsionen mit entsprechenden Geräten aufgebracht. Hierdurch wird ein Poren- und Risseschluss erreicht. Eine doppelte bituminöse Schlämme ergibt eine dauerhafte Versiegelung.

Da kationische Schlämmen sofort nach dem Mischen eingebaut werden müssen, erfolgt die Aufbereitung mit Zwangsmischern in Spezialgeräten direkt neben der Einbaustelle.

Werden Schlämmen auf eine vorherige Oberflächenbehandlung aufgebracht, entstehen dickere Schutzschichten, bei denen das Splittgerüst der Oberflächenbehandlung verfüllt und gebunden wird.

Treibstoffbeständige Schlämmen sind Sondergemische für spezielle Anwendungen, bei denen mit auslaufendem Öl oder Treibstoff (Benzin, Kerosin) zu rechnen ist.

7.9.1.11 Dünne Deckschichten im Kalteinbau

Dünne Deckschichten im Kalteinbau (DSK) setzen sich aus kornabgestuften Mineralstoffen, Bitumenemulsionen, Kalk oder Zement und Wasser zusammen.

Das gemischte Material wird umgehend aufgebracht und eingebaut. Ein nachträgliches Walzen ist nicht erforderlich. In Abhängigkeit von der Witterung kann das Material nach ca. 10 bis 40 Minuten befahren werden.

Dünne Deckschichten im Kalteinbau können auch auf einer feuchten Unterlage eingebaut werden, wenn kein geschlossener Wasserfilm auf der Oberfläche vorhanden ist.

Folgende Aufgaben kann eine dünne Deckschicht erfüllen:

- Schutz der Asphaltoberfläche vor weiterem Verschleiß
- Eindringen von Wasser verhindern
- Verfüllen von Spurrinnen
- Erhöhung der Griffigkeit.[22]

7.9.2 Betondecken

Betondecken sind besonders für Straßen mit hoher Belastung (Autobahnen) geeignet. Sie sind formstabil (keine Bildung von Spurrinnen) und witterungsunempfindlich. Der Nachteil liegt in den höheren Herstellungskosten gegenüber einer Asphaltdecke. Die notwendigen Fugen sind im Rahmen der Straßenunterhaltung besonders zu beachten. Im innerstädtischen Bereich sind Betondecken wegen der zahlreichen Versorgungsleitungen nicht einzusetzen.

Die notwendige Dicke der Decke ergibt sich aus den RStO. Für den Bau gelten die »Zusätzlichen Technischen Vertragsbedingungen und Richtlinien für den Bau von Fahrbahndecken aus Beton« (ZTV Beton-StB).

Da Längenänderungen bei Temperaturschwankungen und Schwindspannungen auftreten, werden Betondecken mit Fugen in Längs- und Querrichtung hergestellt. Hierdurch werden wilde Risse vermieden und Längenänderungen ausgeglichen. Die folgenden Fugen werden unterschieden:

- **Scheinfugen** erzeugen Sollbruchstellen in der Decke
  Ihre Herstellung erfolgt durch Einkerben in den Frischbeton (Eindrücken einer Kunststoffeinlage oder Einschneiden eines Fugenspaltes).

- **Raumfugen** gleichen Längenänderungen aus
  Die Fuge trennt die Platte in der gesamten Dicke und ist mit einer zusammendrückbaren Einlage verfüllt.

- **Pressfugen** trennen die einzelnen Platten voneinander
  Sie entstehen als Arbeitsfugen, wenn frischer Beton gegen bereits erhärteten Beton direkt anbetoniert wird (z. B. zwischen Fahrbahn und Standspur). Da hierbei Wasser eindringen kann, wird der obere Fugenbereich in der Regel zu einem Fugenspalt erweitert und verfüllt.

Die Abmessungen der Platten sollen das 25fache (bei quadratischen Platten das 30fache) der Plattendicke nicht überschreiten. Die Kantenlänge darf 7,50 m nicht überschreiten. Die übliche Plattenlänge beträgt 5,00 m.

Längsfugen sollen nicht im Bereich der Radspuren liegen und auf die Markierungen abgestimmt werden.

Zur Vermeidung von Höhenänderungen der einzelnen Platten werden an Querfugen Dübel (Durchmesser 25 mm, Länge mind. 50 cm) angeordnet. In Längsfugen werden im Abstand von 0,25 m (0,50 m bei schwach belasteten Straßen) Anker in den frischen Beton eingerüttelt, damit sich die Fugen unter horizontalen Schubkräften nicht öffnen (»Wandern« der Platten).

Damit in die Fugen kein Wasser eindringt, müssen sie sorgfältig abgedichtet werden. Hierfür gibt es verschiedene Möglichkeiten:

- Vergießen des Fugenspaltes mit Heissvergussmassen
- Eindrücken von Hohlprofilen aus elastomeren Materialien.
- Da die Profile breiter sind als die Fuge, wird auch bei Längenänderungen eine ausreichende Abdichtung durch den dauerhaften Anpressdruck gewährleistet.
- Einrütteln einer Fugeneinlage in den frischen Beton.

Diese Form der Fugenausbildung kommt nur für untergeordnete Straßen in Betracht. Der obere Teil der Fugeneinlage kann entfernt und mit Vergussmasse verfüllt werden.

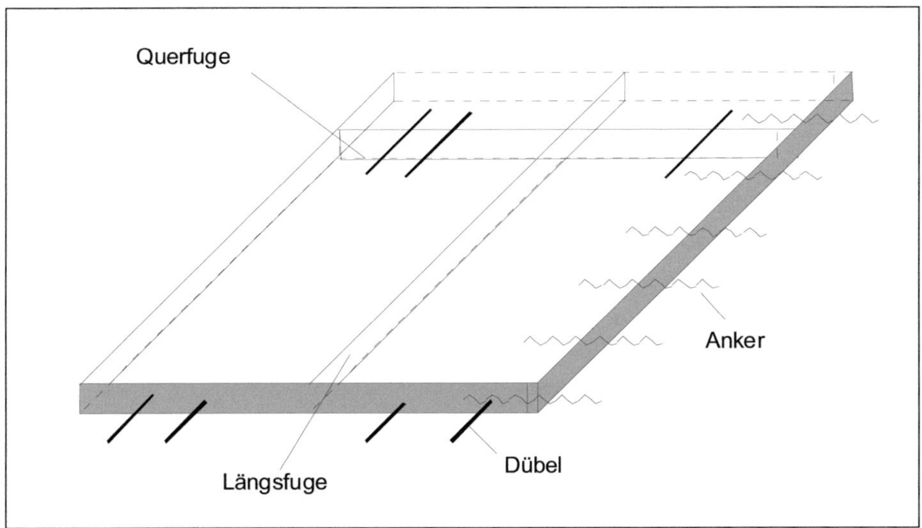

Abb. 99: Fugen in Betondecken

An den Beton für Straßendecken werden besondere Anforderungen gestellt im Hinblick auf Druckfestigkeit, Frosttausalzbeständigkeit, Verschleißfestigkeit und Griffigkeit. Damit diese Eigenschaften erreicht werden, muss bei der Eignungsprüfung und bei der Herstellung des Betons gewissenhaft gearbeitet werden.

Bei großen Baumaßnahmen wird der Beton an der Baustelle mit entsprechenden Mischern hergestellt. Für kleinere Maßnahmen wird Transportbeton verwendet. Bei der Herstellung des Betons an der Baustelle erfolgt der Transport mittels LKW zur Verwendungsstelle. Lange Transportzeiten sind wegen der Gefahr des Erstarrens, Austrocknens und Entmischens zu vermeiden. Bei trockenem Wetter ist eine Verarbeitungszeit von höchstens 30 Minuten einzuhalten. Bei Temperaturen über 25 °C ist die Betontemperatur zu prüfen. Bei Temperaturen ab 30 °C und unter – 3 °C sind die Arbeiten einzustellen.

Die Anfahrt der Fahrzeuge ist abhängig von der Konstruktion des Oberbaues und dem Deckenfertiger. Bei einem einlagigen Einbau fahren die Fahrzeuge in der Regel auf der Tragschicht und kippen den Beton in den Kübel des Verteilers oder des Gleitschalungsfertigers.

Beim Einbau von Betondecken mit Hilfe eines Gleitschalungsfertigers sind die folgenden Arbeitsschritte enthalten:

- Verteilen des Betons
- Verdichten des Betons (mit Rüttelflache und Pressbohle)
- Setzen der Anker und Dübel
- Höhengerechte Lage der Decke
- Glätten der Deckenoberfläche
- Mitlaufen der Schalung.

Die Bezugshöhe wird vom Gerät an genau eingemessenen Spanndrähten abgetastet.

Damit die Decke in der geforderten Höhenlage und Ebenheit eingebaut werden kann, ist eine entsprechend tragfähige und ebene Unterlage erforderlich.

Bei Tragschichten mit hydraulischen Bindemitteln wird häufig ein Verbund mit der Decke gewünscht. Hierbei können durch wilde Risse und durch Ermüdungsrisse in der Tragschicht auch Risse in der Betondecke entstehen. Deshalb ist es ratsam, in feste Tragschichten oder in Tragschichten mit hydraulischen Bindemitteln Kerben vorzusehen, die unter den Fugen der Betondecke angeordnet sind. Bei bituminösen Trag- oder Zwischenschichten sollte der Bindemittelgehalt erhöht werden, damit sie nicht vorzeitig altern.

Betondecken können in einer Schicht oder in zwei Schichten hergestellt werden. Bei einem zweischichtigen Einbau besteht die obere Schicht aus einem Beton mit einem Zuschlag aus frostbeständigem Splitt. Die untere Schicht besteht aus einem Beton mit runden Mineralstoffen oder aus recyceltem Beton. Damit der Schichtenverbund erhalten bleibt, sollen beide Betone ähnliche Schwindeigenschaften besitzen.

Im Anschluss an das Betonieren wird die Betonoberfläche nachbehandelt. Mit einem in Längsrichtung nachgezogenen Jutetuch wird die Oberfläche so strukturiert, dass eine feinraue, lärmmindernde Oberfläche entsteht.

Soll eine grobraue, besonders verkehrssichere Oberfläche erzielt werden, wird sie mit Hilfe eines Stahlbesens in Querrichtung (Besenstrich) strukturiert.

Die Querfugen werden geschnitten, wenn der Beton so fest ist, dass keine Ausbrüche an den Fugenflanken zu erwarten sind. Wird mit dem Schneiden der Fugen zu lange gewartet, entstehen wilde Risse infolge von Zugspannungen und durch nächtliche Abkühlung. Im Sommer erfolgt deshalb der erste Kerbschnitt bereits nach wenigen Stunden; im Winter am darauffolgenden Tag. Das Nachschneiden der Fugen für den Fugenverguss und das Abfasen der Fugenkanten kann zu einem späteren Zeitpunkt erfolgen.

Vor dem Verfüllen der Fugen mit Fugenverguss müssen sie sorgfältig gereinigt und mit Pressluft von Staub befreit werden, damit die Vergussmasse ausreichend an den Flanken haftet. Das Verfüllen der Fugen sollte bei trockener Witterung erfolgen.[14], [22], [23]

7.9.3 Pflasterdecken

Pflasterdecken haben aufgrund ihrer vielfältigen Gestaltungsmöglichkeiten eine große Bedeutung bei innerstädtischen Baumaßnahmen. Neben dem attraktiven Erscheinungsbild haben sie aber noch weitere Vorteile gegenüber Decken aus Asphalt:

- Fahrgeschwindigkeiten werden verringert
- einfache Herstellung von Fahrbahnaufbrüchen (z. B. für Leitungsverlegungen)
- lange Lebensdauer.

Die Dicke der Pflasterdecke und der Unterlage richtet sich nach der Verkehrsmenge und der Verkehrsart. Einzelheiten sind in den RStO enthalten.

Natursteinpflaster

Decken aus Natursteinpflaster werden aus

- Großpflastersteinen (Seitenlänge 12 bis 22 cm, Höhe 12 bis 16 cm)
- Kleinpflastersteinen (Seitenlänge 8 bis 10 cm, Höhe 8 bis 10 cm)
- Mosaikpflaster (Seitenlänge 4 bis 6 cm, Höhe 4 bis 6 cm)

hergestellt.

Natursteinplatten haben Längen von 20 x 20 cm bis 50 x 50 cm und Dicken von 2,5 bis 8 cm.

Da das Material ausreichend frostbeständig sein muss, kommen nur bestimmte Gesteine in Betracht, wie z. B. Granit, Diorit, Gabbro, Basalt, Basaltlava und Porphyr.

Pflasterklinker

Pflasterklinker bestehen aus Ton, der bis zur Sinterung (Schmelzen) bei 1200 °C bis 1300 °C gebrannt wird. Es wird unterschieden zwischen Klinkern für engfugige Verlegung (Kennzeichnung durch Buchstabe E) und Klinkern, die mit einer Fuge von ~10 mm verlegt werden (Kennzeichnung durch Buchstabe F).

Pflastersteine aus Beton sind besonders maßgenau und widerstandsfähig gegen Treibstoffe, Öle und Fette sowie Frost- und Tausalzeinwirkungen. Sie eignen sich für alle Verkehrsflächen und Belastungen, wie:

- Wohn-, Anlieger- und Sammelstraßen
- Standstreifen, Abbiegefahrstreifen, Haltebuchten
- Parkplätze, Rastplätze, Tankstellen
- Industrieflächen, Bahnsteige, Panzerstraßen
- land- und forstwirtschaftliche Wege
- Fußgängerzonen, Geh- und Radwege
- private Zufahrten, Hofbefestigungen, Abstellflächen.

Die Oberfläche von Betonpflastersteinen ist sehr dicht und griffig. Durch die Zugabe von Aufhellern und Farbpigmenten werden unterschiedliche Färbungen der Steine erreicht.

Betonverbundsteine

Verbundsteine aus Beton ergeben aufgrund ihrer Form eine Verzahnung, wodurch ein hoher Verbund erreicht wird. Sie sind in ihren Formen nicht genormt, müssen aber den Güteanforderungen an Pflastersteine aus Beton entsprechen. Durch die speziellen Formen der einzelnen Pflastersteine sind besondere Rand- oder Anschlusssteine erforderlich. Für Kurven werden in der Regel entsprechende Kurvensätze angeboten. Einige Steinsorten können in unterschiedlichen Verbänden verlegt werden. Ein Einfärben der Verbundsteine ist ebenso möglich wie bei den normalen Betonpflastersteinen.

Die Bestellung von Verbundpflastersteinen ist sorgfältig vorzubereiten. Sie muss Folgendes enthalten:

- Größe der zu befestigenden Fläche
- Breite (abhängig von der Pflastersorte sind nur bestimmte Verlegebreiten möglich)
- Anzahl der Randsteine bzw. Länge der Ränder
- Anzahl der Abschlusssteine, Kurvensteine bzw. Kurvensätze.

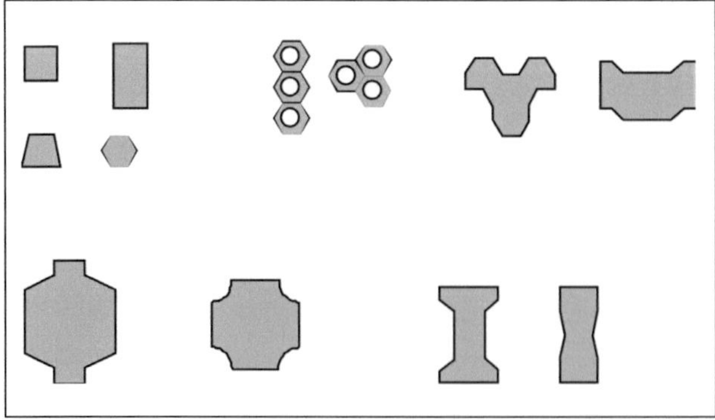

Abb. 100: Verbundpflastersteine aus Beton

Wasserdurchlässige Pflasterflächen

In zunehmendem Maße werden Pflasterflächen aus ökologischen Gründen aus wasserdurchlässigen Materialien hergestellt. Da hierbei ein Teil des anfallenden Oberflächenwassers versickert, werden die Entwässerungseinrichtungen und die Vorfluter entlastet. Folgende Pflastermaterialien kommen zu Anwendung:

- Betonpflastersteine mit Haufwerksporen (Dränsteine),
- Pflastersteine aus Beton oder Klinker mit senkrechten Sickeröffnungen,
- Pflastersteine aus Beton oder Klinker mit Sickerfugen,
- Rasen(gitter)steine.

Die Öffnungen im Grünflächenanteil liegen zwischen 30 und 62 %, manchmal auch noch höher. Die Verlegung erfolgt auf ausreichend standfestem Untergrund bzw. Unterbau auf einer dünnen Ausgleichsschicht aus Sand. Anschließend werden die Hohlräume bis zur Oberkante mit Humus oder geeigneten Gemischen aus Mutterboden, Torf und Sand verfüllt und mit einer Rasenmischung angesät. Die Einsaat ist sofort zu düngen und anzufeuchten. Damit die Flächen ausreichend wasserdurchlässig sind, ist die Tragschicht ebenfalls wasserdurchlässig herzustellen.

Wenn kein Kfz-Verkehr vorhanden ist, genügt es, die Rasensteine direkt auf das gewachsene Erdplanum zu verlegen.

Rasensteine können eingesetzt werden bei:

- Parkplatzbefestigungen in Grünanlagen
- Notfahrbereichen durch Grünflächen bei Hochhäusern
- Garagenzufahrten innerhalb von Grünflächen bei Einfamilienhäusern
- Gartenflächen
- Bankett- und Böschungsbefestigungen an Straßen, Uferbefestigungen von Bach- und Straßengräben
- Baumscheiben. [26]

Pflaster in Beton

Flächen aus Naturstein-, Beton- und Klinkerpflaster werden bei Oberflächen mit starker Beanspruchung in einem Mörtelbett verlegt. Die Tragschicht über der normalen Frostschutzschicht besteht in diesem Fall aus einer mindesten 15 cm dicken Beton- oder Stahlbetontragschicht. Hierauf wird das Pflaster in den Bettungsmörtel gesetzt und die Fugen anschließend mit Zementmörtel verfüllt. In seinem Verformungsverhalten entspricht dieser Deckenaufbau dem einer Betonstraße.

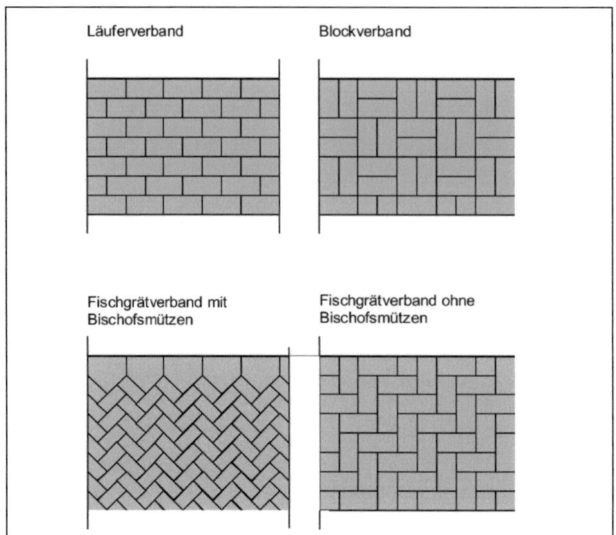

Abb. 101:
Beispiele für Verlegearten

7.10 Oberflächeneigenschaften von Deckschichten

Die Oberflächeneigenschaften einer Straße bestimmen im Wesentlichen ihren Gebrauchszustand und haben einen direkten Einfluss auf die entscheidenden Beurteilungsmerkmale wie Verkehrssicherheit, Fahrkomfort, Auswirkungen auf die Umwelt und Energieverbrauch.

Die Oberflächeneigenschaften unterliegen ständigen Veränderungen durch die Verkehrsbeanspruchung, die Witterung und sonstige Umwelteinflüsse.

Es ist Aufgabe des Straßenoberbaues, die durch den Verkehr erzeugten Spannungen soweit abzubauen, dass der Unterbau bzw. Untergrund die noch verbleibenden Spannungen schadlos aufnehmen kann. Die durch den Verkehr auftretenden Verformungen im Oberbau und im Boden dürfen nicht zu Schäden in der Fahrbahn führen.

Bereits der Einbau der unteren Schichten ist sorgfältig auszuführen, da hierbei vorhandene Mängel nicht in den darüber liegenden Schichten ausgeglichen werden können.

Die Deckschicht muss neben den wichtigen Eigenschaften wie z. B. Griffigkeit, Längs- und Querebenheit auch noch beständig sein gegen Polieren, Abrieb, Nässe, Tausalz usw. und ausreichend dicht sein, um die darunter liegenden Schichten vor Witterungseinflüssen zu schützen.

Bei einer unzureichenden Dicke des Oberbaues und/oder schlechter Qualität des eingebauten Materials sowie bei Materialermüdung entstehen durch zu große Verformungen Risse und Ausbrüche in der Fahrbahnoberfläche. Dadurch kann Wasser eindringen und die Tragfähigkeit beeinträchtigen.

7.10.1 Unebenheiten im Querprofil (Spurrinnen)

Spurrinnen entstehen durch plastische Verformungen des Straßenaufbaues. Sie werden durch Nachverdichten mit Volumenverminderung oder durch Ausweichen des Materials ohne Volumenverminderung (»Fließen«) ausgelöst. Hiervon können der Boden oder auch eine oder mehrere Schichten des Oberbaues betroffen sein. Auslöser dieser Schäden sind häufig Fehler bei der Bauausführung, wie z. B.

- mangelhafte Verdichtung
- ungeeignetes Material
- falscher Materialaufbau.

Da bei Spurrinnen das anfallende Oberflächenwasser nicht mehr ausreichend abgeführt wird, ist die Verkehrssicherheit beeinträchtigt.

7.10.2 Unebenheiten im Längsprofil

Bei bituminösen Schichten entstehen Unebenheiten im Längsprofil als Folge von plastischen Verformungen.

Bei hydraulisch gebundenen Schichten entstehen an Fugen und Rissen Stufen, wenn sich die Unterlage verändert. Durch den unregelmäßigen Kontakt der Fahrzeuge zur Oberfläche ist die Griffigkeit vermindert. Die auftretenden Stöße belasten die Straße vermehrt, so dass weitere Schäden entstehen können.

7.10.3 Einwirkung von Wärme und Kälte

Bei umfangreichen Bauwerken entstehen durch Temperaturänderungen zum Teil erhebliche Längenänderungen. Die Temperatur einer Fahrbahndecke kann im Sommer bei Asphalt bis zu +60 °C und bei Beton bis zu 45 °C betragen. Im Winter sind Deckentemperaturen bis zu – 20 °C möglich. Zwischen Tag und Nacht können Temperaturschwankungen von bis zu 40 °C auftreten.

Durch Erwärmung oder Abkühlung der Oberseite und einen verzögerten Wärmeabfluss entstehen innerhalb des Oberbaues unterschiedliche Temperaturen. Der Oberbau will sich nach oben (konvex) oder unten (konkav) wölben. Wird diese Wölbung durch die Eigenlast oder den Verkehr behindert, entstehen Biegespannungen.

Bei Asphaltstraßen haben die Deckschicht und die unmittelbar darunter liegende Schicht die größten Beanspruchungen auszuhalten, da sie sich bei hohen Temperaturen am stärksten verformen.

Treten erhöhte Horizontalbelastungen durch den Verkehr auf, wie z. B. an Kreuzungen oder Steigungsstrecken, können die Verformungen erheblich sein. Die unteren bituminösen Schichten sind aufgrund der geringeren Temperaturunterschiede in den tieferen Lagen weniger betroffen.

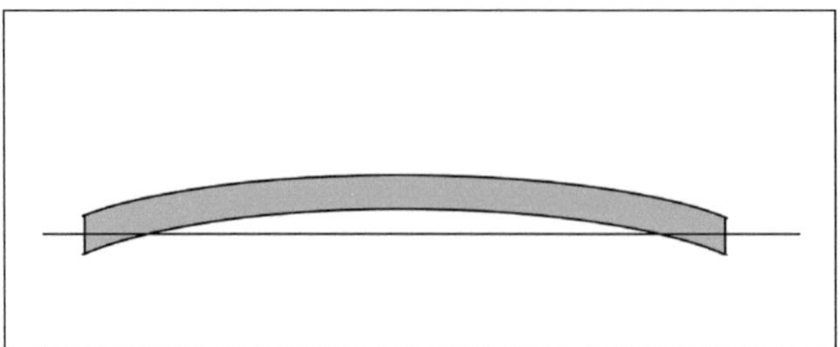

Abb. 102:
Verformung durch Erwärmung der Oberfläche

7.10.4 Griffigkeit

Die Griffigkeit ist der Widerstand, den die Fahrbahnoberfläche aufgrund ihrer Materialeigenschaften den vom Verkehr aufgebrachten Kräften entgegensetzt. Das Maß für die Griffigkeit ist der Gleitreibungswert, der mit dem »Stuttgarter Reibungsmesser« (blockiertes Schlepprad) ermittelt wird.

Die einzelnen Gleitbeiwerte sind von unterschiedlichen Faktoren abhängig. Bei einer trockenen Oberfläche sind die Werte bei unterschiedlichen Befestigungen unabhängig von der Geschwindigkeit fast gleich groß. Erst bei einer nassen Fahrbahn sind die Geschwindigkeit und Oberflächenbefestigung von Bedeutung.

Die Kontaktfläche zwischen Reifen und Fahrbahn muss zu einem gewissen Grad »scharf« sein. Dies wird mit frischem, nicht poliertem Gestein erreicht. Ist die Gesteinsoberfläche mit bituminösem Bindemittel überzogen oder die Oberfläche mörtelreich, ist eine ausreichende Griffigkeit nicht vorhanden. Das gilt auch für Decken, bei denen die Gesteinsoberfläche durch die Verkehrsbelastung poliert wurde.

Damit zwischen Reifen und Fahrbahn eine Kontaktfläche entsteht, muss das Wasser zwischen den einzelnen Körnern verdrängt werden. Das ist nur möglich, wenn die Oberfläche ausreichend rau ist. Das Wasser kann dann in die Hohlräume zwischen den Körnern gepresst werden.

Bei hohen Geschwindigkeiten ist der Druck auf die Fahrbahnoberfläche nur kurzzeitig. In dieser Zeit muss dann das vorhandene Wasser in die Zwischenräume gedrückt werden. Damit nimmt bei feinkörnigen Oberflächen der Gleitbeiwert bei steigender Geschwindigkeit auf nassen Fahrbahnen eher ab als bei rauen Oberflächen.

Günstig für die Griffigkeit sind

- gebrochene Mineralstoffe, (Splitt, Brechsand)
- wenig polierende Mineralstoffe
- geringer Bitumengehalt und großer Hohlraum (bei Asphaltstraßen).

7.10.5 Farbige Oberflächen

Farbig eingefärbte Deckschichten aus Beton oder Asphalt erlauben vielfältige Gestaltungsmöglichkeiten besonders im innerstädtischen Bereich. Sie geben den Verkehrsteilnehmern Informationen über ihr Verhalten im Verkehr.

Neben den zahlreichen Einfärbungsstoffen auf chemischer Basis wird auch roter Liparit und roter Granit zum Färben bituminöser Deckschichten aus Asphalt verwendet.

Bei Gehwegplatten aus Beton sind weitere Gestaltungsmöglichkeiten durch das Bearbeiten der Oberfläche, wie z. B. Auswaschen, Sandstrahlen, Absäuern oder Schleifen gegeben.

7.10.6 Helligkeit

Die Helligkeit und Farbe der verwendeten Mineralstoffe und des Mörtels bestimmen die optischen Eigenschaften der Fahrbahnoberfläche. Bei einer glatten, dunklen Oberfläche treten bei Dunkelheit Spiegelungen auf. Hindernisse können nicht rechtzeitig erkannt werden. Helle, raue Oberflächen dagegen verbessern die Leuchtdichte.

Bei hohen Temperaturen werden helle Decken nicht so aufgeheizt wie dunkle. Dies erhöht, besonders bei bituminösen Schichten, die Lebensdauer. Eine hellere Oberfläche wird bei Asphaltmischgut durch die Zugabe heller Splitte wie Quarzit, Granit oder Labradorite und durch das Aufstreuen heller Splitte erreicht. Mit Kalkstein wird zwar die Oberfläche heller, die Griffigkeit wird jedoch vermindert, so dass ein Einsatz nur auf langsam befahrenen Straßen in Betracht kommt.

Betondecken sind aufgrund ihrer Zusammensetzung wesentlich heller als Asphaltstraßen, so dass hier eher Zusätze verwendet werden, die eine dunklere Färbung der Oberfläche erzielen. Blendwirkungen werden so vermieden und der Kontrast zur Markierung erhöht. Als Zusatz wird ein dunkler Splitt (z. B. Basalt) verwendet.

8 Baustoffe

Im Straßenbau werden unterschiedliche Baustoffe und Baustoffgemische verwendet, die entsprechend ihrer Zusammensetzung unterschiedliche Eigenschaften aufweisen, wie

- Boden und Fels
- Mineralstoffe und Mineralstoffgemische, industrielle Nebenprodukte und Recyclingbaustoffe
- Bindemittel
- mit Bindemittel gebundene Mineralstoffe und Mineralstoffgemische.

8.1 Boden und Fels

An den Baustoff Boden und Fels werden direkt keine Anforderungen gestellt. Die Einteilung von Boden und Fels in Bezug auf Boden- und Felsklassen, Bodengruppen, Frostempfindlichkeitsklassen erfolgt nach bestimmten Kriterien, die mit genormten Prüfverfahren festgestellt werden. Diese Prüfverfahren sind nach den Technischen Prüfvorschriften für Boden und Fels im Straßenbau (TP BF-StB) durchzuführen.

8.2 Mineralstoffe und Mineralstoffgemische

Als Mineralstoffe werden ungebrauchte natürliche und künstliche Gesteine sowie gebrauchte wieder verwertbare Baustoffe und industrielle Nebenprodukte bezeichnet.

Natürliche Mineralstoffe sind Felsgesteine, Sand, Kies und Lavaschlacke. Die Einteilung der Gesteine erfolgt nach ihrer Entstehung in die drei Hauptgruppen Magmagesteine, Sedimentgesteine und metamorphe Gesteine.

Magmagesteine (Erstarrungsgesteine, Eruptivgesteine) entstehen aus der im Erdinneren vorhandenen Gesteinsschmelze (Magma). Nach der Zusammensetzung der Schmelze und der Abkühlungsgeschwindigkeit entstehen unterschiedliche Gesteine.

Tiefen- und Ganggesteine sind in größerer Tiefe und unter hohem Druck langsam erkaltet. Dabei konnten die einzelnen Minerale voll auskristallisieren und ein dichtes Gefüge bilden.

Ergussgesteine sind schnell ausgekühlt (z. B. bei Vulkanausbrüchen), häufig enthalten sie Poren.

Sedimentgesteine (Ablagerungsgesteine) entstanden an der Erdoberfläche aus Ablagerungen, die sich im Laufe der Zeit verfestigt haben. Durch die wechselnden Ablagerungsbedingungen sind sie häufig geschichtet.

Metamorphe Gesteine (Umwandlungsgesteine) entstehen durch die Bewegungen der Erdkruste. Dabei können der Druck auf die Gesteine und die Temperatur erhöht werden und die Gesteine mit Schmelzen und Gasen zusammentreffen. Durch diese Einwirkungen können sich die Gesteine umwandeln. Dabei verändern sich das Gefüge und/oder der Mineralbestand.

Die Gesteine werden aus Sand- oder Kiesgruben als Rundkorn (Kies, Natursand) oder aus Steinbrüchen in gebrochener Form (Schotter, Splitt, Edelsplitt, Brechsand, Füller) geliefert. Für Deckschichten ist gebrochenes Material vorgeschrieben.

8.2.1 Künstliche Mineralstoffe

Im Straßenbau werden als künstliche Mineralstoffe Eisenhüttenschlacken und Metallhüttenschlacken verwendet. Eisenhüttenschlacke entsteht aus der Gesteinsschmelze bei der Herstellung von Roheisen (Hochofenschlacke) und Rohstahl (Stahlwerksschlacke). Nach den Abkühlungsbedingungen erstarrt Hochofenschlacke zu Hochofenstückschlacke, zu poriger Hochofenschaumschlacke oder zu feinkörnigem Hüttensand.

Durch Brechen und/oder Sieben wird die Hochofenstückschlacke weiterverarbeitet zu Schotter, Splitt, Edelsplitt, Brechsand, Edelbrechsand, Füller und Mineralgemisch.

Metallhüttenschlacke entsteht bei der Herstellung von Kupfer, Zink, Blei und Chrom.

8.2.2 Industrielle Nebenprodukte

Industrielle Nebenprodukte sind Reststoffe, die bei industriellen Prozessen anfallen und weiter verwertet werden können. Im Straßenbau werden verwendet:

- Hausmüllverbrennungsasche (MV-Asche)
- Schmelzkammergranulat
- Nebengestein der Steinkohle (Waschberge)
- Steinkohlenflugasche
- Strahlsande, Schleif- und Polierrückstände
- Formsande aus Gießereien
- Filterrückstände aus Entstaubungsanlagen
- Gummigranulat, Altglas.

8.2.3 Recyclingbaustoffe

Recyclingbaustoffe (RC-Baustoffe) sind Mineralstoffe, die bereits als natürliche oder künstliche mineralische Baustoffe in gebundener oder ungebundener Form eingesetzt wurden. Sie fallen beim Umbau, Rückbau oder Abbruch an und werden für den neuen Verwendungszweck entsprechend aufbereitet.

Gemische aus Recyclingbaustoffen und ungebrauchten Baustoffen sind Recycling-Baustoff-Gemische (RC-Gemische).

Für die Lieferung von Mineralstoffen zur Herstellung von Fahrbahndecken gelten die Technischen Lieferbedingungen für Mineralstoffe im Straßenbau (TL Min-StB). Die Mineralstoffe müssen bestimmte Anforderungen erfüllen in Bezug auf

- Gewinnung und Aufbereitung
- Rohdichte
- Porigkeit (bei Schlacken)
- Widerstandsfähigkeit gegen Verwitterung (Frostbeständigkeit, Raumbeständigkeit)
- Widerstandsfähigkeit gegen Schlag
- Druckfestigkeit
- Widerstandsfähigkeit gegen Polieren (Polierrestistenz)
- Widerstandsfähigkeit gegen Hitzebeanspruchung
- Haftung zwischen Mineralstoff und Bitumen (Affinität)
- Korngrößenverteilung
- Kornform
- Anteil an gebrochenen Körnern
- Reinheit.

8.3 Begriffe

Werksteine werden aus Felsgestein oder Schlacke hergestellt und haben einheitliche Formen und Abmessungen (z. B. Pflastersteine, Bordsteine).

Eine **Körnung** ist ein Gemisch aus Körnern gleicher oder unterschiedlicher Korngröße.

Die **Korngröße** entspricht der Nennöffnungsweite des Analysensiebes, durch die das Korn gerade noch hindurchgeht, oder ist die durch Sedimentation ermittelte Abmessung eines Kornes.

Prüfkorngrößen sind die für die Siebanalyse festgelegten Korngrößen. Sie werden gerundet angegeben.

Eine **Kornklasse** beinhaltet alle Korngrößen zwischen zwei Prüfkorngrößen (ohne Unter- und Überkornanteile). Sie wird durch die untere und obere Prüfkorngröße bezeichnet.

Eine **Lieferkörnung/Korngruppe** ist eine Körnung einschließlich eventueller Unter- und Überkornanteile.

Unterkorn ist der Kornanteil (in Gew.-%) einer Lieferkörnung, der bei der Siebanalyse durch das untere, die Lieferkörnung kennzeichnende, Analysensieb durchfällt.

Überkorn ist der Kornanteil (in Gew.-%) einer Lieferkörnung, der bei der Siebanalyse auf dem oberen, die Lieferkörnung kennzeichnenden, Analysensieb liegen beibt.

Die **Korngrößenverteilung** (Kornzusammensetzung) ist die nach Kornklassen aufgeteilte Zusammensetzung von Körnungen.

Die **Kornform** des einzelnen Kornes wird nach dem Verhältnis von Länge zu Dicke beurteilt.

Die **Bruchflächigkeit** ist gegeben, wenn mehr als die Hälfte der Oberfläche eines Kornes aus Bruchflächen besteht.

Füller sind Gesteinsmehle oder andere Mineralstoffe mit einem Korndurchmesser <0,09 mm.

Eigenfüller hängt als Staub an den anderen Körnungen.

Fremdfüller wird gesondert hergestellt und als Steinmehl den Körnungen zugegeben.

Rückgewinnungsfüller entsteht bei der Entstaubung des Mineralstoffgemisches bei der Herstellung von Asphalt und wird gegebenenfalls in Silos gelagert.

Edelsplitt und **Edelbrechsand** müssen erhöhte Anforderungen gegenüber Splitt und Brechsand erfüllen hinsichtlich der Korngröße, der Kornform, dem Anteil an Unter- und Überkorn, der Frostbeständigkeit und der Raumbeständigkeit.

Bezeichnung	Korngröße [mm]	
	von	bis
Kies	2	63
Natursand	0,125	2

Tab. 16: Bezeichnung von ungebrochenen Mineralstoffen nach der Korngröße

Bezeichnung	Korngröße [mm]	
	von	bis
Schotter	32	56
Splitt	5	32
Edelsplitt	2	22
Brechsand-Splitt	0,09	5
Edelbrechsand	0,09	2
Füller	-	0,09

Tab. 17: Bezeichnung von gebrochenen Mineralstoffen nach der Korngröße

Rundkorn	Gebrochene Mineralstoffe	
Natursand, Kies	**Brechsand, Splitt, Schotter**	**Gesteinsmehl, Edelbrechsand, Edelsplitt**
Natursand 0/2	Brechsand-Splitt 0/5	Füller 0/0,09
Kies 2/4	Splitt 5/11	Edelbrechsand 0/2
Kies 4/8	Splitt 11/22	Edelsplitt 2/5
Kies 8/16	Splitt 22/32	Edelsplitt 5/8
Kies 16/32	Schotter 32/45	Edelsplitt 8/11
Kies 32/63	Schotter 45/56	Edelsplitt 11/16
		Edelsplitt 16/22

Tab. 18: Lieferkörnungen für Mineralstoffe

Entsprechend der Aufgabe einer einzelnen Schicht im Straßenoberbau werden die jeweiligen Lieferkörnungen zu Mineralstoffgemischen aus Splitt und Brechsand der Lieferkörnungen 0/5 bis 0/32 sowie zu Mineralstoffgemischen aus Brechsand, Splitt und Schotter der Lieferkörnungen 0/45 und 0/56 zusammengesetzt.

Die im Straßenbau verwendeten Mineralstoffe müssen entsprechend den Richtlinien für die Güteüberwachung von Mineralstoffen im Straßenbau (RG Min-StB) güteüberwacht sein.

Die Anforderungen an einzelne Mineralstoffe sind in Technischen Lieferbedingungen (TL) festgelegt:

TL HMVA-StB Hausmüllverbrennungsasche im Straßenbau
TL Min-StB Mineralstoffe im Straßenbau
TL RC ToB Recyclingbaustoffe in Tragschichten ohne Bindemittel
TL SFA-StB Steinkohlenflugasche im Straßenbau
TL SKG-StB Schmelzkammergranulat im Straßenbau
TL SWS-StB Stahlwerksschlacken im Straßenbau
TL WB-StB Waschberge aus der Steinkohlengewinnung als Baustoffe im Straßen- und Erdbau

8.4 Bindemittel

Die einzelnen Körner eines Mineralstoffgemisches werden durch die Zugabe von Bindemitteln dauerhaft miteinander verbunden. Im Straßenbau werden Bitumen und Bitumenprodukte sowie hydraulische Bindemittel eingesetzt.

8.4.1 Bitumen

Bitumen ist ein dunkelfarbiges Gemisch verschiedener organischer Substanzen, das bei der Aufbereitung von Erdölen gewonnen wird. Nach der Herstellungsart von Bitumen und Bitumenprodukten unterscheidet man:

- Straßenbaubitumen (Destillationsbitumen),
- Fluxbitumen,
- Bitumenemulsion,
- Kaltbitumen,
- polymermodifizierte Bitumen.

Zur Kennzeichnung des Bitumens werden verschiedene Prüfverfahren durchgeführt, mit denen bestimmte Eigenschaften des Bitumens ermittelt werden, wie z. B.

Bestimmung der Dichte (Angabe in g/cm^3)

- **Nadelpenetration** (Eindringtiefe einer genormten Nadel bei 25 °C in das Bitumen innerhalb von 5 Sekunden)
  Die Nadelpenetration ist ein Wert für die Härte des Bitumens (Angabe in 1/10 mm).
- **Erweichungspunkt Ring und Kugel** (EP RuK)
  Bei diesem Versuch wird die Temperatur ermittelt, bei der sich eine in einem genormten Ring unter festgelegten Bedingungen eingefüllte Bitumenschicht bei gleichmäßiger Erwärmung durch eine aufgelegte Stahlkugel verformt (Angabe in °C).
- **Brechpunkt nach Fraaß**
  Der Brechpunkt nach Fraaß ist die Temperatur, bei der eine auf ein genormtes Stahlblech aufgebrachte Bitumenschicht bestimmter Dicke bei gleichmäßiger Abkühlung und gleichzeitiger Durchbiegung bricht oder Risse aufweist (Angabe in °C).
- **Viskosität**
  Die Viskosität (Zähigkeit) wird zur Bestimmung des Fließverhaltens von Bitumen mit einem Viskosimeter bestimmt (Angabe in mm^2/s).
- **Duktilität**
  Zur Bestimmung der Duktilität (Streckbarkeit) wird eine unter genormten Bedingungen hergestellte Bitumenprobe nach festgelegten Randbedingungen so weit auseinander gezogen, bis die zum Faden veränderte Probe reißt.

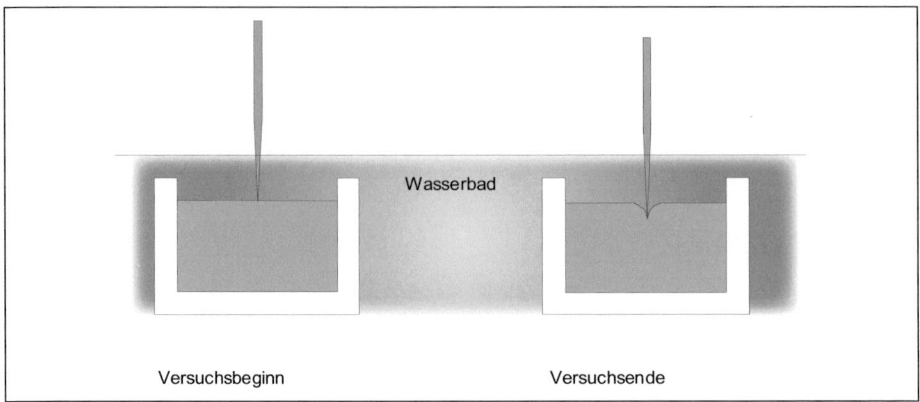

Abb. 103: Bestimmung der Penetration

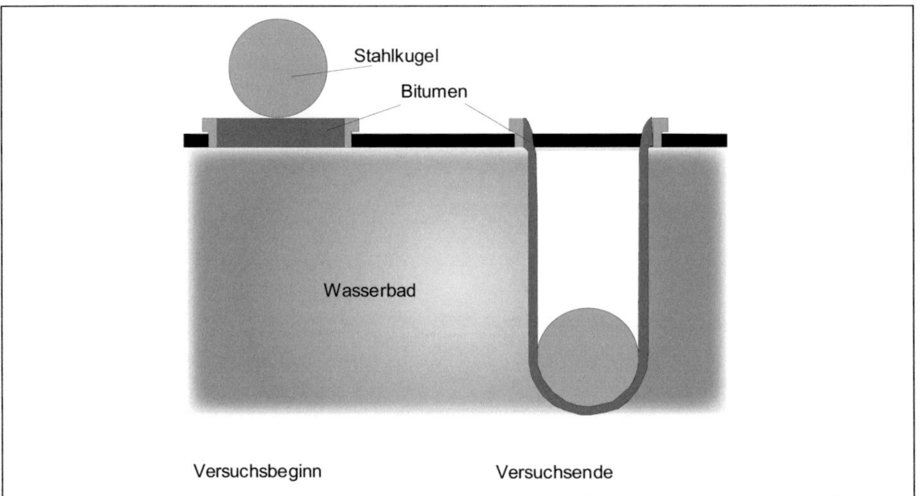

Abb. 104: Bestimmung des Erweichungspunktes Ring und Kugel

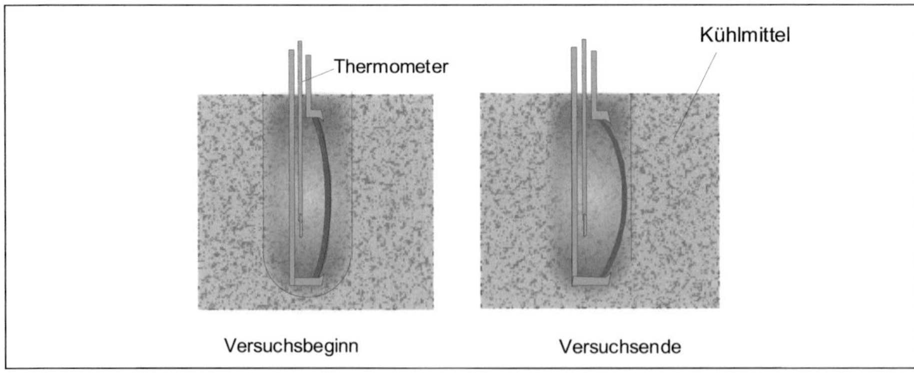

Abb. 105: Bestimmung des Brechpunktes nach Fraaß

Bituminöse Stoffe haben folgende charakteristische Eigenschaften:

- Adhäsion (dadurch gute Klebefähigkeit)
- thermoplastisch
- Bei höheren Temperaturen sind die Baustoffe plastisch bis flüssig, bei niedrigeren Temperaturen elastisch (hart bis spröde).
- wasserunlöslich
- hohe Beständigkeit gegen Chemikalien
- schwer entflammbar
- wasserundurchlässig

Straßenbaubitumen unterschiedlicher Härte werden bei der Destillation von Rohölen gewonnen. In einer ersten Destillationsstufe gewinnt man Benzin, Petroleum, Dieselöl und Heizöl, in einer zweiten Stufe schwere Öle. Zurück bleibt das Straßenbaubitumen, das die Grundlage ist für weitere bituminöse Bindemittel.

	B 200	B 80	B 65	B 45	B 25
Nadelpenetration [1/10 mm]	160–210	71–100	50–70	35–50	20–30
Erweichungspunkt RuK [°C]	37–44	44–49	49–54	54–59	59–67
Brechpunkt nach Fraaß [°C]	≤–15	≤–10	≤–8	≤–6	≤–2
Dichte bei 25° C [g/cm³]	1,02	1,03	1,03	1,04	1,04
[1] Je höher die Ziffer, umso weicher ist das Bitumen.					

Tab. 19: Kenndaten einiger Straßenbaubitumen

Straßenbaubitumen wird hauptsächlich zur Herstellung von Asphaltmischgut für Asphalttragschichten, Asphaltbinderschichten, Asphaltbeton, Splittmastixasphalt, Gussasphalt, Asphaltmastix und Tragdeckschichten verwendet.

Fluxbitumen ist ein Straßenbaubitumen, das durch die Zugabe von schwerflüchtigen Fluxölen viskoser und damit bei niedrigeren Temperaturen (im Warmeinbau) verarbeitbar wird. Bei der Verarbeitung bleibt nach dem Verdampfen der schwerflüchtigen Fluxöle das Bitumen zurück. Fluxbitumen wird hauptsächlich für Oberflächenbehandlungen eingesetzt.

Durch das Vermischen von geschmolzenem Bitumen mit Wasser unter Zugabe von Emulgatoren entsteht **Bitumenemulsion**, d. h., das Bitumen ist in feinsten Tröpfchen im Wasser vorhanden. Der Emulgator verhindert ein Verklumpen der Tropfen. Dadurch wird eine Bitumenemulsion dünnflüssig, benetzungsfähig und kalt oder warm verarbeitbar. Wird die Emulsion aufgespritzt und kommt mit dem Gestein in Verbindung, verliert der Emulgator seine Wirkung. Die Bitumentropfen haften am Gestein und verbinden sich untereinander zu einem Bitumenfilm. Das Wasser verdunstet oder versickert. Dieser Vorgang wird als »Brechen« bezeichnet.

Nach der Ladungsart der Bitumenteilchen werden unterschieden:

- **Anionische Emulsionen**
  Die Bitumenteilchen sind negativ geladen. Beim Anspritzen liegt zwischen der Unterlage und dem Bitumen eine wässrige Zwischenschicht. Ein vollständiger Kontakt zwischen Bindemittel und Unterlage ist erst bei der Verdunstung des Wassers gegeben.
- **Kationische Emulsionen**
  Die Bitumenteilchen sind positiv geladen. Beim Anspritzen wird das Wasser aus der Emulsion sofort verdrängt und es entsteht ein Verband mit der Unterlage.
- **Nichtionische Emulsionen**

Nach der Dauer bis zum Brechen werden verschiedene Emulsionen unterschieden:

- U=unstabile Emulsionen, brechen unmittelbar bei der Berührung mit dem Gestein
- H=halbstabile Emulsionen, mittel schnell brechende Emulsion
- S=stabile Emulsion, brechen erst durch die Wasserverdunstung
- F=frostbeständige Emulsion.

Zu den unstabilen Emulsionen gehören auch die kationischen Emulsionen. Sie besitzen eine gute Haftfähigkeit auch bei Nässe und eine große Affinität zu silikathaltigen Mineralien, wie z. B. Granit, Grauwacke, Quarzit.

Bitumenemulsionen werden für Oberflächenbehandlungen, für Schlämmen und für Kaltmischgut verwendet.

Beim **Haftkleber** (HK) handelt es sich um eine Bitumenemulsion, die bis zu 40,0 Gew.-% Lösungsmittel enthält. Dadurch wird die Fließfähigkeit gegenüber der Emulsion erhöht.

Haftkleber hat folgende Vorteile:

- sehr dünnflüssig
- auch kalt spritzbar
- Staubreste werden gut eingebunden
- bituminöse Unterlagen werden leicht angelöst
- geringer Verbrauch.

Kaltbitumen (KB) ist ein weiches bis mittelhartes Straßenbaubitumen, bei dem die Viskosität durch die Zugabe von leichtflüchtigen Lösungsmitteln soweit herab gesetzt wird, dass es gemischt, gespritzt oder gestrichen werden kann. Da die Lösungsmittel verdunsten, muss bei der Lagerung und der Verarbeitung der Umgang mit offenem Feuer vermieden werden.

Kaltbitumen wird zur Herstellung von Kaltasphalt benötigt.

Polymermodifizierte Bitumen (PmB) sind Straßenbaubitumen, die durch die Zugabe von Polymeren (kettenförmige Kunststoffe) ihr elastisches und thermoplastisches Verhalten so ändern, dass die Standfestigkeit in der Wärme, die Verarbeitbarkeit bei Kälte und die Haftung an Mineralstoffen verbessert werden.

Polymermodifizierte Bitumen werden hauptsächlich als Bindemittel bei der Herstellung von Asphaltmischgut verwendet. Durch ihre besseren Eigenschaften gegenüber Straßenbaubitumen erfolgt ihr Einsatz insbesondere für Asphaltdeckschichtmischgut für besonders hohe Beanspruchungen.

Naturasphalt ist ein Gemisch aus Naturbitumen und feinen Mineralstoffen. Er entsteht durch die Verharzung von Erdölrückständen. Am bekanntesten ist der Naturasphalt aus Trinidat. Nach der Reinigung ist er unter den Bezeichnungen

- Trinidat Epuré,
- Trinidat Epuré Z,
- Trinidat-Pulver

erhältlich.

Trinidat-Epuré hat folgende Zusammensetzung:

53–55 % Bitumen
36–37 % Mineralstoffe
9–10 % restliche Bestandteile.

8.4.2 Hydraulische Bindemittel

Im Straßenbau kommen als hydraulische Bindemittel Zement und Baukalk zum Einsatz. Zement wird für Trag- und Deckschichten verwendet. Da Kalk bei Wasserzugabe seine Bindekraft verliert, kann er nur für die Verfestigung von Untergrund oder Unterbau verwendet werden.

Für die Herstellung von **Zement** werden zunächst Kalkstein und Ton oder Kalkmergel gebrochen und gemahlen. Das so entstandene Rohmehl wird bei Temperaturen von ca. 1450° C bis zur Sinterung zum Portlandzement-Klinker gebrannt. Nach der Abkühlung wird der Klinker unter Zugabe von geringen Mengen Gips oder Anhydrid fein gemahlen zu Portlandzement (CEM I).

Zement erhärtet durch eine chemische Reaktion zwischen den Bestandteilen des Zementklinkers und dem Zugabewasser. Dieser Vorgang wird als Hydratation bezeichnet. Zur vollständigen Hydratation sollte der Wasserzementwert mindestens 0,4 betragen.

Es werden die Zementarten Portlandzement (CEM I), Portlandkompositzement (CEM II) und Hochofenzement (CEM III) unterschieden. Die Portlandkompositzemente bestehen aus unterschiedlichen Bestandteilen, wie z. B. Hüttensand, Puzzolan, Flugasche, gebranntem Schiefer und Kalkstein.

Im Straßenbau werden Zemente für die Herstellung von Beton für Betondecken und andere Betonerzeugnisse, wie z. B. Pflastersteine und für hydraulisch gebundene Tragschichten (HGT) und Bodenverfestigungen verwendet.

Hydraulische Tragschichtbinder sind Bindemittel, die nur für Bodenverbesserungen, Bodenverfestigungen sowie für Tragschichten mit hydraulischen Bindemitteln eingesetzt werden. Sie bestehen im Wesentlichen aus einem Gemisch aus Portlandzement, Luftkalk und/oder hochhydraulischem Kalk.

Hydraulische Tragschichtbinder werden mit Wasser angemacht. Sie erhärten an der Luft und unter Wasser. Nach ihrer Festigkeitsklasse werden sie als T15 oder T35 bezeichnet.

Baukalke werden entsprechend ihrer Erhärtung in Luftkalke oder hydraulische Kalke unterschieden.

Luftkalke werden durch Brennen (Temperaturen unterhalb der Sintergrenze, ca. 800 °C bis 1200 °C) von Kalkstein oder Dolomit hergestellt. Die Erhärtung erfolgt durch die Aufnahme von Kohlendioxid aus der Luft (Karbonatisierung). Im Straßenbau werden Luftkalke als Feinkalk (ungelöschter, feingemahlener, gebrannter Kalk) oder als Kalkhydrat (zu trockenem Pulver gelöschter Luftkalk) verwendet.

Hydraulische Kalke werden durch Brennen von mergeligem Kalkstein hergestellt. Sie erhärten schneller als Luftkalke und erreichen höhere Festigkeiten. Zu den hydraulischen Kalken gehören Wasserkalk und hochhydraulischer Kalk.

8.5 Asphaltmischgut

Asphaltmischgut besteht aus ca. 95 % Mineralstoffen und ca. 5 % Bitumen. Die jeweilige Zusammensetzung der einzelnen Mischgutarten ist vom gewünschten Verhalten im fertigen Zustand und während des Einbaues sowie von der Beanspruchung abhängig.

Die Herstellung des Mischgutes erfolgt in der Regel in stationären Mischanlagen. Bei großen Bauvorhaben werden auch mobile Mischanlagen direkt an der Baustelle eingesetzt. Das fertige Mischgut wird sofort zur Einbaustelle transportiert oder in beheizten Silos bis zum Abtransport gelagert.

Walzasphalt (Asphaltbeton) ist ein Gemisch aus kornabgestuften Mineralstoffen und Straßenbaubitumen (Heißeinbau) oder Fluxbitumen (Warmeinbau). Das Mischgut wird mit LKW transportiert und heiß (120 °C bis 180 °C) oder warm (60 °C bis 130 °C) mit Fertigern eingebaut und mit Walzen verdichtet.

Walzasphalt wird im Heißeinbau als Deckschicht, Binderschicht, Tragdeckschicht und Tragschicht verwendet. In Ausnahmefällen wird er im Warmeinbau als Deckschicht für Straßen mit geringer Verkehrsbelastung eingesetzt.

Gussasphalt ist eine dichte Masse aus Splitt, Sand, Füller und Straßenbaubitumen oder Straßenbaubitumen und Naturasphalt, die im heißen Zustand gieß- und streichfähig ist. Er wird in Asphaltmischanlagen hergestellt und bei einer Temperatur zwischen 200 °C und 250 °C von Hand oder mit Fertigern eingebaut und mit Splitt abgestreut. Der Splitt wird anschließend mit Gummiradwalzen angedrückt.

Gussasphalt ist besonders geeignet für Straßen mit hoher Beanspruchung und für Brückenbeläge.

Asphaltmastix besteht aus Sand, Füller und Straßenbaubitumen. Er ist im heißen Zustand gieß- und streichfähig. Nach dem heißen Einbau wird Splitt aufgestreut und angedrückt.

Durch seine geringe Griffigkeit ist Asphaltmastix und Splitt nicht für Straßen mit schnellem Verkehr geeignet. Er wird in der Regel als dünne Schicht bei der Sanierung von Oberflächen eingesetzt.

8.6 Wiederverwendung von Asphaltaufbruch

Mit dem »Gesetz zur Förderung der Kreislaufwirtschaft und Sicherung der umweltverträglichen Beseitigung von Abfällen (Kreislaufwirtschafts- und Abfallgesetz, KrW/AbfG)« wird die Verwendung von Abfällen vorgeschrieben. Das beim Umbau einer Straßen anfallende Aufbruchmaterial wird deshalb der Wiederverwendung zugeführt.

Aufbruchasphalt entsteht durch das Aufreißen des Schichtenpaketes und dem Brechen der Schollen zu Granulat.

Für Fräsasphalt wird die Oberfläche zunächst mit schwerem Gerät erwärmt und dann mit der Fräse aufgerissen. Hierbei entsteht das Asphaltgranulat, das entweder an Ort und stelle wieder eingebaut oder zwischengelagert wird. Die Korngrößenverteilung des Granulates entspricht den ZTV Asphalt-StB.

Das Rückformen der Befestigung aus Asphalt erfolgt maschinell mit entsprechenden Großgeräten. Drei Verfahren sind zu unterscheiden:

- **Reshape**
  Rückformen ohne Zugabe von Material
  Die Oberfläche wird aufgeheizt und aufgelockert. Anschließend wird das aufgelockerte Material verteilt, profilgerecht eingebaut und mit schweren Walzen verdichtet.
- **Repave**
  Rückformen bei Materialzugabe ohne Mischen
  Nach dem Reshapeverfahren wird das Material verteilt. Darauf wird neues Mischgut in gleichmäßiger Dicke zugegeben, profilgerecht eingebaut und gemeinsam mit der alten Schicht mit Walzen verdichtet. Die Zugabemengen liegen zwischen 10 und 45 kg/m².

- **Remix**
  Rückformen mit Materialzugabe und Mischen
  Das aufgelockerte Material wird vor dem Einbau erwärmt, mit neuem Material vermischt und nach dem Einbau mit Walzen verdichtet.

Bei allen drei Verfahren muss die vorhandene Befestigung vorher sorgfältig untersucht werden. Voraussetzung zur Anwendung eines der genannten Verfahren ist eine ausreichend große Fläche mit homogener Beschaffenheit. Während der Ausführung sind entsprechende Witterungsbedingungen (Trockenheit, Lufttemperatur über 10 °C) erforderlich.

8.7 Beton für Fahrbahndecken

An Betondecken werden hohe Anforderungen in Bezug auf die Tragfähigkeit und die Dauerhaftigkeit gestellt. Dies kann nur ein hochwertiger Beton erfüllen, der sorgfältig hergestellt wird. Folgende Eigenschaften werden vom Frischbeton verlangt:

- Homogenität
- gute Verarbeitbarkeit
- ausreichende Verarbeitbarkeitszeit.

An die fertige Betondecke werden folgende Anforderungen gestellt:

- hohe Druck- und Biegezugfestigkeit
- hoher Verschleißwiderstand
- hoher Frost- und Frost-Tausalzwiderstand
- gute Oberflächeneigenschaften (z. B. Ebenheit, Griffigkeit, Ableitung des Oberflächenwassers, geräuscharm).

Damit die geforderten Eigenschaften erreicht werden, sind nur Betone mit hochwertigen, güteüberwachten Ausgangsstoffen und einer geeigneten Betonzusammensetzung zu verwenden. Die Herstellung und Verarbeitung des Betons muss besonders sorgfältig erfolgen und ausreichend überwacht werden. Einzelheiten sind in den »Zusätzlichen Technischen Vertragsbedingungen und Richtlinien für den Bau von Betonfahrbahndecken (ZTV Beton-StB)« enthalten.

Beton für Fahrbahndecken besteht aus Zement, Zuschlagstoffen, Wasser, Betonzusatzmittel und gegebenenfalls Betonzusatzstoffen. Er wird entweder im Werk hergestellt und als Transportbeton zur Baustelle gebracht oder direkt an der Baustelle in einer mobilen Mischanlage (bei großen Bauvorhaben) erzeugt.

Als Zemente werden die Normzemente Portland-, Portlandhütten-, Portlandölschiefer- und Portlandkalksteinzement der Festigkeitsklasse 32,5 oder Hochofenzement mindestens der Festigkeitsklasse 42,5 verwendet. Die Zementmenge ist in einer Eignungsprüfung zu ermitteln.

Als Zuschläge kommen güteüberwachte natürliche und künstliche Mineralstoffe sowie Recycling-Baustoffe in Frage. Für die Korngrößenverteilung der Zuschläge sind in der DIN 1045, Beton und Stahlbeton; Bemessung und Ausführung, Regelsieblinien enthalten.

Das in der Natur vorkommende Wasser ist als Zugabewasser geeignet, wenn es keine Bestandteile enthält, die sich auf die Eigenschaften des Betons auswirken.

Betonzusatzmittel verändern die Betoneigenschaften durch chemische und/oder physikalische Wirkung. Sie werden eingesetzt, um bestimmte Eigenschaften des Betons zu beeinflussen. Im Straßenbau werden folgende Zusatzmittel verwendet:

- Luftporenbildner (LP) vergrößern den Luftporenanteil im Beton und erhöhen damit den Frost-Tausalzwiderstand
- Betonverflüssiger (BV) verringern den Wasseranspruch oder verbessern bei gleichem Wassergehalt die Verarbeitbarkeit
- Fließmittel (FM) verflüssigen den Beton (Wirkung 30 bis 60 Minuten)
- Verzögerer (VZ) verlängern die Verarbeitbarkeits- und Erstarrungszeit.

Betonzusatzstoffe beeinflussen bestimmte Eigenschaften des Betons. Sie werden nur in Sonderfällen für Betondecken verwendet. Betonzusatzstoffe sind:

- Gesteinsmehle (z. B. Kalksteinmehl)
- Steinkohlenflugasche
- Hochofenschlacke
- Trass.

9 Straßenbaumaschinen

9.1 Erdbaumaschinen

Die Bewegung von Boden kann aus verschiedenen Gründen erforderlich sein. Anstehender Boden muss entweder für die Durchführung einer Baumaßnahme (z. B. im Einschnitt) entfernt oder für die Erstellung eines Erdbauwerkes (z. B. Lärmschutzwall, Straßendamm) gewonnen werden. Der Boden kann dabei grabend, schürfend oder als Kombination beider Verfahren gelöst werden.

Für den grabenden Abbau dringt ein Gerät mit einem schaufelartigen Werkzeug auf kleiner Fläche tief in den Boden ein. Hierfür können Hydraulikbagger, Seilbagger, Universalbagger und Teleskopbagger mit Hochlöffel, Tieflöffel oder Greifer eingesetzt werden.

Der schürfende Abbau erfolgt auf großen Flächen in dünnen Schichten mit Planierraupen, Raddozern, Schürfkübelwagen (Scraper) und Erd- und Straßenhobeln (Grader).

Die Wahl der Geräte und Arbeitsweisen ist von verschiedenen Kriterien abhängig:

- Abmessungen der Abbaustelle (Länge, Breite, Höhe, Tiefe)
- Arbeitsumfang
- örtliche Verhältnisse
- Beschaffenheit des Bodens (z. B. Wasserverhältnisse, Bodengruppe)
- vorhandene Geräte.

Wenn nur bestimmte Geräte zur Verfügung stehen, müssen zur Optimierung der Leistung die Arbeitsweisen den Geräten angepasst werden. Es ist jedoch sinnvoll, die Geräte den jeweiligen Bedingungen anzupassen und die Arbeitsweise darauf abzustimmen. Der Geräteeinsatz ist sorgfältig zu planen, da nur durch einen störungsfreien Ablauf ein Maximum an Leistung zu erzielen ist. Das ist nur möglich, wenn

- das Gerät und die Geräteausstattung richtig ausgewählt wurde
- die Leistung des Abbaugerätes auf die Leistung des Transportgerätes abgestimmt ist
- die Abbaustelle und die Transportwege trocken und in Ordnung gehalten werden
- der Ablauf von Lösen und Abtransportieren des Bodens so aufeinander abgestimmt ist, dass keine Standzeiten eintreten.

9.1.1 Universalbagger, Seilbagger, Hydraulikbagger

Diese Bagger bestehen aus einem Grundgerät, an das für den jeweiligen Einsatzzweck entsprechende Arbeitsausrüstungen angebracht werden können.

Das Grundgerät setzt sich aus einem Oberwagen und einem Unterwagen zusammen. Der Oberwagen ist drehbar auf dem Unterwagen befestigt. Es werden Geräte mit

Raupen- oder Radfahrwerken eingesetzt. Die Steuerung des Baggers erfolgt seilmechanisch oder hydraulisch.

Beim seilmechanischen Antrieb werden die Werkzeuge über Seilzüge bewegt. Durch die Vielzahl der beweglichen Teile ist ein erhöhter Wartungsaufwand notwendig.

Beim hydraulischen Antrieb sind Ölpumpen über ein Getriebe oder Keilriemen mit dem Motor verbunden. In den Ölpumpen wird ein Öldruck erzeugt. Sie sind selbstregelnd und passen sich den geforderten Geschwindigkeiten und Kräften an. Das heißt, der Motor liefert nur die Leistung, die erforderlich ist. Damit ist eine optimale Anpassung des Gerätes an die gewünschte Leistung gegeben.

Arbeitsausrüstungen

Nach der zu lösenden Bodenart und der gewählten Arbeitsmethode können Bagger mit folgenden Arbeitsausrüstungen bestückt werden:

- Hochlöffel
- Tieflöffel
- Greifer.

Darüber hinaus gibt es für seilmechanisch angetriebene Bagger auch noch Schürfkübel und Kranausrüstungen.

Der Hochlöffelbagger arbeitet vom Planum aus nach oben. Er ist zum Lösen mittelfest bis fest gelagerter Böden geeignet. Im Normalfall werden Löffel mit Schneide eingesetzt. Bei festen Böden können jedoch auch Löffel mit Reißzähnen erforderlich sein. Wenn lockere Böden zu beseitigen sind, kann der Löffel auch durch eine Ladeschaufel ersetzt werden.

Bei Tieflöffelbaggern erfolgt die Baggerung unterhalb der Aufstellebene, z. B. beim Aushub von Baugruben und Gräben. Dabei ist der Einsatz von Löffeln oder Schaufeln möglich.

Schürfkübel kommen in der Regel bei lockeren Böden sowie bei Arbeiten unter Wasser (mit gelochten Kübeln) zum Einsatz.

9.1.2 Flachbagger

Der Begriff »Flachbagger« umfasst alle Geräte, die flächig anstehende Bodenmassen in dünnen Schichten parallel zur Oberfläche abtragen. Sie benötigen ein relativ ebenes Gelände mit nur geringen Höhenunterschieden. Ihr Vorteil ist, dass sie mehrere Arbeiten verrichten können, wie Lösen, Laden, Transportieren, Entladen und Verteilen des Bodens.

Es werden drei Gerätegruppen unterschieden:

- Planier- und Ladegeräte
- Schürfkübelgeräte (Scraper)
- Erd- und Straßenhobel (Grader).

Planier- und Ladegeräte

Beide Geräte bestehen aus dem gleichen Grundgerät mit Raupen oder Rädern. Hat das Grundgerät (Schlepper) ein Schild, so ergibt sich ein Planiergerät.

Ein Querschild steht senkrecht zur Geräteachse und wird hydraulisch gehoben und gesenkt. Es ist nur eine geringe Querneigung möglich. Ein Schwenkschild ist auf einem Mittelzapfen gelagert und kann zu beiden Seiten um 25 bis 30 ° geschwenkt werden. Da das entfernte Material neben der Fahrspur abgelagert wird, ist das Gerät auch zur Schneeräumung geeignet.

Wird an das Grundgerät eine Schaufel angebracht, erhält man ein Ladegerät. Aufgrund der besseren Beweglichkeit werden in der Regel Geräte mit Rädern (Radlader) eingesetzt.

Schürfkübelgeräte (Scraper)

Schürfkübelgeräte werden als Anhängerschürfwagen oder als Motorschürfwagen eingesetzt. Sie können den Boden laden, transportieren und einbauen. In der Regel sind sie mit einem Reifenfahrwerk ausgestattet, wodurch hohe Transportgeschwindigkeiten erreicht werden.

Alle Geräte mit einem Schürfkübel schürfen den Boden in den Kübel, heben den gefüllten Kübel und fahren den Boden zum Einbau- oder Lagerplatz. Dabei muss die Zeit zum Füllen und Leeren in einem gewissen Verhältnis zur Fahrzeit stehen. Ist die Fahrzeit zu kurz, sollte der Boden einfach verschoben werden, z. B. mit einer Planierraupe, da dann die Zeiten für das Anheben und Absenken des Kübels entfallen.

Anhängerschürfwagen müssen von Rad- oder Raupenschleppern gezogen werden. Das Heben und Senken des Kübels erfolgt über einen eigenen Antrieb.

Motorschürfwagen sind durch eine Knicklenkung besonders wendig. Sie eignen sich besonders für bindige und leicht bindige Böden.

Beim Entleeren wird der Boden in einer dünnen Schicht (ca. 30 cm) ausgeschüttet. Durch ein geschicktes Fahren über die einzelnen Schüttlagen wird der Boden bereits vorverdichtet. Weitere Geräte zum Verteilen des Bodens sind nicht erforderlich. Der Einsatz von Scrapern ist jedoch erst wirtschaftlich, wenn sehr große Massen zu bewegen sind.

9.1.3 Erd- und Straßenhobel (Grader)

Grader werden nur für bestimmte Arbeiten eingesetzt, bei denen eine besondere Präzision notwendig ist, wie bei

- der Herstellung des Feinplanums
- der Herstellung und Reinigung der Banketten
- dem Schneiden von Böschungen und Gräben
- der Instandhaltung von Baustraßen.

Grader haben immer ein Reifenfahrwerk. Durch eine schwenkbare Schar können Bodenunebenheiten bereits durch wenige Übergänge beseitigt werden. Mit verschiedenen Zusatzausrüstungen ist das Gerät vielseitig einsetzbar. So können auch Arbeiten ausgeführt werden wie Mutterboden entfernen, Böschungen schneiden und planieren, Gräben ziehen, Frostschutzschichten einbauen und Fahrbahnbefestigungen aufreißen.

9.2 Verdichtungsmaschinen

Bei der Verdichtung wird der Hohlraumgehalt des Bodens verringert. Die Scherfestigkeit wird dabei vergrößert, die Zusammendrückbarkeit, die Durchlässigkeit sowie die Neigung zur Wasseraufnahme werden herabgesetzt. Aufgabe der Verdichtung ist es, einen Teil der mit Wasser oder Luft gefüllten Poren des Bodens heraus zu drücken und den frei gewordenen Porenraum durch eine dichtere Lagerung der Bodenteile zu vermindern. Bei den grobkörnigen Böden wie Sand und Kies ist das aufgrund der hohen Durchlässigkeit dieser Böden relativ leicht und schnell möglich. Feinkörnige Böden lassen sich dagegen oft nur mit hohem Aufwand ausreichend verdichten.

Zum Verdichten können unterschiedliche Geräte eingesetzt werden, die sich in ihrer Wirkungsweise unterscheiden.

- **Statische Verdichtung**
  Bei der statischen Verdichtung wird auf den Boden ein Druck ausgeübt, der zu einer bleibenden Verformung führt. In der Regel werden hierfür Walzen eingesetzt. Die Größe der Verformungen ist von der Scherfestigkeit des Bodens, vom Gewicht der Walze, vom Walzendurchmesser und der Art der Bewegung (selbstfahrend oder gezogen) abhängig.

- **Dynamische Verdichtung**
  Bei der dynamischen Verdichtung wird durch Stampfen, Schlagen, Rütteln oder Vibrieren eine Kornumlagerung des Bodens erreicht. Dies erfolgt entweder durch eine Stampf- oder eine Vibrationsverdichtung.

  Bei der Stampfverdichtung wird durch den freien Fall einer Masse ein Stoß auf den Boden ausgeübt. Als Geräte werden einfache Handstampfer, Explosionsstampfer und unterschiedlich schwere Fallplatten verwendet. Die Wirkung ist abhängig von der Masse, der Fallhöhe, der Aufprallfläche und von den Verdichtungseigenschaften des Bodens.

Die Vibrationsverdichtung versetzt den Boden im Verdichtungsbereich in Schwingungen. Die Reibung der Einzelkörner aneinander wird verringert und eine Kornumlagerung tritt ein. Als Geräte kommen Vibrationsplatten und -walzen zum Einsatz.

9.2.1 Statische Walzen

Die Verdichtung erfolgt bei statischen Walzen durch das hohe Gewicht. Sie werden als gezogene Einmantelwalzen oder als selbstfahrende Tandemwalzen hauptsächlich im Deckenbau eingesetzt. Aufgrund der geringen Tiefenverdichtung ist ihr Einsatz bei der Bodenverdichtung eingeschränkt.

Leichte **Glattmantelwalzen** mit einem großen Manteldurchmesser können zur Vorverdichtung geschütteter Böden eingesetzt werden und zur Nachverdichtung von Sand- und Kiesböden, die oberflächennah nicht genügend verdichtet sind.

Mit **Schaffuß- und Gitterradwalzen** wird eine knetende Wirkung erreicht. Sie werden in der Regel als einachsige, gezogene Walzen eingesetzt. Der Durchmesser von Schaffußwalzen beträgt 1,3 bis 2,7 m bei einem Gewicht von bis zu 20 t. Auf dem Mantel sind ca. 20 cm lange Stempel angeordnet, die den Boden kneten und zerkleinern. Mit zunehmender Verdichtung sinken die Stempel weniger in den Boden ein. Die Oberfläche einer Lage (3–4 cm) bleibt locker und wird erst mit der nächsten Lage verdichtet.

Mit **Schaffußwalzen** können Schluffe, Tone und steinarme Mischböden verdichtet werden, auch wenn der vorhandene Wassergehalt kleiner ist als der optimale Wassergehalt. Die einzelnen Schüttlagen werden gut miteinander verzahnt.

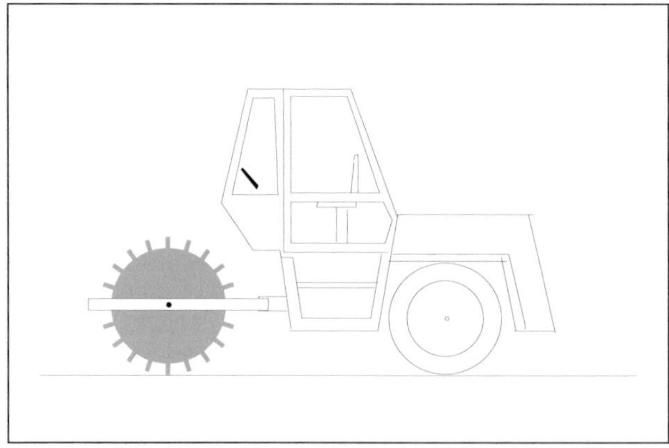

Abb. 106: Schaffußwalze

Stampffußwalzen ähneln in ihrer Wirkungsweise den Schaffußwalzen. Die Stempel haben jedoch eine vergrößerte Endfläche. Durch die stärker stampfende Verdichtung können auch feinkörnige Böden mit einem erhöhten Wassergehalt bearbeitet werden.

Gitterradwalzen haben einen Mantel aus Gittergeflecht. In der Regel werden sie als einachsige, gezogene Walzen verwendet. Sie eignen sich für schwach bis mäßig bindige Böden und auch für schwach steinige, gemischtkörnige Böden.

Gummiradwalzen sind die Geräte mit den größten Einsatzmöglichkeiten. Sie werden als ein- oder zweiachsige gezogene oder als zweiachsige, selbstfahrende Walzen hergestellt. Da die Räder einzeln aufgehängt sind, wird jede Stelle mit dem gleichen Druck bearbeitet. Das Ergebnis ist ein glattes und ebenes Erdplanum. Die Fahrgeschwindigkeit hat einem direkten Einfluss auf die Tiefenwirkung. Bei einer geringeren Geschwindigkeit (ca. 3–4 km/h) ist die Tiefenwirkung größer als bei einer höheren Geschwindigkeit (6–10 km/h). Für den Erdbau ist deshalb mit einer geringeren Geschwindigkeit zu verdichten.

9.2.2 Vibrationswalzen

Vibrationswalzen sind heute die am häufigsten verwendeten Walzen. Sie werden als gezogene oder als selbstfahrende Geräte eingesetzt. Der Walzenkörper wird in Schwingungen mit geringer Amplitude (Schwingungshöhe) versetzt. Bei einigen Typen lassen sich die Frequenz (Anzahl der Schwingungen) und die Amplitude verstellen, so dass die Verdichtung den jeweiligen Gegebenheiten angepasst werden kann. Vibrationswalzen werden mit glatten Bandagen und auch als Stampffuß- oder Schaffußwalzen angeboten.

Anhängevibrationswalzen werden nur im Erdbau auf großflächigen, langgestreckten Baustellen verwendet. Je nach Walzentyp (leichte oder schwere Walzen) werden mit 4–6 Übergängen Tiefen von 20 bis 100 cm bei grobkörnigen Böden, 10 bis 60 cm bei feinkörnigen Böden, 20 bis 100 cm bei gemischtkörnigen Böden und 20 bis 150 cm bei Felsschüttungen und steinigen Mischböden wirksam. Beim Einsatz von Anhängevibrationswalzen sind Zugmaschinen erforderlich, deren Mindestleistung auf die Walzengröße abgestimmt sein muss.

Handgeführte Vibrationswalzen sind kleine Verdichtungsgeräte, die in bestimmten Bereichen eingesetzt werden. Sie sind sehr handlich und damit besonders für kleine Flächen (z. B. Leitungsgräben), bei Reparaturarbeiten und an geneigten Flächen geeignet. Handgeführte Walzen werden hauptsächlich für dünne Schichten besonders beim bituminösen Deckenbau verwendet.

Selbstfahrende Tandemvibrationswalzen sind Verdichtungsgeräte, bei denen zwei Walzenkörper hintereinander angeordnet sind. Beide Walzenkörper haben meistens ein eigenes Vibrationssystem. Da die Vibration wahlweise zugeschaltet werden kann, sind Doppel-Vibrations-Tandemwalzen besonders vielseitig einsetzbar. Sie eignen sich aufgrund ihrer Konstruktion auch für beengte Platzverhältnisse und für geneigte Flächen (z. B. Dämme).

Walzenzüge sind eine Kombination aus Zugmaschine und Walzenkörper und werden hauptsächlich im Erdbau eingesetzt. Der Walzenkörper ist vorne angeordnet und wird geschoben. Bandagengetriebene Walzenzüge können Steigungen bis zu 60 % überwinden. Die Vibration kann zwischen zwei Frequenzstufen und niedriger und hoher Amplitude gewählt werden. Eine hohe Amplitude hat eine größere Tiefenwirkung, die Oberfläche wird jedoch weniger verdichtet. Häufig ist es deshalb sinnvoll, zunächst mit hoher Amplitude zu verdichten und für die Oberfläche eine niedrigere Amplitude einzustellen.

Vibrationsplatten (Rüttelplatten) gibt es in unterschiedlichen Bauformen und Gewichten. Die Schwingungsebene kann geneigt werden, so dass eine Fortbewegung in eine bestimmte Richtung möglich ist. Vibrationsplatten sind für reine Sand- und Kiesböden sowie für schwachbindige Sande und Kiese geeignet.

Stampfer erzeugen durch den freien Fall des Stampfkörpers einen Druck auf die Oberfläche. Die einfachste Form des Stampfers ist der Handstampfer aus Holz oder Metall. Mit Ausnahme von Felsböden können alle Böden verdichtet werden. Es wird jedoch aufgrund seiner geringen Tiefenwirkung nur in Ausnahmefällen (z. B. erschütterungsempfindliche Rohrleitungen) verwendet.

Beim Explosionsstampfer wird vom Motor ein Explosionsdruck erzeugt, durch den der Stampfer vom Boden abgehoben wird. Der anschließende freie Fall auf die Bodenoberfläche bewirkt eine Verdichtung. Das Gewicht der Geräte beträgt 500 kg (Durchmesser der Stampfplatte 70 cm) bzw. 1000 oder 1200 kg (Durchmesser der Stampfplatte 90 cm).

Bei schweren Explosionsstampfern (Frösche) beträgt die Sprunghöhe 15 bis 40 cm, die Sprungweite 8 bis 15 cm. Die Schlagzahl ist abhängig von der Bedienung und liegt zwischen 30 und 50 Schlägen in der Minute. Sie eignen sich besonders zum Verdichten schwach steiniger Mischböden. Leichte Explosionsstampfer mit einem Gewicht von 100 bis 200 kg werden zur Verdichtung bei engen Platzverhältnissen eingesetzt.

Schwere Fallplatten mit einem Gewicht von ca. 1 bis 4 t werden mit einem Kran oder Bagger angehoben und aus einer Höhe von ca. 2 m fallengelassen. Überschwere Fallplatten mit einem Gewicht bis zu 40 t werden aus einer Höhe bis zu 40 m abgeworfen. Die Verdichtung erfolgt nicht flächendeckend, sondern auf einem Raster. Die Anzahl der erforderlichen Abwürfe auf einen Punkt wird anhand einer Probeverdichtung festgelegt.

Das Verfahren ist besonders für Böden oder Aufschüttungen geeignet, die in der Tiefe ungenügend tragfähig sind, wie z. B. verfüllte Sand- und Kiesgruben, sumpfige Bereiche oder Mülldeponien.

9.3 Maschinen für den Deckenbau

9.3.1 Fertiger für Asphaltmischgut

Der Einbau von Walzasphalt erfolgt mit »Fertigern«, die den Asphalt verteilen, ebnen und vorverdichten. Im Normalfall wird das Mischgut im Lkw angeliefert und vorne in den Materialkübel des Fertigers entladen. Hierzu fährt der Lkw rückwärts an den Fertiger. Während des Entladens unterbricht der Fertiger seine Arbeit nicht, sondern schiebt den Lkw vor sich her.

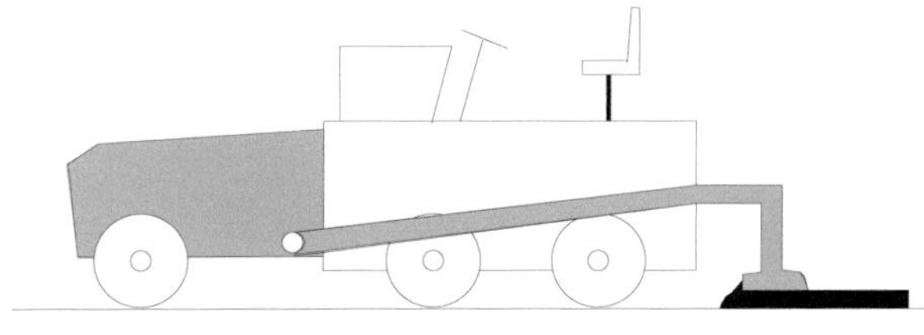

Abb. 107:
Fertiger für Walzasphalt-Mischgut

Das Material wird über Bänder und Schnecken aus dem Kübel abgezogen und auf der vorbereiteten Fläche verteilt. Es ist darauf zu achten, dass keine Entmischung des Materials stattfindet. Die Materialmenge wird über Schieber und Schnecken reguliert und die Verteilbreite durch Seitenbleche begrenzt.

Da das Material noch mit Walzen verdichtet wird, erfolgt der Einbau in einer entsprechend dickeren Schicht. Eine Einbaubohle glättet die eingebaute Schicht. Querneigungsänderungen werden entweder von Hand oder mit einer elektronischen Querneigungsautomatik (Pendelprinzip) geregelt.

An der Bohle befinden sich die Elemente für die Vorverdichtung. Mit einem Messer wird das Mischgut vor die beheizte Bohle gepresst und so bereits etwas verdichtet. Die Verdichtungswirkung kann durch das Zuschalten einer Vibrationseinrichtung auf dem Bohlenkasten erhöht werden. Die gilt besonders für größere Einbaudicken und steiferes Mischgut. Die Frequenz wird dabei auf das Material abgestimmt.

Das Grundgerät hat entsprechend der StVO eine maximale Breite von 2,50 m. Die Arbeitsbreite beträgt 0,3 bis ca. 3 m bei Kleinfertigern, 1,8 bis 8,5 m bei mittleren Fertigern und 2,5 bis 12 m bei großen Fertigern. Die Anbaubreite wird entweder in Schritten von 0,25 m verändert oder stufenlos mit variablen Bohlen (Extensorbohlen) eingestellt. Damit sind auch Fahrbahnrandverziehungen und unterschiedliche Breiten zügig einzubauen.

Durch die Nivellierautomatik ist es möglich, auch dann Schichten höhengenau einzubauen, wenn die Unterlage nicht eben ist. Als Bezugslinie wird in Längsrichtung ein Draht gespannt, dessen Höhe vom Fertiger mit einem Fühler abgetastet wird.

9.3.2 Fertiger für Betondecken

Der Einbau von Betondecken mit Gleitschalungsfertigern ist inzwischen die Standardbauweise. Der Einbau erfolgt dabei ein- oder zweischichtig. Die Arbeitseinrichtungen für das Verteilen, Formen und Verdichten des Betons, das Setzen der Anker und Dübel sowie das Glätten der Betonoberfläche sind in einem Gerät auf Raupenfahrwerken untergebracht. Es sind heute Einbaubreiten bis zu 15,25 m und Tagesleistungen bis zu 1 000 m möglich.

Genau eingemessene Spanndrähte dienen als Bezugshöhe. Ein Taster gleitet auf dem Draht entlang und gibt entsprechende Impulse an die Steuerung des Fertigers. Auf diese Weise werden die Höhen- und Seitenlage sowie die Querneigung eingehalten. Die Zusammensetzung und Konsistenz des Betons ist genau auf den Fertiger abzustimmen.

Der Frischbeton wird mit geeigneten Transportfahrzeugen zur Einbaustelle gefahren und rückwärtig vor dem Fertiger entladen. Eine Querglättbohle schiebt den Beton gleichmäßig über die gesamte Arbeitsbreite vor sich her. Es entsteht eine dichte und geschlossene Oberfläche. Bei großen Einbaubreiten und/oder hoher Tagesleistung kann es sinnvoll sein, für die Vorverteilung des Betons einen Straßenfertiger vorzuschalten, damit bereits eine gleichmäßig ausgebreitete Schicht vor dem Gleitschalungsfertiger aufgebracht wird. Die Anker in der Mitte werden von oben eingerüttelt und die Anker am Rand mit Pressluft eingedrückt. Das Glätten des Betons erfolgt mit einer Glättebohle, die an einem Ausleger des Fertigers angebracht ist. Die Oberfläche des Betons wird abschließend mit einem angehängten Jutetuch strukturiert. Damit die frische Fahrbahndecke am Rand nicht absackt, muss der Beton eine ausreichende Standfestigkeit haben.

9.3.3 Deckenfräsmaschinen

Zum Abfräsen und Ausbauen von Asphalt- und Betondecken werden Deckenfräsen als Warmfräsen (Asphalt) oder Kaltfräsen (Beton, Asphalt) eingesetzt.

Das **Kaltfräsen** erfolgt ohne Wärmezufuhr. Das Bindemittel wird dadurch nicht verändert, die einzelnen Körner werden jedoch zertrümmert. Der Splittanteil verringert sich und der Fülleranteil steigt im Asphaltmaterial. Während des Fräsvorganges kommt es zu einer starken Staubentwicklung. Die Frästiefe ist geringer als beim Warmfräsen, so dass gegebenenfalls mehrere Übergänge notwendig sind. Der Energieverbrauch ist jedoch niedriger als beim Warmfräsen.

Beim **Warmfräsen** wird die Oberfläche erwärmt. Dies führt eventuell zu einer Veränderung des Bindemittels und des Mischgutes, besonders bei zu starker Aufheizung. Die für das Aufheizen benötigten Geräte (z. B. Infrarotstrahler) erfordern einen hohen Energieverbrauch. Nachteilig sind ebenfalls die starke Rauchentwicklung sowie das klebende Mischgut. Warmfräsen werde heute nur noch selten eingesetzt.

9.4 Aufbereitungsanlagen

Das Mischgut für Asphaltdecken wird in speziellen Aufbereitungsanlagen hergestellt. In neuen Anlagen werden die einzelnen Arbeitsabläufe elektronisch gesteuert und mit Monitoren überwacht. Damit wird jederzeit eine ausreichende Qualität des Materials gewährleistet. Folgende Arbeitsgänge finden in den Anlagen statt:

- Vordosieren der Mineralstoffe
- Trocknen und Erhitzen der Mineralstoffe
- Heißabsiebung
- Mischen (Zugabe von Bitumen)
- Zwischenlagerung.

Vordosieren der Mineralstoffe

Die auf Halden gelagerten Mineralstoffe (Splitt, Kies, Sand) werden über Trichter und Bandwaagen gleichmäßig einer Trockentrommel zugeführt. Die erforderliche Menge wird vorher in einer Eignungsprüfung festgelegt.

Trocknen und Erhitzen der Mineralstoffe

Die Mineralstoffe werden in der Trockentrommel getrocknet und auf die Temperatur gebracht, die später zum Mischen notwendig ist. Die dabei entstehenden Abgase und Feinstäube werden mit einer Entstaubungsanlage abgesaugt.

Heißabsiebung

Nach dem Trocknen werden die heißen Mineralstoffe gesiebt und in einzelne Korngruppen aufgeteilt. Die einzelnen Korngruppen werden voneinander getrennt in Silos (z. T. beheizt und wärmegedämmt) zwischengelagert. Abweichungen bei der Vordosierung und Veränderungen durch das Erhitzen werden dabei ausgeglichen. Auf einer Additionswaage werden die einzelnen Körnungen entsprechend der Eignungsprüfung chargenweise abgewogen. Das erforderliche Gesteinsmehl wird entweder als Rückgewinnungsfüller aus der Entstaubung oder als Fremdfüller kalt zugegeben.

Mischen

Der Inhalt der Waage wird in den Mischer entleert und das Bindemittel zugegeben. Mineralstoffe und Bitumen werden homogen durchgemischt. Die Mischzeit beträgt in der Regel weniger als eine Minute. Bei höheren Feinanteilen und bei besonderen Zusätzen (z. B. Splitt-Mastix-Asphalt) muss die Mischzeit verlängert werden.

Zwischenlagerung

Vor dem Transport zur Baustelle wird das fertige Mischgut in beheizten Silos zwischengelagert. Damit kann das Mischgut auch auf Vorrat hergestellt und Unterbrechungen beim Transport überbrückt werden. Bei einer längeren Lagerung besonders bei hohen Temperaturen kann bei empfindlichen Mischgutsorten das Bindemittel erhärten. Dies ist durch geeignete Maßnahmen zu verhindern (z. B. durch Begrenzung der Lagerzeit, Temperaturkontrolle).

10 Qualitätsprüfung und -sicherung

10.1 Allgemeines

Im Straßenbau steht der Begriff »Qualität« für eine lange Nutzungsdauer, eine ausreichende Verkehrssicherheit und hohe Fahrbequemlichkeit.

Zur Gewährleistung dieser Eigenschaften ist eine ständige Prüfung der Bauverfahren und der Materialien notwendig.

Die Qualitätssicherung im Straßenbau ist von immer größer werdender Bedeutung. Die Gründe hierfür sind

- die ständig steigende Verkehrsbelastung
- der Rückgang der zur Verfügung stehenden Finanzmittel
- Einschränkungen bei der Verfügbarkeit von hochwertigen Rohstoffen.

Die Qualitätssicherung ist Aufgabe von Auftragnehmer und Auftraggeber. Sie umfasst

- Planung
- Bemessung
- Auswahl der Baustoffe
- Einwirkungen des Gesetzgebers und Verordnungsgebers auf die Art des Verkehrs und der Fahrzeuge (z. B. Begrenzung von Achslasten und Gesamtgewicht Geschwindigkeitsbegrenzungen)
- Ausbildung des Personals.

10.2 Begriffe

- **Eignungsnachweis**

  Der Eignungsnachweis bei bituminösen Baustoffen und Mineralstoffen ist von einer nach RAP-Stra (Richtlinien für die Anerkennung und Überwachung von Prüfstellen für bituminöse und mineralische Baustoffe und Baustoffgemische im Straßenbau) anerkannten Prüfstelle durchzuführen.

  Diese Prüfstelle untersucht Proben entsprechend den Vorgaben und beurteilt den Betrieb hinsichtlich Gewinnung, Aufbereitung, Lagerung und Verladung sowie die Funktionsfähigkeit des Labors für die Eigenüberwachung.

  Die Eignung der Baustoffe oder der Baustoffgemische für den vorgesehenen Verwendungszweck entsprechend den Anforderungen des Bauvertrages ist vom Auftragnehmer nachzuweisen.

- **Eigenüberwachung**
  Im Betriebslabor werden von geeignetem Fachpersonal vorgeschriebe Prüfungen aus der laufenden Produktion durchgeführt. Die Ergebnisse der Prüfungen sind im Labortagebuch zu sammeln.

  Bei der Nichteinhaltung der Güteanforderungen sind entsprechende Maßnahmen zu ergreifen, die ebenfalls im Labortagebuch zu vermerken sind.

- **Fremdüberwachung**
  Über die Fremdüberwachung ist mit einer nach RAP-Stra anerkannten Prüfstelle ein Überwachungsvertrag abzuschließen.

  Die Fremdüberwachung umfasst vorgeschriebene Prüfungen, die in bestimmten Zeitabständen durchzuführen sind.

- **Güteüberwachung**
  Die Güteüberwachung besteht aus der Eigenüberwachung und der Fremdüberwachung.

  Der Betrieb und die Straßenbaubehörde erhalten Ausfertigungen des Eignungsnachweises und des Fremdüberwachungszeugnisses.

- **Kontrollprüfungen**
  Kontrollprüfungen sind Prüfungen des Auftraggebers. Dabei wird festgestellt, ob die Güteeigenschaften der Baustoffe, der Baustoffgemische und der fertigen Leistung den vertraglichen Anforderungen entsprechen. Die Ergebnisse der Kontrollprüfungen sind Grundlage für die Abnahme der fertigen Leistung.

  Die Entnahme von Proben und die Prüfungen, die auf der Baustelle durchgeführt werden (z. B. Plattendruckversuche), führt der Auftraggeber in Anwesenheit des Auftragnehmers durch.

- **Schiedsuntersuchungen**
  Eine Schiedsuntersuchung ist die Wiederholung einer Kontrollprüfung, an deren sachgerechter Durchführung begründete Zweifel seitens des Auftragnehmers oder des Auftraggebers bestehen. Sie ist von einer anerkannten Prüfstelle durchzuführen, die nicht die Kontrollprüfung vorgenommen hat.

  Die Kosten für eine Schiedsuntersuchung trägt die Partei, zu dessen Ungunsten sie ausgeht.

Die Prüfungen umfassen in der Regel:

- die Probenahme
- das Verpacken der Probe für den Versand
- den Transport der Probe von der Entnahmestelle zur Prüfstelle
- die Untersuchung mit Prüfbericht.

Die Qualität der Baustoffe und der Bauausführung ist ständig zu gewährleisten, wenn eine Straße mit hoher Qualität hergestellt werden soll. Die Sicherung der Qualität umfasst die Bereiche:

- Erdbau und Bodenverfestigung
- Mineralstoffe und ungebundene Schichten
- Bitumen und Asphalt
- Beton, hydraulisch gebundene Tragschichten und ihre Ausgangsstoffe.

10.3 Erdbau und Bodenverfestigung

Die Qualitätssicherung im Erdbau nimmt im Vergleich zu anderen Bauleistungen eine Sonderstellung ein, da der Boden kein gezielt zusammengesetztes Material ist. Er weist deshalb Unregelmäßigkeiten in Bezug auf seine Zusammensetzung und Eigenschaften auf.

Die Qualitätssicherung umfasst nicht nur die hergestellte Leistung, sondern auch die Auswirkungen auf die Umwelt. Sie kann aus den folgenden Komponenten bestehen:

- bodenmechanische und felsmechanische Vorarbeiten im Gelände
- Eignungsprüfungen zur Erschließung von Boden- und Felsvorkommen zum Zwecke der Baustoffgewinnung
- Prüfungen im Rahmen der Eigenüberwachung des Auftragnehmers
- baubegleitende Beobachtungen und Überwachungen der Arbeitsverfahren
- Beobachtungen, Prüfungen und Messungen nach der Fertigstellung.

Bei allen Arbeiten für Dammschüttungen, für das Verfüllen von Baugruben und Gräben sowie für das Hinterfüllen von baulichen Anlagen (z. B. Widerlager von Brücken) nehmen die Verdichtungsprüfungen den vorrangigen Stellenwert bei der Qualitätssicherung ein.

In der Regel werden folgende Prüfverfahren durchgeführt:

- Bestimmung der Dichte (z. B. Zylinderentnahme, Ersatzmethoden)
- Proctorversuch
- Bestimmung des Wassergehaltes
- Plattendruckversuch.

10.4 Methoden für das Prüfen der Bodenverdichtung

Unter dem Begriff »Methode« ist die systematische Vorgehensweise zu verstehen, mit der die Qualität der Bodenverdichtung überprüft wird. Die ZTVE-StB unterscheiden die folgenden Methoden:

Methode M 1:
Vorgehensweise gemäß statistischem Prüfplan

Methode M 2:
Vorgehensweise bei Anwendung flächendeckender dynamischer Messverfahren

Methode M 3:
Vorgehensweise zur Überwachung des Arbeitsverfahrens

Die Wahl der geeigneten Methode ist von der Art, Größe und Bedeutung des Erdbauwerks, der Art und Zusammensetzung der Erdbaustoffe sowie vom Geräteeinsatz und der erforderlichen Erdbauleistung abhängig. Die ausgewählte Methode ist in der Leistungsbeschreibung festzulegen.

Methode M 1, Vorgehensweise gemäß statistischem Prüfplan

Diese Methode ist besonders für große Prüflose (z. B. Flugplätze) geeignet. Ein Prüflos ist ein Bereich, für den eine einheitliche Anforderung gilt und der unter den gleichen Bedingungen hergestellt wird. Die einzelnen Prüflose oder Teilflächen davon werden einvernehmlich zwischen Auftraggeber und Auftragnehmer festgelegt.

Die Prüfung eines Prüfloses erfolgt auf der Basis von Stichproben. Die Prüfpunkte werden dabei nach Zufallsauswahlverfahren bestimmt. Der Umfang der einzelnen Stichproben ergibt sich aus dem verwendeten Prüfplan.

An den einzelnen Prüfpunkten werden die Prüfergebnisse ermittelt. Aus den Ergebnissen der Stichprobe werden das arithmetische Mittel und die Standardabweichung errechnet.

Prüflosgröße Fläche [m²]	Leitungsgrabenlänge [m]	Stichprobenumfang n	Annahmefaktor k
bis 1.000	bis 50	4	0,88
über 1.000 bis 1.500	über 50 bis 100	5	0,88
über 1.500 bis 2.000	über 100 bis 150	6	0,88
über 2.000 bis 2.500	über 150 bis 200	7	0,88
über 2.500 bis 3.000	über 200 bis 250	8	0,88
über 3.000 bis 3.500	über 250 bis 300	9	0,88
über 3.500 bis 4.000	über 300 bis 350	10	0,88
über 4.000 bis 4.500	über 350 bis 400	11	0,88
über 4.500 bis 5.000	über 400 bis 450	12	0,88
über 5.000 bis 5.500	über 450 bis 500	13	0,88
über 5.500 bis 6.000	über 500 his 550	14	0,88

Tab. 20: Stichprobenumfang und Annahmefaktor für einen Einfachplan für Variablenprüfungen in Abhängigkeit von der Prüflosgröße gemäß ZTVE-StB

Mit diesen beiden Werten kann die Qualitätszahl Q gebildet werden. Das Prüflos wird angenommen, wenn Q größer oder gleich dem gegebenen Annahmefaktor k ist.

Methode M 2, Vorgehensweise bei Anwendung flächendeckender dynamischer Messverfahren

Die relative Dichte wird durch Schwingungsmessungen direkt an der Walze erfasst. Sie wird dem Walzenführer ebenso angezeigt wie die sich einstellende Veränderung der Dichte durch die einzelnen Walzübergänge.

Die Methode eignet sich besonders für Baumaßnahmen mit großen Tagesleistungen und homogenen Böden. Darüber hinaus kann die Gleichmäßigkeit der Verdichtung beurteilt werden.

Die Prüfung kann entweder mit der für die Verdichtung verwendeten Walze oder mit einer speziellen Messwalze ausgeführt werden. Vor Beginn der Verdichtungsarbeit wird auf einem Probefeld der Mindestwert für den dynamischen Messwert ermittelt.

Methode M 3, Vorgehensweise zur Überwachung des Arbeitsverfahrens

Diese Methode ist besonders für kleine Baumaßnahmen oder beengte Arbeitsräume wie Hinterfüllungen von Bauwerken, Leitungs- oder Kabelgräben geeignet.

Voraussetzung für die Anwendung dieser Methode ist, dass durch eine Probeverdichtung oder durch einschlägige Erfahrungen ein bestimmtes Arbeitsverfahren für den Einbau und das Verdichten des Bodens festgelegt wird. Diese Festlegung wird bei der Eigenüberwachung vom Auftragnehmer dokumentiert und vom Auftraggeber überprüft.

Für das Arbeitsverfahren sind in einer Arbeitsanweisung festzulegen:

- das geeignete Verdichtungsgerät
- die Arbeitsweise beim Einbau
- die Anzahl der erforderlichen Verdichtungsübergänge
- die maximale Schütthöhe der einzelnen Einbaulagen
- die für das Verdichten zulässigen Einbauwassergehalte.

Außerdem sind Einzelversuche durchzuführen, mit dem die Verdichtungsqualität beurteilt wird. Der Umfang dieser Eigenüberwachungsprüfungen sind Tab. 21 zu entnehmen.

Die Einzelversuche sind an ausgesuchten Punkten durchzuführen, wie z. B. kritische Verdichtungsbereiche des Erdbauwerks, erkennbare Schwachstellen, Änderungen in der Zusammensetzung oder anderer Eigenschaften des Bodens.

Die Mindestanzahl der Eigenüberwachungsprüfungen gemäß Tab. 21 müssen auch dann eingehalten werden, wenn die Ausdehnung des jeweiligen Erdbauwerks kleiner ist als in der Tabelle angegeben.

Zeile	Bereich	Mindestanzahl
1	Planum	3 je 4000 m^2
2	Unterbau	3 je 5000 m^2
3	Untergrund	3 je 5000 m^2
4	Bauwerkshinterfüllung	3 je 500 m^2
5	Bauwerksüberschüttung	3 innerhalb des ersten Meters der Überschüttung
6	Leitungsgraben	3 je 150 m Länge pro m Grabentiefe
7	Bei kommunalen Straßen und bei abschnittsweisem Bauen	1 je 2000 m^2 mindestens aber je 100 m

Tab. 21: Mindestanzahl der Eigenüberwachungsprüfungen gemäß ZTVE-Stb

Die Ergebnisse der Probeverdichtung und die vom Auftragnehmer zu dokumentierende Überprüfung des Arbeitsverfahrens werden dem Auftraggeber auf dessen Verlangen vorgelegt.

10.5 Prüfen des Verformungsmoduls auf dem Planum

Das Trag- und Verformungsverhalten des Planums als Unterlage für den Straßenoberbau ist nach den geltenden Anforderungen mit dem Verformungsmodul E_{V2} zu prüfen. Es sind sinngemäß die Methoden M 1, und M 2 oder M 3 anzuwenden. Die Prüfung ist mit dem statischen Plattendruckversuch durchzuführen. Ersatzweise können auch folgende Prüfverfahren angewandt werden:

- dynamischer Plattendruckversuch
- Einsenkmessungen mit dem Benkelman-Balken
- dynamische Messung der Beschleunigungsaufnahme der für das Verdichten eingesetzten Arbeitswalze oder einer speziellen Messwalze.

Die Prüfung des Verformungsmoduls auf dem Planum kann entfallen, wenn der Untergrund bzw. Unterbau mit Bindemitteln verfestigt wird oder örtliche Erfahrungen oder Probeverdichtungen gewährleisten, dass die geforderten Verformungsmoduln erreicht werden.

Prüfung der Tragfähigkeit und der Verdichtungsqualität mit dem Dynamischen Plattendruckversuch mit Hilfe des Leichten Fallgewichtsgerätes

Der Dynamische Plattendruckversuch eignet sich zur Prüfung der Tragfähigkeit und der Verdichtungsqualität von Böden und ungebundenen Tragschichten. Das Prüfverfahren ist besonders für grobkörnige und gemischtkörnige Böden mit einem Größtkorn bis 63 mm geeignet.

Die Vorteile dieses Prüfverfahrens gegenüber dem Statischen Plattendruckversuch sind folgende:

- geringerer Zeitaufwand
- schnelle Beurteilung der Gleichmäßigkeit eines Prüfloses möglich
- geringerer Personaleinsatz (nur eine Person erforderlich)
- Lkw als Widerlager entfällt
- Einsatz auch bei beengten Platzverhältnissen möglich (z. B. Baugruben, Leitungsgräben).

Durch den geringen Zeitaufwand kann dieses Verfahren besonders für Prüfungen nach der Methode M 1, Vorgehensweise gemäß statistischem Prüfplan, eingesetzt werden.

Bei der Prüfung mit dem Leichten Fallgewichtsgerät wird der Boden über eine kreisförmige Lastplatte mit dem Radius r durch ein Fallgewicht stoßartig mit der maximalen Kraft F_s belastet.

Der dynamische Verformungsmodul E_{vd} ist eine Kenngröße für die Verformbarkeit des Bodens unter dieser definierten Stoßbelastung mit der Stoßdauer t_s.

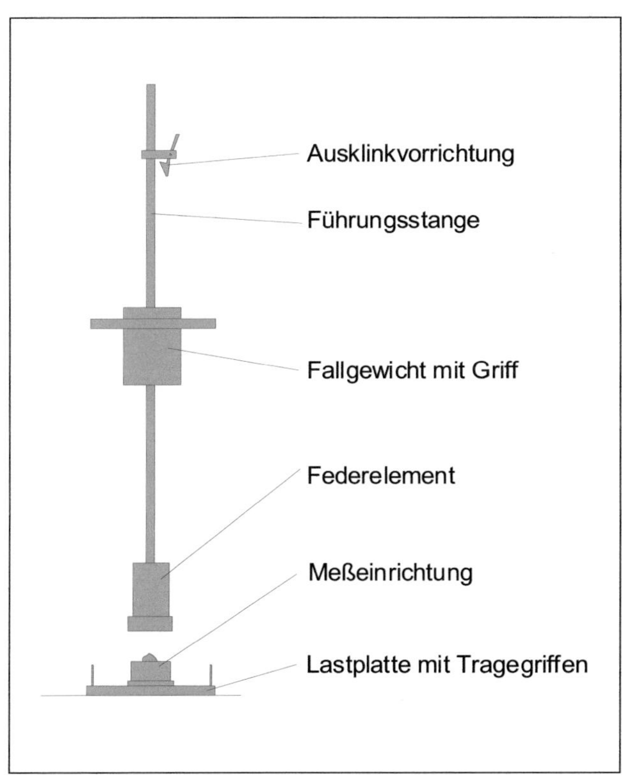

Abb. 108:
Schema des Leichten Fallgewichtsgerätes

Prüfungen bei Bodenverfestigungen

Die Art und der Umfang der Prüfungen bei Bodenverfestigungen sind Tab. 22 zu entnehmen.

		Eignungs-prüfung	Eigenüberwachungs-prüfung	Kontrollprüfung
1.	**Bindemittel**	–		stichproben-weise
	Übereinstimmung zwischen Lieferung und vereinbarter Bindemittelart und -sorte		jede Lieferung (Lieferschein)	
2.	**Boden**	in jedem Fall		
2.1	Korngrößenverteilung		je 250 m bzw. je 3000 m²	stichproben-weise
2.2	Zustandsgrößen		je nach Erfordernis	
2.3	Organische Bestandteile		je 250 m bzw. je 3000 m²	
2.4	Wassergehalt		je nach Erfordernis	
2.5	Proctordichte und zugehöriger Wassergehalt		–	
3.	**Baustoffgemisch**	in jedem Fall		
3.1	Proctordichte und zugehöriger Wassergehalt		–	–
3.2	Druckfestigkeit und/ oder Frostprüfung		–	–
4.	**Zur Verfestigung vorgesehener Boden**			
4.1	Verdichtungsgrad	–	1)	stichproben-weise
4.2	Profilgerechte Lage	–	je 20 m je 3 mal	
5.	**Verfestigte Schicht**			
5.1	Verdichtungsgrad	–	je 250 m bzw. je 3000 m² mind. 1x am Tag	je 250 m bzw. je 3000 m² mind. 1x am Tag
5.2	Bindemittelmenge	–	je nach Erfordernis	je 1000 m²
5.3	Profilgerechte Lage	–	je 20 m 3 mal	je 50 m
5.4	Ebenheit	–	je nach Erfordernis	je nach Erfordernis
5.5	Schichtdicke	–	je nach Erfordernis	je 1000 m²

1) Für die Prüfung des Verdichtungsgrades der zur Verfestigung vorgesehenen Schicht kommt die Methode M 1, M 2 oder M 3 wie für die Bodenverdichtung zur Anwendung.

Tab. 22: Art und Umfang der Prüfungen bei Bodenverfestigungen

Sonstige Prüfungen

Die Prüfung der profilgerechten Lage wird mit den gängigen Vermessungstechniken durchgeführt. Bei Kontrollprüfungen betragen die Abstände der einzelnen Prüfpunkte höchstens 50 m.

Die Ebenheit wird mit einer vier Meter langen Richtlatte geprüft.

Die Messung der Schichtdicke erfolgt an Aufgrabungsstellen. Diese sind über die gesamte Prüffläche verteilt.

10.6 Mineralstoffe und ungebundene Schichten

Für den Bau von Straßen sind nur Mineralstoffe zu verwenden, die den »Richtlinien für die Güteüberwachung von Mineralstoffen im Straßenbau (RG Min-StB)« entsprechen. Danach sind in regelmäßigen Abständen im betriebseigenen Labor (Eigenüberwachung) und von einer anerkannten Prüfstelle (Fremdüberwachung) vorgeschriebene Prüfungen durchzuführen.

In der Regel werden die folgenden Prüfungen an Mineralstoffen durchgeführt:

- **Gewinnung und Aufbereitung**
  Die Mineralstoffe müssen so gewonnen und aufbereitet werden, dass die Eigenschaften gleich bleiben und die geforderten Anforderungen erfüllt werden.
- **Rohdichte**
  Die Rohdichte ist zu bestimmen.
- **Porigkeit von Schlacken**
  Bei Schlacken ist als Maß für die Porigkeit die Wasseraufnahme unter Atmosphärendruck und die Schüttdichte festzustellen.
- **Widerstandsfähigkeit gegen Verwitterung**
  Die Prüfung der Mineralstoffe auf eine ausreichende Widerstandsfähigkeit gegen Verwitterung erfolgt mit der Bestimmung der Frostbeständigkeit und der Raumbeständigkeit.

  Die Frostbeständigkeit wird anhand der Wasseraufnahme unter Atmosphärendruck bestimmt. Gegebenenfalls ist ein Frost-Tau-Wechsel-Versuch durchzuführen. Hierbei wird dann die Absplitterung und, soweit erforderlich, der Anteil an Korn unter 0,71 mm in Gew.-% festgestellt.

  Die Raumbeständigkeit ist gegeben, wenn das Material keine Bestandteile in schädlichen Mengen enthält, die quellen, zerfallen, sich lösen oder chemisch umsetzen. Bei Verdacht auf das Vorhandensein solcher Bestandteile wird die Kochprüfung durchgeführt.

- **Widerstandsfähigkeit gegen Schlag**
  Die Mineralstoffe müssen ausreichend widerstandsfähig gegen Schlag sein. Die Prüfung erfolgt durch den Schlagversuch an Schotter (SD 10) bzw. an Kies oder Splitt (SZ8/12).

- **Druckfestigkeit**
  Bei Werksteinen muss die Druckfestigkeit bestimmt werden.

- **Widerstandsfähigkeit gegen Polieren (Polierresistenz)**
  Mineralstoffe, die in Deckschichten oder als Abstreusplitt eingesetzt werden, müssen eine ausreichende Widerstandsfähigkeit gegen Polieren aufweisen.
  Die Polierresistenz wird am Splitt 8/10 mm durch den PSV (Polished Stone Value) bestimmt.

- **Widerstandsfähigkeit gegen Hitzebeanspruchung**
  Mineralstoffe, die zur Herstellung von heißem Asphaltmischgut verwendet werden, müssen ausreichend hitzebeständig sein. Nach der Hitzebeanspruchung im Muffelofen müssen die Absplitterungen kleiner als 3 Gew.-% sein und der Schlagzertrümmerungswert SZ8/12 um nicht mehr als 3 Gew.-% zugenommen haben.

- **Haftung zwischen Mineralstoff und Bitumen (Affinität)**
  Lieferkörnungen > 2 mm, die in Verbindung mit Bitumen verwendet werden sollen, müssen auf ihre Haftung zwischen Mineralstoff und Bitumen unter Einwirkung von Wasser geprüft werden. Grenzwerte hierfür sind bisher nicht festgelegt.

- **Korngrößen, Korngrößenverteilung, Unter- und Überkorn**
  Die Korngrößenverteilung ist abhängig vom Einsatzbereich des Mineralstoffgemisches. Die Prüfung erfolgt mit der Siebanalyse. Die Korngrößenverteilung wird mit der Sieblinie dargestellt. Die einzelnen Siebgrößen sind genormt.

- **Kornform**
  Der Anteil der Körner, bei denen das Verhältnis von Länge zu Dicke größer als 3:1 ist, darf bei Kies, Splitt und Schotter einen festgelegten Anteil nicht überschreiten.

Die Bestimmung der Kornform erfolgt mit dem Kornform-Messschieber.

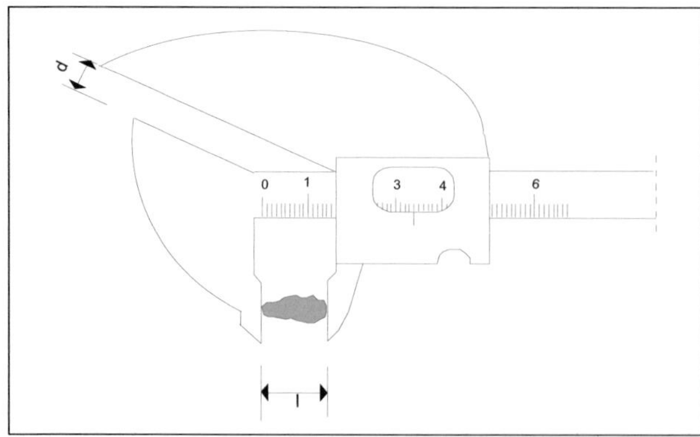

Abb. 109: Kornform-Messschieber

- **Anteil an gebrochenen Körnern**
  Schotter, Splitt und Edelsplitt müssen mindestens 90 Gew.-% bruchflächige Körner enthalten.

  Der Nachweis ist in der Regel nur bei Schotter, Splitt und Edelsplitt aus Kies notwendig.

- **Reinheit**
  Der Anteil an abschlämmbaren Bestandteilen (<0,063 mm) darf bestimmte Grenzwerte nicht überschreiten.

  Für Lieferkörnungen, die als fertige Mineralstoffgemische (z. B. 0/45) für die Herstellung von Tragschichten geliefert werden, gelten die Anforderungen der maßgebenden Technischen Vertragsbedingungen (z. B. ZTVT-StB).
  Es dürfen keine groben Stoffe organischen Ursprungs wie Holz oder Pflanzenreste in schädlichen Mengen in den Lieferkörnungen vorhanden sein.

  Ebenso dürfen sie keine feinverteilten humosen Stoffe in schädlichen Mengen enthalten, sowie Fremdstoffe wie z. B. Keramikbruch, Bauschutt, Metalle und Kunststoffe.

- **Wasserwirtschaftliche Merkmale**
  Bei industriellen Nebenprodukten und bei Recycling-Baustoffen ist die Umweltverträglichkeit nachzuweisen. Dies erfolgt in der Regel durch ein chemisches Labor.

  Im Rahmen der Güteüberwachung sind für die einzelnen Baustoffe bestimmte Grenzwerte der wasserwirtschaftlichen Merkmale einzuhalten.

- **Stoffliche Zusammensetzung**
  Für Recycling-Baustoffe in ungebundenen Tragschichten gelten Grenzwerte für den Anteil bestimmter Stoffe am Gemisch. So sind mit Teer und teerhaltigen Bindemitteln gebundene Massen ebenso auszuschließen wie bindige Böden, verwitterte und witterungsempfindliche Gesteine und ähnliche ungeeignete mineralische Massen. Die folgenden Stoffgruppen werden begrenzt:

  1. Asphaltgranulat — max. 30 Gew.-%
  2. Klinker, dichte Ziegel und Steinzeug im Anteil >4 mm — max. 25 Gew.-%
  3. Kalksandstein, weich gebrannte Ziegel, Putze und ähnliche Stoffe im Anteil >4 mm — max. 5 Gew.-%
  4. mineralische Leicht- und Dämmbaustoffe, wie Gasbeton und Bimsbeton — max. 1 Gew.-%
  5. Fremdstoffe, wie Holz, Gummi, Kunststoffe und Textilien — max. 0,2 Gew.-%

Höhere Anteile an den unter 1. bis 3. genannten Stoffgruppen sind nur zulässig, wenn nachgewiesen ist, dass sie sich nicht nachteilig auswirken.

Lfd. Nr.	Prüfgegenstand	Eignungsnachweis	Güteüberwachung	
			Eignungsnachweis	Fremdüberwachung
1	Gewinnungsstätte und Aufbereitung	X		●
	Gesteinskundliche Merkmale	X	W4)	●
2	Durchführung der Eigenüberwachung	X		2
3	Widerstand gegen Verwitterung, allg. Erhebung und gesteinskundl. Untersuchung	X		⊕
	Falls erforderlich Wasseraufnahme unter Atmosphärendruck	X		⊕
	Falls erforderlich Widerstand gegen Frost-Tau-Wechsel	X		⊕
	Besondere Prüfungen zur Raumbeständigkeit (z. B. Sonnenbrenner, Kalk-/Eisen-Zerfall)	X		2
4	Widerstandsfähigkeit gegen Schlag, Splitt, Kies1)	X		2
	Schotter1)2)	X		2
	Lavaschlacke	X		2
5	Korngrößenverteilung	X	W	2
6	Kornform	X	W3)	2
7	Bruchflächigkeit, Kiessplitt und -schotter	X	W	2
8	Schüttdichte, Wasseraufnahme unter Atmosphärendruck, Hochofenstück- und Metallhüttenschlacke	X	W	2
9	Reinheit und schädliche Bestandteile	X	W	2
10	Affinität zu Bitumen	X	W4)	2
11	Widerstand gegen Hitzebeanspruchung	X		●
12	Polierresistenz (für Splitte in Deckschichten)			●

Eignungsnachweis X: ist durchzuführen

Fremdüberwachung
⊕: alle 2 Jahre
2: zweimal im Jahr
●: bei wesentlichen Änderungen

Eigenüberwachung je Lieferkörnung bzw. Gemisch
W wöchentlich
1) bei Verwendung in Frostschutzschichten nicht erforderlich
2) nur, wenn in Lieferkörnung enthalten
3) entfällt bei ungebrochenem Kies und Lavaschlacke
4) nach Augenschein

Tab. 23: Prüfungen für die Güteüberwachung von ungebrauchten Mineralstoffen gemäß RG Min-StB

10.6.1 Probenahme

Neben der sachgerechten Durchführung der genannten Prüfungen ist eine ordnungsgemäße Probenahme des Materials erforderlich.

Bei der Probenahme aus ungebundenen Tragschichten ist zu unterscheiden, ob die eingebaute Körnung (Eignung des angelieferten Materials) oder die Bauausführung beurteilt werden soll.

Zur Beurteilung der Körnungen sind aus einer etwa im Winkel von 45 ° zur Straßenachse verlaufenden Reihe von Schürfgruben Einzelproben zu entnehmen. Dabei ist die erste Schürfgrube etwa 1,50 m vom Rand der Tragschicht anzulegen, die folgenden dann im Abstand von jeweils höchstens 3 m.

Die Einzelproben sind aus der gesamten Dicke der Tragschicht zu entnehmen. Die Schürfgruben sollen einen Durchmesser von 30 bis 40 cm haben. Ist die Tragschicht dicker als 30 cm, muss nach der Entnahme des Probegutes aus dem oberen Bereich die Schürfgrube zunächst erweitert werden, bevor das Prüfgut aus dem unteren Bereich bis zur Sohle der Tragschicht entnommen werden kann. Mit dieser Vorgehensweise wird verhindert, dass das Gut nachfällt.

Aus den Einzelproben sind anschließend die erforderlichen Teilproben zu bilden.

Zur Beurteilung der Bauausführung (z. B. Korngrößenverteilung) sind Einzelproben zu untersuchen. Die Entnahmestellen dürfen sowohl wie beschrieben als auch nach Augenschein beliebig festgelegt werden.

Herstellung von Teilproben über eine Sammelprobe

Die entnommenen Einzelproben sind zu einer Sammelprobe zu vereinigen. Dazu sind sie auf einer sauberen, glatten Unterlage zu einem Haufen (Sammelprobe) zu schütten. Eventuell sind besondere Unterlagen, z. B. Blech, Holztafeln oder Gummiplatten, zu verwenden.

Die Sammelprobe ist sorgfältig zu homogenisieren. Dazu ist die Sammelprobe durch wiederholtes Umsetzen nach dem Kegelverfahren gut durchzumischen. Dabei ist jede Schaufelmenge so auf die Spitze des neuen Kegels zu geben, dass sie von der Kegelspitze nach allen Seiten gleichmäßig ablaufen kann und gut verteilt wird. Es ist sinnvoll, den entstandenen Kegel vor dem nächsten Umsetzen kreisförmig gleichmäßig flach auszubreiten.

Das Teilen dieser Sammelprobe bis zur Laboratoriumsprobe ist vorzugsweise mit einem Probeteiler durchzuführen. Für die Probeteilung bis zur Gewinnung der Laboratoriumsprobe können mehrere Teilungsschritte erforderlich sein.

Die Sammelprobe darf notfalls auch ohne Probeteiler mit dem Kegelverfahren bis zur Laboratoriumsprobe geteilt werden. Dazu ist sie kreisförmig gleichmäßig flach auszuschütten und systematisch vierzuteilen. Zwei gegenüberliegende Teile sind zu entfernen. Die restlichen Teile sind wieder zusammen zu schaufeln und in gleicher Weise zu mischen. Das weitere Mischen und Teilen der verbleibenden Probe ist so lange fortzuführen, bis eine ausreichende Probemenge übrig bleibt.

Beim mechanischen Teilen der Einzelproben, z. B. mit einem Riffelteiler, darf auf die Bildung einer Sammelprobe verzichtet werden. Die Laboratoriumsprobe wird dabei aus den dabei entstandenen Teilproben aller Einzelproben gebildet.

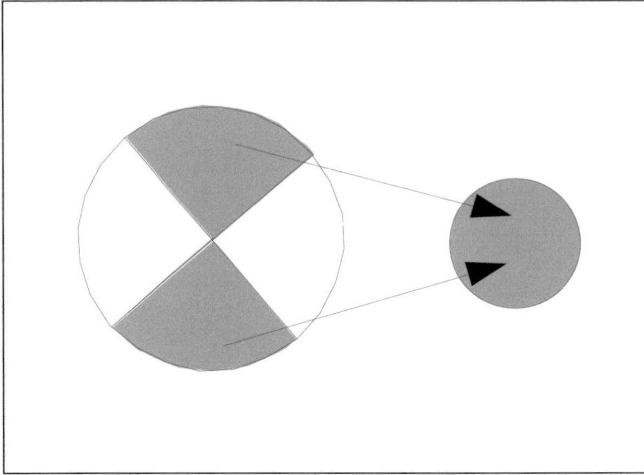

Abb. 110: Probeteilung nach dem Kegelverfahren

10.7 Bitumen und Asphalt

Mit der Eignungsprüfung wird nachgewiesen, welche Mineralstoffe nach Art und Zusammensetzung, welche Bitumensorte nach Härte und Menge und eventuell welche Zusätze notwendig sind, damit die geforderten Eigenschaften des Asphaltes erreicht werden.

Der Ablauf einer Eignungsprüfung für Walzasphalt (Asphaltbetone, Splittmastix-Asphalte, Asphaltbinder, Asphalttragschichten) ist wie folgt:

1. Festlegen der Anforderungen an den Asphalt
   - Beanspruchung durch den Verkehr
   - Art und Dicke der Schicht
   - Tiefe unter Fahrbahnoberkante
   - örtliche Verhältnisse
   - Klimatische Verhältnisse
   - Topographie
   - Bauvertrag
   - zusätzliche Vertragsbedingungen und Richtlinien
   - ergänzende Regelungen der obersten Straßenbaubehörden der Länder.

2. Auswahl der zur Verfügung stehenden Mineralstoffe
   - Art der Mineralstoffe
     - gebrochen
     - ungebrochen
     - natürliche Mineralstoffe
     - künstliche Mineralstoffe
     - Asphaltgranulat
   - Eignung der Mineralstoffe für den jeweiligen Verwendungszweck
   - Eignung der Mineralstoffe unter wirtschaftlichen Aspekten
3. Auswahl der Kornzusammensetzung unter Beachtung des zulässigen Größtkorns
   - Größtkorn
   - gemäß den Anforderungen einzuhaltende Sieblinie
   - rechnerische Bestimmung der Korngrößenverteilung
4. Wahl der Bindemittelart und -sorte unter Berücksichtigung der Verkehrsbelastung
   - unter Beachtung der Anforderungen an den Asphalt
   - unter Berücksichtigung der Bindemittelart, -sorte und -menge im Asphaltgranulat.
5. Bestimmung des Bitumengehalts
   Hierfür wird eine Mineralstoffmischung mit den zuvor ausgewählten Gewichtsanteilen zusammengesetzt und mit so viel Bitumen gemischt, dass nach Augenschein eine optimale Mischung entsteht. Der dabei benötigte Bitumengehalt wird anschließend bestimmt. Mit diesem Bitumengehalt und mit veränderten Bitumengehalten in Stufen von 0,5 Mass.-% werden Asphaltmischungen hergestellt, Marshall-Probekörper verdichtet und daran die Hohlraumverhältnisse ermittelt und die mechanischen Eigenschaften festgestellt.

Bei Eignungsprüfungen für andere Asphalte ist die Vorgehensweise ähnlich. Es müssen jedoch eventuell andere Beurteilungskriterien zugrunde gelegt werden. Gegebenenfalls notwendige Zusatzstoffe müssen in die Beurteilung mit einbezogen werden.

Für die Eignungsprüfung wird der Asphalt zuerst hergestellt. Im Rahmen der Eigenüberwachungs- und Kontrollprüfungen wird er wieder in seine Bestandteile zerlegt.

Prüfverfahren

Für die Durchführung der Prüfungen werden Mischgutproben aus dem Transportfahrzeug, dem Verteilerkübel oder vom Mischguthaufen entnommen. Dafür werden drei Teilproben von jeweils 10 bis 20 kg in Behälter gefüllt.

Aus der eingebauten Schicht werden Einzelproben als Deckenstück (Abmessungen 40 x 40 cm) ausgesägt oder ausgehackt. Eine andere Möglichkeit ist die Entnahme von Bohrkernen mit einem Durchmesser von 15 cm.

Marshallverfahren

Standardprobe für die Prüfung von Walzasphalt ist der Marshall-Probekörper. Er hat einen Durchmesser von 101,6 mm und eine normale Höhe von 63,5 mm. Das verwendete Mischgut zur Herstellung des Marshall-Körpers stammt entweder aus der Probenahme auf der Baustelle oder wird im Labor von Hand oder im Mischer bei 135 °C hergestellt.

Das Material wird durch je 50 Schläge eines Fallhammers mit dem Gewicht von 4.550 g aus 46 cm Höhe auf jede Seite der Probe verdichtet. Die hierbei erzielte Raumdichte (Quotient aus Masse und Volumen) ist der Bezugswert 100 % für den Verdichtungsgrad.

Für die Prüfung von Gussasphalt wird ein Probewürfel mit einer Seitenlänge von 7,07 cm aus geschmolzenem Gussasphalt (240 °C) geformt. Eine Verdichtung ist nicht erforderlich.

Das Material stammt entweder aus einem Ausbaustück oder aus dem Asphaltkocher auf der Baustelle oder wird im Labor mit dem Mischer zusammengesetzt.

Der Probekörper wird aus dem Verdichtungsgerät genommen und zur Abkühlung bis auf ca. 40 °C auf eine Platte gesetzt und anschließend ausgeformt. Der Marshall-Probekörper wird danach 9–24 Stunden auf einer ebenen Unterlage gelagert und auf 18 °C bis 28 °C abgekühlt. Vor der Versuchsdurchführung wird der Probekörper im Wasserbad auf 60 °C erwärmt und zur Versuchsdurchführung in eine Druckvorrichtung eingebaut.

Der Marshall-Probekörper wird über die Druckschalen mit einer konstanten Vorschubgeschwindigkeit von 50 mm/min (± 3 mm/min) verformt. Aus dem gleichbleibenden Vorschub resultiert eine zunehmende Kraft, die auf den Probekörper einwirkt, bis dieser bricht. Während des Versuches wird das Kraft-Verformungs-Diagramm aufgezeichnet.

Der Versuch wird an drei Probekörpern durchgeführt. Da die einzelnen Probekörper nicht mit genau dergleichen Höhe hergestellt werden können, sind in der DIN 1996 Teil 11, Korrekturfaktoren in Abhängigkeit von der Höhe angegeben. Der Korrekturfaktor wird mit der Höchstkraft multipliziert und ergibt die Marshall-Stabilität des entsprechenden Probekörpers.

Der Weg vom Beginn der Verformung bis zum Erreichen der Höchstkraft ist die Marshall-Stabilität. Die einzelnen Ergebnisse von Marshall-Stabilität und Marshall-Fließwert werden arithmetisch gemittelt.

Eindringversuch

Die Standfestigkeit von Gussasphalt wird mit dem Eindringversuch beurteilt. Hierfür wird das Probematerial aus dem Labormischer oder dem Asphaltkocher entnommen oder liegt als Ausbaumaterial (Probenahme aus der eingebauten Schicht) vor.

Das Material wird im Wärmeschrank auf 180 °C erwärmt und danach unter ständigem Rühren bis auf max. 240 °C temperiert, so dass die Gussasphaltmasse gut vermischt und streichfähig ist. Die erwärmte Masse wird in vorgewärmte Herstellungsformen gefüllt und eingestampft. Auf der Oberfläche der Probe soll eine geringfügige Erhebung stehen bleiben, damit nach dem Abkühlen die Probe in der Form mit einer heißen Platte geebnet werden kann.

Beträgt die Temperatur der Probe 18 °C bis 28 °C, wird sie aus der Form genommen und auf einer ebenen Fläche gelagert. Anschließend wird der Probewürfel im Wasserbad im Eindringprüfgerät mindestens 60 Minuten bei 40 °C gelagert. Ein Prüfstempel wird im Wasserbad auf dem Probekörper aufgesetzt. Dieser wird mit einer Vorkraft von 25 N für 10 Minuten belastet. Der Anfangswert ist auf einer Messuhr abzulesen. Anschließend wird eine Hauptkraft von 500 N auf dem Probewürfel aufgebracht. Die gesamte Prüfkraft beträgt jetzt 525 N und wird während der gesamten Versuchsdauer konstant gehalten. Zur Ermittlung der Eindringkurve wird die Messuhr nach 1, 2, 4, 8, 15, 30 und 60 Minuten abgelesen.

Feststellung der Mischgut-Zusammensetzung

Im Rahmen der Eigenüberwachung und bei Kontrollprüfungen wird festgestellt, ob das Mischgut tatsächlich so zusammengesetzt ist, wie es die Eignungsprüfung vorsieht.

Nach der Teilung der Probe (Mischgut oder Ausbaustück) wird das Bindemittel mit einem Lösungsmittel herausgelöst (extrahiert).

Bei der Heißextraktion verdampft das Lösungsmittel in einem Kolben und läuft nach der Kondensation durch die Probe zurück und löst dabei das Bindemittel heraus.

Bei der Kaltextraktion wird die Probe so lange mit frischem Lösungsmittel gespült, bis das gesamte Bindemittel herausgelöst ist. Dies ist dann erreicht, wenn das Lösungsmittel rein ist.

In einer Zentrifuge werden mitgelöste Gesteinspartikel aus dem Bindemittel-Lösungsmittel-Gemisch befreit und dem zurück gebliebenen Mineralzuschlag zugegeben. Dieser kann nun gesiebt und hinsichtlich der verwendeten Gesteinsart beurteilt werden.

Durch Destillation wird das Bindemittel vom Lösungsmittel getrennt und die Bindemittelmenge und der Erweichungspunkt bestimmt.

Art der Prüfung	Bauweise							
	Asphaltbinder	Asphaltbeton (Heißeinbau), Splittmastixasphalt	Gussasphalt	Asphaltmastix	Tragdeckschicht	Asphaltbeton (Warmeinbau)	Oberflächenbehandlung	Schlämme
1. Baustoffe								
1.1 Lieferkörnung	-	-	-	-	-	-	x	-
2. Mischgut 1)2)								
2.1 Korngrößenverteilung	x	x	x	x	x	x	-	x
2.2 Bindemittelgehalt	x	x	x	x	x	x	-	x
2.3 Erweichungspunkt RuK des zurückgewonnenen Bindemittels	x	x	x	x	x	-	-	-
2.4 Raumdichte und Hohlraumgehalt am Probekörper	x	x	x	-	x	-	-	-
2.5 Stabilität und Fließwert nach Marshall	-	-	-	-	x	-	-	-
2.6 Eindringtiefe (einschl. Zunahme nach weiteren 30 Minuten Prüfzeit)	-	-	x	-	-	-	-	-
2.7 Erweichungspunkt nach Wilhelmi	-	-	-	x	-	-	-	-
3. Eingebaute Schicht								
3.1 Verdichtungsgrad 1)	x	x	-	-	x	-	-	-
3.2 Profilgerechte Lage (Querneigung)	x	x	x	x	x	x	-	-
3.4 Einbaugewicht bzw. Einbaudicke	x	x	x	x	x	x	x	x
3.5 Hohlraumgehalt 1)	-	x	-	-	x	-	-	-

1) Für jede Schicht und je angefangene 6.000 m² Einbaufläche eine Probe;
bei Bedarf kann die Anzahl der Proben erhöht werden (z. B. im Stadtstraßenbau, bei Brückenbelägen).
2) Ggf. besondere Zuschlagstoffe und Zusätze

Tab. 24: Art und Umfang der Kontrollprüfungen an Baustoffen, Mischgut und eingebauter Schicht

10.8 Beton, hydraulisch gebundene Tragschichten und ihre Ausgangsstoffe

Tragschichten mit hydraulischen Bindemitteln werden eingeteilt in Verfestigungen, hydraulisch gebundene Tragschichten und Betontragschichten.

Verfestigungen und hydraulisch gebundene Tragschichten

Verfestigungen und hydraulisch gebundene Tragschichten müssen bestimmte Anforderungen erfüllen hinsichtlich:

- der Mindestbindemittelmenge
  Bezogen auf den trockenen Boden oder das trockene Mineralstoffgemisch wird die Mindestbindemittelmenge auf ≥ 3,0 Gew.-% beschränkt.
- der Korngrößenverteilung
  Bei hydraulisch gebundenen Tragschichten muss die Korngrößenverteilung gemäß ZTVT-StB eingehalten werden.

Körnung [mm]	Hydraulisch gebundene Tragschicht	
	0/32	0/45
	[Gew.-%]	[Gew.-%]
<0,063	≤15	≤15
>2	84–55	84–55
>22,4	≥10	–
>31,5	≤10	≥10
>45	–	≤10

Tab. 25: Anforderungen an die Korngrößenverteilung von hydraulisch gebundenen Tragschichten

- des Verdichtungsgrades
  - zur Verfestigung vorgesehene Schicht beim Baumischverfahren:
    Verdichtungsgrad D_{Pr} ≥ 100 % der Proctordichte des Bodens oder des Mineralstoffgemisches
  - der verfestigten Schicht und der hydraulisch gebundenen Tragschicht im noch nicht erstarrten Zustand:
    Verdichtungsgrad D_{Pr} ≥ 98 % der Proctordichte des Baustoffgemisches
- der Druckfestigkeit bei der Kontrollprüfung jedes einzelnen Probekörpers nach 28 Tagen
  - unter Asphaltschichten ≥ 3,5 N/mm²
  - unter Betondecken ≥ 6,0 N/mm²
- der Druckfestigkeit bei der Kontrollprüfung bei einer Probekörperanzahl n
  - unter Betondecken n ≤ 8 Mittelwert ≥ 8,0 N/mm²
    n ≥ 9 Mittelwert ≥ 10,0 N/mm²

- der profilgerechten Lage
  - Abweichung von der Sollhöhe: ≤±15 mm
  - Abweichung von der Sollhöhe bei Anordnung unter Betondecken: ≤+5 mm oder ≥-15 mm
- der Ebenheit. Die Unebenheiten der Oberfläche sind begrenzt (gemessen mit der 4-m-Latte).
  - bei Verfestigungen unter Asphaltdecken: ≤15 mm
  - bei hydraulisch gebundenen Tragschichten: ≤15 mm.

Die notwendigen Prüfungen für die Eignungsprüfung, die Eigenüberwachungs- und die Kontrollprüfungen sind den Tabellen 26 und 27 zu entnehmen.

Betontragschichten

Tragschichten aus Beton müssen Anforderungen erfüllen in Bezug auf:

- die Druckfestigkeit
- Die mittlere Druckfestigkeit von drei Probekörpern muss bei der Eignungsprüfung ≥5,0 N/mm² über der Serienfestigkeit der jeweiligen Betonfestigkeitsklasse liegen.
- die profilgerechte Lage
  Abweichung von der Sollhöhe: ≤±15mm
  Abweichung von der Sollhöhe unter Betondecken: ≤+5 mm oder ≥–15 mm
- die Ebenheit
  Innerhalb einer 4 m langen Messstrecke dürfen die Unebenheiten auf der Oberfläche 10 mm nicht überschreiten.

Am Baustoffgemisch		**Hydraulisch**
Eignungsprüfung	**Verfestigung**	**gebundene Tragschicht**
Am Boden oder Mineralstoffgemisch		
Korngrößenverteilung	X	X
Schädliche Bestandteile	X	
Wassergehalt	X	
Proctordichte u. opt. Wassergehalt	X	
Bindemittelgehalt	X	X
Proctordichte	X	X
Optimaler Wassergehalt	X	
Druckfestigkeit	X	X
Frostwiderstand*	X	X
* ist nur von Bedeutung, bei Böden oder Mineralstoffgemischen mit einem Kornanteil <0,063 mm zwischen 5 und 15 Gew.-%		

Tab. 26: Eignungsprüfung für Verfestigungen und hydraulisch gebundenen Tragschichten

Am Boden oder Mineralstoffgemisch		
Korngrößenverteilung	X	X
Schädliche Bestandteile	X	
Wassergehalt	X	
Proctordichte u. opt. Wassergehalt	X	
Bindemittelgehalt	X	X
Proctordichte	X	X
Optimaler Wassergehalt	X	
Druckfestigkeit	X	X
Frostwiderstand*	X	X
* ist nur von Bedeutung, bei Böden oder Mineralstoffgemischen mit einem Kornanteil <0,063 mm zwischen 5 und 15 Gew.-%		

Tab. 27: Eignungsprüfung für Verfestigungen und hydraulisch gebundene Tragschichten

Die Eigenüberwachung des Betons umfasst die Korngrößenverteilung des Zuschlags, die Konsistenz, die Rohdichte und den w/z-Wert des Frischbetons sowie die Rohdichte und die Druckfestigkeit des erhärteten Betons.

Bei der Eigenüberwachung werden der Zement durch Vergleich des Lieferscheines mit der Eignungsprüfung, die Korngrößenverteilung und die Reinheit des Zuschlags, die Konsistenz, die Rohdichte und der w/z-Wert des Frischbetons sowie die Rohdichte, die Druckfestigkeit und die Einbaudicke am Festbeton geprüft.

Bei der Kontrollprüfung werden die Konsistenz des Frischbetons sowie die Druckfestigkeit, die Ebenheit, die profilgerechte Lage und die Ebenheit am Festbeton geprüft.

Betondecken

Im Rahmen der Eignungsprüfung ist vom Auftragnehmer die Eignung des Betons für den jeweiligen Verwendungszweck nachzuweisen. Das Prüfzeugnis muss Angaben enthalten, für welchen Verwendungszweck die vorgesehenen Baustoffe und der Beton geeignet ist.

Die Ergebnisse der Eignungsprüfung sind vom Auftragnehmer dem Auftraggeber vorzulegen. Der Auftragnehmer legt die Zusammensetzung des Betons auf der Grundlage der Ergebnisse der Eignungsprüfung fest und gibt dies rechtzeitig dem Auftraggeber bekannt.

Folgende Untersuchungen werden im Rahmen der Eignungsprüfung durchgeführt:

- Bestimmung der Korngrößenverteilung und Eigenschaften der Zuschläge
- Ermittlung der Konsistenz, des w/z-Wertes, der Zusammensetzung, der Betontemperatur, der Rohdichte, des Luftporengehaltes und der Lufttemperatur am Frischbeton
- Ermittlung der Rohdichte, der Druckfestigkeit und der Biegezugfestigkeit am Festbeton.

Die Eigenüberwachungsprüfungen sind vom Auftragnehmer mit der erforderlichen Sorgfalt durchzuführen. Die Ergebnisse sind in einem Protokoll festzuhalten. Besonders wichtig ist, dass der Luftgehalt des Frischbetons am Einbauort während des Betonierens ständig geprüft wird.

Die Eigenüberwachungsprüfungen umfassen:

- Zement
  Der Lieferschein ist mit dem Protokoll der Eignungsprüfung zu vergleichen.
- Zuschlag
  Korngrößenverteilung, die Eigenschaften des Gesteins, schädliche Bestandteile und die Eigenfeuchte sind festzustellen.
- Frischbeton
  Am Frischbeton werden die Konsistenz, der w/z-Wert, die Zusammensetzung, die Rohdichte sowie Luftporengehalt, Lufttemperatur und Betontemperatur ermittelt.
- Festbeton
  Am Festbeton werden die Rohdichte, die Druckfestigkeit sowie die Dicke, Ebenheit und profilgerechte Lage der Decke festgestellt.

Bei den Kontrollprüfungen werden am Frischbeton der Luftporengehalt und die Lufttemperatur und am Festbeton die Rohdichte, Druckfestigkeit, Dicke der Decke, Ebenheit und profilgerechte Lage bestimmt.

Die Rohdichte und die Druckfestigkeit des Festbetons werden im Rahmen der Eignungs- und Eigenüberwachungsprüfung an Würfeln mit einer Kantenlänge von 20 cm ermittelt.

Zur Ermittlung der Biegezugfestigkeit werden Balken mit einer Breite von 15 cm, einer Höhe von 10 cm und einer Länge von 70 cm hergestellt.

Für die Kontrollprüfungen werden Bohrkerne mit einem Durchmesser von 15 cm in regelmäßigen Abständen aus der Fahrbahndecke entnommen. Die Prüfung der Druckfestigkeit erfolgt frühestens im Alter von 60 Tagen.

Die entnommenen Bohrkerne sind dauerhaft zu bezeichnen und bis zur Prüfung bei Temperaturen von +15 °C bis +22 °C in geschlossenen Räumen an der Luft zu lagern. Zunächst sind an den einzelnen Bohrkernen die Verteilung des Zuschlags, die

Beschaffenheit der unteren Fläche, das Betongefüge, die Einbettung und der Abstand der Stahleinlagen von der Oberfläche, die Höhe und der mittlere Durchmesser des Bohrkerns festzustellen. Aus den Bohrkernen werden 15 cm hohe Prüfzylinder heraus geschnitten, an denen die Würfelfestigkeit bestimmt wird. Werden in Ausnahmefällen Zylinder mit einer anderen Höhe für die Prüfung verwendet, wird dies mit dem Formbeiwert f berücksichtigt.

Bei der Ermittlung der Druckfestigkeit kann die Würfelfestigkeit im Alter von 28 Tagen der Festigkeit eines Bohrkerns mit dem Durchmesser von 15 cm im Alter von 60 Tagen gleichgesetzt werden. Bei einer Überschreitung von 60 Tagen ist dies mit einem Zeitbeiwert z zu berücksichtigen. Die Würfelfestigkeit errechnet sich nach der Formel:

$$h \sim \frac{s^2}{8r}$$

Tatsächliche Kernhöhe [cm]	Formbeiwert f
10	1,12
12	1,07
14	1,02
15	1,00
16	0,98
18	0,94
20	0,91
22	0,89
24	0,87
26	0,86
30	0,85

Tab. 28: Formbeiwert f

Prüfalter in Tagen	Zeitbeiwert z
60	1,00
120	0,94
180	0,90
360 und mehr	0,85

Tab. 29: Zeitbeiwert z

Zwischenwerte können interpoliert werden.

11 Straßenbetrieb

11.1 Straßenbeschilderung

Allgemeines

Die Verkehrszeichen sind ein wichtiger Bestandteil der Straße. Es sollen so wenig wie möglich, aber so viel wie nötig aufgestellt werden. Zur besseren Übersichtlichkeit sind zu viele Verkehrszeichen und zu viel Text zu vermeiden. Die Aufstellorte, die Art und der Inhalt der Verkehrszeichen werden mit dem Entwurf aufgestellt und mit der Straßenverkehrsbehörde abgestimmt. Nach Beendigung einer Straßenbaumaßnahme erfolgt eine »verkehrsbehördliche Abnahme«. Hier werden die Beschilderung, die Markierung und die Ampelanlagen von den zuständigen Straßenverkehrsbehörden (z. B. Polizei, Landkreis) nach einer Begehung abgenommen.

Für die Anordnung der Verkehrszeichen gelten die folgenden Grundsätze:

- maximal drei Schilder am gleichen Pfosten
- maximal zwei Vorschriftenzeichen (z. B. Stop, vorgeschriebene Fahrtrichtung) am gleichen Pfosten
- besonders wichtige Gebote müssen immer allein aufgestellt werden (z. B. Andreaskreuz, Fußgängerüberweg).

Die meisten Abmessungen der Schilder sind für einen Geschwindigkeitsbereich zwischen 50 km/h und 80 km/h anzuwenden. Zur Anpassung der Erkennbarkeit an die verschiedenen Geschwindigkeiten wurden drei Größenklassen festgelegt. Wenn die für den entsprechenden Geschwindigkeitsbereich zugeordnete Größenklasse eingesetzt wird, entspricht das den verkehrstechnischen, lichttechnischen und wahrnehmungspsychologischen Forderungen.

Das Ziel ist dabei, die Anzahl der Schilder auf ein Minimum zu reduzieren und gleichzeitig die Wahrnehmung zu erhöhen (Vermeidung von Reizüberflutung). Im Regelfall sollen alle Informationen auf einer einzigen Schildertafel dargestellt sein.

Im Zuge der Europäisierung werden zunehmend Piktogramme und Symbole eingesetzt, um ausländischen Kraftfahrern die Orientierung zu vereinfachen.

Wegweisung

Damit die Verkehrsteilnehmer während der Fahrt die Richtung zu ihrem Fahrziel erkennen und den eigenen Standort bestimmen können ist eine ausreichende Wegweisung erforderlich.

Eine deutliche und eindeutige Wegweisung trägt erheblich zur Verkehrssicherheit und zum Verkehrsablauf bei, da Falschfahrten, Bremsmanöver u. ä. vermieden werden.

Besonders in innerstädtischen Gebieten ist darauf zu achten, dass die Wegweisung nicht mit anderen Zeichen, wie z. B. Werbung, verwechselt werden kann.

Materialien

In der Regel werden die Schilder mit reflektierenden Folien ausgestattet. Zur besseren Erkennbarkeit bei Dunkelheit können die Schilder von außen beleuchtet (Soffiten) werden oder als innenbeleuchtetes Schild (Transparent) ausgeführt werden.

Die Auswahl ist von den Umfeldbedingungen abhängig. Je heller die Umgebung oder je stärker die Störung durch Blendwirkung ist, um so größer muss die Leuchtdichte der Beschilderung sein.

Statische Berechnung

Die Tragkonstruktionen, an denen die Schilder befestigt werden, wie Pfosten, Gitterrohrmasten, Schilderbrücken und Ausleger in Form von Kragarmen sind statisch zu bemessen. Neben dem Gewicht der Tragkonstruktion sind dabei das Eigengewicht der Schilder sowie die Windlast zu berücksichtigen.

11.2 Straßenmarkierung

Damit außerhalb bebauter Gebiete, in Knotenpunkten und auf Straßen mit mehr als einem Fahrstreifen in jeder Richtung eine sichere und eindeutige Verkehrsführung gegeben ist, werden Fahrbahnmarkierungen aufgebracht. Bei zweistreifigen Fahrbahnen werden sie ab einer Fahrbahnbreite von b = 5,50 m eingesetzt.

Häufig wird der Markierungsplan gemeinsam mit dem Beschilderungsplan erstellt. Er dient gleichzeitig als Unterlage für die Markierungsfirma. Die verwendeten Markierungsfarben und -stoffe müssen von der Bundesanstalt für Straßenwesen (BAST) zugelassen sein. Einzelheiten sind in den »Richtlinien für die Markierung von Straßen, RMS« enthalten.

Markierungen auf der Fahrbahn dienen

- der optischen Führung des Verkehrs
- der Ordnung des Verkehrs durch die Aufteilung der Fahrbahnfläche
- der Verkehrsregelung.

Die Markierungsstoffe und die Einbauverfahren sollen den folgenden Anforderungen entsprechen:

- hohe Haftfähigkeit bei jeder Witterung (Temperaturen von – 20 °C bis + 70 °C) unter dem Einfluss von Abgasen und Tausalz und unter dynamischen Radlasten bis 80 kN
- Haftfähigkeit auf vorhandener Markierung beim Nachmarkieren
- mindestens sechs Monate Lagerfähigkeit in ungeheizten Lagerhallen

- keine Rissbildung in der Fahrbahndecke durch temperaturbedingte Volumenänderungen des Markierungsmateriales
- Einbaumöglichkeit bei Lufttemperaturen zwischen + 10 °C und +35 °C und maximal 85 % relativer Luftfeuchte.

In Deutschland wird für die Markierung weiße Farbe verwendet. Für vorübergehende Fahrbahnmarkierungen im Baustellenbereich wird gelbe Farbe eingesetzt. Nach dem Einsatzort und der Beanspruchung stehen folgende Materialien zur Auswahl:

- aufgespritzte Farbe, evtl. mit Zusatz von Glasperlen
- Heißspritzplastik
- eingelegte Heißplastik
- Kaltplastik
- Folien oder Markierungsknöpfe.

Wenn die Markierung nur selten überfahren wird und deshalb kaum verschleißt, wird in der Regel aus wirtschaftlichen Gründen Farbe verwendet. Bei Fahrbahnmarkierungen, die ständig überfahren werden, sind eingelegte Plastikmassen bis zu einer Dicke von 10 mm sinnvoll, die maximal 3 mm über der Fahrbahnoberfläche hervorstehen. Bei Pflasterdecken sind Markierungsknöpfe am besten geeignet, die jedoch unter Umständen beim Schneeräumen gelöst werden.

Es gibt die folgenden Markierungszeichen

- Strichmarkierung als Längs- oder Quermarkierung
- Sperrflächenmarkierungen
- Grenzmarkierungen
- Pfeile, Buchstaben, Zahlen, Symbole.

Die Längsmarkierung besteht aus durchgehenden oder unterbrochenen Strichen. Die Breite der Striche ist vom Straßentyp abhängig. Entsprechend ihrer Bedeutung erhalten unterbrochene Linien verschiedene Verhältnisse von Strichlänge zu Lückenlänge.

Außerhalb geschlossener Ortschaften wird der Fahrbahnrand mit einer 0,12 m breiten, durchgehenden Linie gekennzeichnet. Bei einer Fahrbahnbreite $b < 5{,}00$ m kann die Fahrbahnmarkierung entfallen. Bei einer Fahrbahnbreite $\geq 6{,}50$ m mit Randstreifen wird die Markierung am inneren Rand des Randstreifens aufgetragen. Bei Grundstückszufahrten oder Einmündungen von Wirtschaftswegen wird die Linie im Normalfall nicht unterbrochen.

Bei einer Fahrbahnbreite $b \geq 5{,}50$ m wird außerhalb geschlossener Ortschaften eine Leitlinie als Mittellinie angelegt. Sie ist innerhalb geschlossener Ortschaften immer erforderlich, wenn Fahrbahnen mit mehr als zwei Fahrstreifen vorhanden sind.

Wenn die Geschwindigkeit herab gesetzt werden soll, kann bei zweistreifigen Fahrbahnen auf die Leitlinie verzichtet werden. Die Leitlinie ist ein Schmalstrich mit einem Verhältnis von Strichlänge: Lückenlänge gleich 1:2.

Mit Warnlinien werden Begrenzungen von Fahrstreifen eingeleitet. Sie werden vor Fußgängerüberwegen und Fußgänger- oder Radfahrerfurten eingesetzt. Sie werden als Schmalstrich mit einem Verhältnis von Strichlänge:Lückenlänge gleich 2:1 ausgeführt.

Bei einbahnigen Straßen mit mehr als zwei Fahrstreifen wird die Trennung zwischen den beiden Fahrtrichtungen mit einer durchgehenden Doppellinie markiert. Sie besteht aus zwei nebeneinander liegenden Schmalstrichen mit der Breite von 0,12 m. Der Abstand zwischen den beiden Linien beträgt 0,12 m.

Zur Kennzeichnung querender Verkehrsstreifen für Fußgänger und Radfahrer oder als Haltelinien an signalgeregelten Knotenpunkten verwendet man Quermarkierungen.

Sperrflächenmarkierungen werden eingesetzt, um bestimmte befestigte Flächen von überfahrenden Fahrzeugen frei zu halten. Sie werden durch Schrägstrichgatter gekennzeichnet, deren Schrägstriche in einem Winkel von 29,5 gon (Verhältnis 2:1) gegenüber der durchgehenden Achse angeordnet sind. Die Anordnung erfolgt so, dass in Fahrtrichtung Fahrzeuge von der Sperrfläche abgewiesen werden.

Wenn Halt- oder Parkverbotszonen deutlich abzugrenzen sind, verwendet man Grenzmarkierungen. Sie können entweder als Zickzack-Strich mit senkrecht zur Achse stehendem Abschluss oder als gekreuzte Linien ausgeführt werden. An den Haltestellen für den öffentlichen Personennahverkehr werden häufig noch die Buchstaben des jeweiligen Verkehrsmittels gekennzeichnet.

Stellplatzmarkierungen können überall dort eingesetzt werden, wo eine Anordnung über das Parken getroffen werden soll oder dort, wo es zweckmäßig ist, einzelne Parkstände oder Stellplatzflächen auszuweisen. Sie bestehen aus Schmalstrichen, die die Parkstände oder Stellplatzflächen ganz oder auch nur teilweise begrenzen.

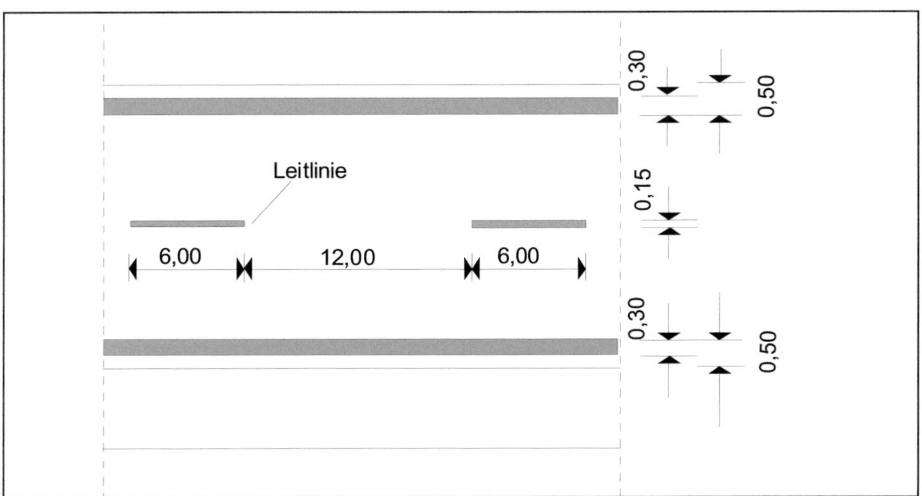

Abb. 111: Beispiel für die Markierung von Richtungsfahrbahnen der Regelquerschnitte

Pfeile, Verkehrszeichen, Piktogramme, Zahlen oder Buchstaben gehören zu den Sonderzeichen. Ihre Aufgabe ist es, den Verkehrsablauf zu verdeutlichen. Wenn Verkehrszeichen auf der Fahrbahn wiederholt oder Zahlen und Buchstaben verwendet werden, ist die gefahrene Geschwindigkeit zu berücksichtigen. Die Zeichen müssen in diesem Fall verzerrt dargestellt werden.

Ungültige Markierungen müssen so beseitigt werden, dass das ursprüngliche Bild nicht mehr zu erkennen ist. So sind z. B. Pfeile und Buchstaben aus eingelegten Markierungen auszufräsen.[14]

11.3 Straßenleiteinrichtungen

Zur Ausstattung einer Straße gehören neben der Markierung und der Beschilderung auch Leit- und Schutzeinrichtungen, die nicht nur den Verkehrsteilnehmer sondern auch das Bauwerk schützen wie z. B.

- Leitpfosten
- Leittafeln
- Borde
- Geländer
- Leitwände
- Betongleitwände
- Schutzplanken
- Anprallsockel.

Leitpfosten bestehen in der Regel aus Kunststoff mit einer Sollbruchstelle am Fuß, damit beim Anprall von Fahrzeugen kein größerer Schaden verursacht wird. Die Pfosten haben einen dreieckigen Querschnitt mit abgerundeten Ecken und weiße Reflektoren. An Knotenpunkten erhält der letzte Pfosten, hinter dem abgebogen werden soll, gelbe Reflektoren. Die Leitpfosten stehen in einem Abstand von 0,50 m neben dem befestigten Fahrbahnrand oder dem Nebenstreifen.

Der Abstand zwischen den einzelnen Pfosten beträgt in der Geraden 50 m. In engen Kurven und Kuppen mit kleinen Halbmessern werden die Abstände verringert, damit eine eindeutige Führung, besonders in der Dunkelheit, erreicht wird.

Elastisch verformbare Leitpfosten, die ohne die Fahrzeuge zu beschädigen, überfahren werden können und danach in ihre Ausgangsform zurück federn, werden dort, wo erfahrungsgemäß die Pfosten häufig umgefahren werden, eingesetzt.

Hochbordsteine leiten den Verkehr, besonders wenn der Beton hell oder weiß eingefärbt ist. Das gilt ebenso für Muldensteine, Rand- und Bordrinnensteine, wenn keine weitere Markierung vorhanden ist.

Durch Schutzplanken soll verhindert werden, dass Fahrzeuge von der Fahrbahn abkommen. Bei Autobahnen werden sie auch als Schutz vor dem Überfahren des Mittelstreifens angeordnet. Die Aufstellung erfolgt 0,50 m neben dem befestigten Fahrbahnrand. Die Gesamthöhe beträgt 0,75 m.

In Deutschland kommen Schutzplanken zum Einsatz, die sich bei einem Anprall verformen und somit die Energie aufnehmen. Damit kann ein Zurückfedern des Fahrzeuges auf die Fahrbahn vermieden werden. Einfache Distanzschutzplanken haben eine Breite von 0,50 m, doppelte von 0,80 m. Der Regelabstand der einzelnen Pfosten beträgt 4,00 m.

Schutzplanken werden auch zum Schutz von Bauwerken, Lärmschutzwänden, Masten, Bäumen sowie an Rad- und Gehwegen und Dämmen (Höhe über 3,00 m) eingesetzt.

Schutzplanken müssen in ausreichender Länge vor dem zu schützenden Hindernis beginnen, damit von der Fahrbahn abgekommene Fahrzeuge, die auf die Schutzplanke im Bereich der Absenkung aufgefahren sind und auf der Schutzplanke entlang gleiten, rechtzeitig vor dem Hindernis zum Halten kommen.

Zur Minderung von Unfallfolgen beim Anprall von Motorradfahrern an die Schutzplankenpfosten sind verschiedene Ummantelungen entwickelt worden, mit denen die Schutzplankenpfosten umhüllt werden.

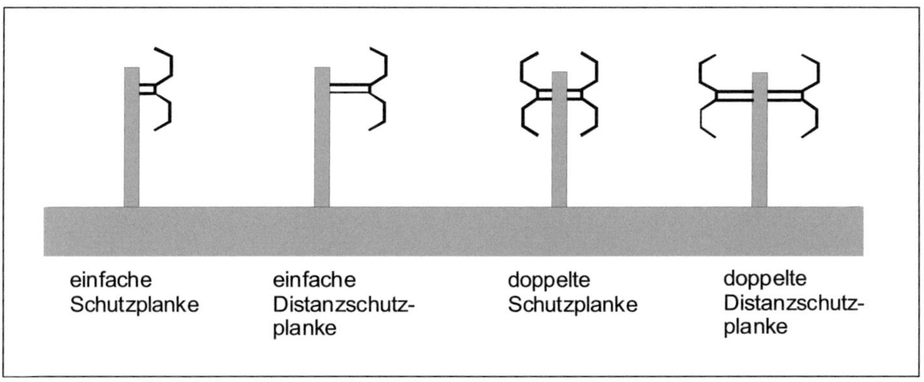

Abb. 112: Schutzplanken

Im Gegensatz zu den normalen Stahlschutzplanken gehören Betongleitwände zu den starren Schutzeinrichtungen. Sie werden in den folgenden Fällen eingesetzt:

- Wenn durch von der Fahrbahn abgekommene Fahrzeuge besondere Gefahren ausgehen (z. B. in Wasserschutzgebieten).
- Wenn gefährliche Absturzstellen vorhanden sind (z. B. Gebirgsstrecken, Uferstraßen)
- Wenn Lärmschutzeinrichtungen oder sonstige Bauwerke geschützt werden müssen.

Im Normalfall hat die Betongleitwand eine Höhe von 0,81 m. Ist mit dem Ausbrechen von schweren Lkw zu rechnen, kann sie auf 1,15 m erhöht werden.

Auf dem Mittelstreifen werden zum Schutz des Gegenverkehrs doppelseitige Betongleitwände aufgestellt. In bestimmten Fällen, z. B. beim Um-, Aus- oder Neubau von stark belasteten Autobahnstrecken, können auch zwei Betonschutzwände in Form eines Pflanztroges mit Erdauffüllung verwendet werden.

Das Leitwandystem »New Jersey« trägt auf Grund seiner Formgebung dazu bei, dass folgenschwere Verkehrsunfälle vermieden werden, da von der Fahrbahn abkommende Fahrzeuge wieder zurück gedrängt werden, ohne dass es zu einer Beschädigung des Wagens kommen muss.

Ein Fundament ist nur dann erforderlich, wenn die Wand nicht auf die Fahrbahndecke gestellt werden kann. Bei einer ausreichend harten Unterlage tritt in Folge des Eigengewichtes und der zusätzlichen Belastung durch den Raddruck des anprallenden Fahrzeuges keine Verschiebung beim Anfahren auf. Damit kann die Leitwand auf jeden Belag gestellt werden.

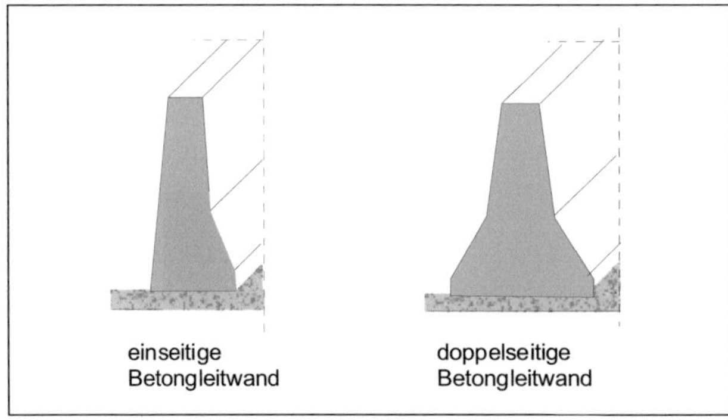

Abb. 113:
Betongleitwände

Betongleitwände werden entweder als Beton-Fertigteile geliefert oder mit dem Gleitschalungs-Fertiger hergestellt.

Zur Baustellenabsicherung oder zur temporären Leitung des Verkehrs werden Leitwände aus Kunststoff eingesetzt.

Gefährliche Hindernisse, z. B. Trenninselspitzen oder Brückenpfeiler, müssen durch Anpralldämpfer besonders gesichert werden. Sie können zur Entschärfung von Unfallschwerpunkten im bestehenden Straßennetz eingesetzt werden, an denen es wiederholt zu Kollisionen mit festen Hindernissen kommt.

Auf Brückenbauwerken ist bei einfachen Distanzschutzplanken und Hochborden am äußeren Fahrbahnrand und bei Gemeindestraßen und Wirtschaftswegen im Geländerholm ein verzinktes Rundlitzenseil anzuordnen, das mit jedem Pfosten verbunden ist. Das Seil soll straff eingelegt werden. Bei Brücken und sonstigen Kunstbauten mit einer Länge von weniger als 20 m ist ein Seil in der Regel nicht erforderlich.[14]

11.4 Lichtsignalanlagen

Die Zunahme des Verkehrs und die Häufung von Unfällen machten Einrichtungen zur Regelung des Verkehrs notwendig. Im Jahr 1868 wurde in London die erste Ampel mit Gaslicht aufgestellt, die jedoch nach kurzer Zeit explodierte und nicht wieder zum Einsatz kam. Mit der Erfindung des elektrischen Lichtes wurden erst später wieder Ampeln aufgestellt. Als erste Lichtsignalanlage der Welt wurde am 5. August 1914 in Cleveland in den USA eine Ampel zur Verkehrsregelung in Betrieb genommen. Die ersten Ampelanlagen in Europa wurden 1922 in Paris und in Hamburg installiert. Es folgten weitere Großstädte wie Berlin, Mailand, Rom, London, München, Bremen, Essen, Barcelona, Wien, Frankfurt am Main und Hannover.

Lichtsignalanlagen werden zur Steuerung des Verkehrs eingesetzt. Sie verbessern den Verkehrsfluss und sorgen für mehr Sicherheit an gefahrenträchtigen Stellen, wie z. B. an Kreuzungen, Einmündungen, Baustellen oder auch an bestimmten Einrichtungen wie Schulen.

Bei einem hohen Verkehrsaufkommen ist zur Wahrung der Sicherheit für alle Verkehrsteilnehmer eine Lichtsignalanlage notwendig, besonders in Verbindung mit komplexen oder unübersichtlichen Kreuzungen.

In den »Richtlinien für Lichtsignalanlagen, RiLSA -Lichtzeichenanlagen für den Straßenverkehr« sind Regeln enthalten, die beim Betrieb der Anlagen zu beachten sind.

Die Zeiten der einzelnen Ampelphasen sind entweder in einem Phasenplan geregelt oder auch in Abhängigkeit vom Verkehrsaufkommen bestimmt. Die Räumzeiten werden nach den Geschwindigkeiten der Verkehrsteilnehmer und dem zurück zu legenden Weg ermittelt.

Mit Hilfe von Detektoren in der Fahrbahn beeinflusst der Verkehrsteilnehmer die Lichtsignalsteuerung (verkehrsabhängige Steuerung).

Der Wechsel in unterschiedliche Programme ermöglicht eine Anpassung an geänderte Verkehrsbelastungen. Tages- und Nachtverkehr, Wochenendverkehr oder auch der Berufsverkehr können so optimal berücksichtigt werden.

Mit Lichtsignalanlagen lässt sich nicht nur der Verkehr an einem bestimmten Punkt regeln. Mit Hilfe verschiedener Steuerungsarten werden ganze Gebiete, die durch eine Zentrale koordiniert werden, gesteuert.

Die Gestaltung des Verkehrsraumes, die Verkehrsführung und die Signalisierung des Verkehrs sollen eine Einheit bilden.

Vor dem Einsatz einer Lichtsignalanlage ist zu prüfen, ob die Verkehrssicherheit oder der Verkehrsablauf nicht mit verkehrslenkenden Maßnahmen im Straßennetz verbessert werden kann, z. B. durch

- die Bildung von Einbahnstraßen
- das ständige oder temporäre Verbot von Abbiegefahrten
- durch verkehrsregelnde Maßnahmen, wie z. B. Kreisverkehrsplätze, Mittelinseln.

Es ist auch zu berücksichtigen, dass eine Lichtsignalanlage die Verkehrssituation gegebenenfalls verschlechtern kann.

Beim Entwurf von Lichtsignalsteuerungen sind alle Verkehrsteilnehmergruppen und die betroffenen Anwohner zu berücksichtigen. Häufig können Zielkonflikte nur durch Kompromisse gelöst werden.

Wenn besonders schutzbedürftige Personen (z. B. Radfahrer, Fußgänger, ältere Menschen, Kinder, Behinderte) eine Straße regelmäßig an einer bestimmten Stelle überqueren, soll unabhängig von der Anzahl der schutzbedürftigen Personen oder der Unfallsituation eine Lichtsignalanlage errichtet werden, wenn durch andere Maßnahmen kein ausreichender Schutz erreicht werden kann. Hierbei ist zu beachten, dass die Anlage auch ausreichend bedient werden kann. So sind beispielsweise geeignete Betätigungsvorrichtungen zu wählen, die die Bedürfnisse der jeweiligen Benutzer berücksichtigen.

Bei Knotenpunkten an anbaufreien Straßen ist der Einfluss der hohen Geschwindigkeiten zu beachten, da sich hierdurch häufig Gefahren für Fußgänger und Radfahrer beim Überqueren der Fahrbahn ergeben. Durch den Einsatz von Lichtsignalanlagen kann die Verkehrssicherheit auf solchen Strecken erhöht werden.

Der Betrieb einer Lichtsignalanlage ist nicht immer ein »Allheilmittel«. Nur eine sorgfältige Planung unter Beachtung vieler Faktoren führt auch tatsächlich zum gewünschten Erfolg wie zur Sicherheit und Leichtigkeit des Verkehrs. Besonders zu berücksichtigen ist der hohe Unterhaltungsaufwand und die damit verbundenen Kosten.

11.5 Verkehrsbeeinflussungssysteme

Die ständig wachsende Zahl an Kraftfahrzeugen führt in den Städten fast zum Verkehrskollaps. Deutlich wird dies durch die vollen Straßen und die nicht ausreichenden Parkmöglichkeiten. Der Verkehrsteilnehmer kann seine Ziele nur mühsam erreichen und die hohen Lärm- und Schadstoffimmissionen führen zu einem Verlust der Lebensqualität.

In der Regel stehen weitere Flächen zur Verlagerung des Verkehrs nicht zur Verfügung, so dass andere Maßnahmen erforderlich sind, die nachhaltig zu einer Entlastung der betroffenen Gebiete führen.

Mit dem Einsatz neuer Techniken lässt sich gezielt der Verkehrsablauf beeinflussen. Die Hauptaufgabe von Verkehrsbeeinflussungssystemen ist es, den Kraftfahrer über

Alternativen zum Auto zu informieren und das vorhandene Straßennetz so zu nutzen, dass die Leistungsfähigkeit gewährleistet ist und die Umweltbelastung reduziert wird. Dafür stehen verschiedene Systeme zur Verfügung:

- zentrale Lichtsignalsteuerung
- Parkleitsysteme
- Verkehrsleitsystem
- Betriebsleitsystem.

Der Begriff »Verkehrssystemmanagement« umfasst alle Maßnahmen, die zu einer Entlastung der Innenstädte führen.

In der Verkehrsleitzentrale (VLZ) werden alle Systeme gesammelt und gesteuert. Der Rechner erfasst die einzelnen Steuerungssysteme, wie

- die Programme der Lichtsignalanlagen
- die Auslastung der Parkplätze und Parkhäuser
- der Kontrollstelle für Unfälle
- die Verkehrserfassungseinrichtungen.

So kann direkt in das Verkehrsgeschehen eingegriffen werden.

Induktionsschleifen, Radar- und Ultraschallgeräte erfassen die Anzahl und die Geschwindigkeit der Fahrzeuge. Die Auswertung erfolgt mit EDV-Software, auch unter Berücksichtigung der aktuellen Wetterdaten, und wird an Hinweisschilder und Wechselwegweiser weitergeleitet.

Ein funktionierendes Verkehrssystemmanagement reduziert die Fahrzeiten, erhöht die Sicherheit für alle Verkehrsteilnehmer, senkt den Kraftstoffverbrauch und trägt so zu einer Verbesserung der Lebensqualität in den Städten bei.

11.6 Straßenbeleuchtung

Bereits im Altertum hat man Straßen mit Lampen aus tierischen oder pflanzlichen Ölen beleuchtet, zumeist nur zu rituellen Zwecken bei religiösen Zeremonien.

Die öffentliche Beleuchtung der Straßen erfolgte Ende des 17. Jahrhunderts, um »lichtscheues Gesindel« zu vertreiben. In vielen Städten war es verboten, nach Einbruch der Dunkelheit noch auf der Straße zu sein. Wer es trotzdem war, führte sicherlich nichts Gutes im Schilde.

Die staatlich verordnete Beleuchtung sollte für Ordnung und Sicherheit sorgen. Das zuerst eingesetzte Öllicht wurde zu Beginn des 19. Jahrhunderts durch das Gaslicht ersetzt.

In Deutschland brannte die erste gasbetriebene Straßenlaterne im Jahr 1811 in Freiberg/Sachsen. Ab 1880 wurden die ersten Glühlampen für die Straßenbeleuchtung eingesetzt. Zu Beginn des 20. Jahrhunderts wurden in den meisten Städten die Gaslampen durch elektrische ausgetauscht. Der »Gasmann«, der die Laternen anzündete, war jetzt überflüssig.

In Berlin brennen heute noch 44 000 Gaslaternen. Bis zum Jahr 2007 sollen auch diese durch elektrisches Licht ausgewechselt werden.

Heute ist die Straßenbeleuchtung ein Bestandteil der Planung.

Durch die Beleuchtung der Straßen in der Dunkelheit wird die Verkehrssicherheit erhöht, da der Verkehrsteilnehmer die Oberfläche und die Begrenzung der Fahrbahn besser erkennen kann. Die Lage der Lichtpunkte im Straßenraum lässt den Verlauf der Trasse erkennen. Hindernisse, Knotenpunkte und die Position und das Verhalten der anderen Verkehrsteilnehmer werden rechtzeitig wahrgenommen.

Für Menschen mit Behinderungen ist eine gute Beleuchtung der Straße sehr wichtig. Sie erleichtert sehbehinderten Menschen die Orientierung und vermittelt Mobilitätsbeeinträchtigten, wie z. B. Rollstuhlfahrern und Gehbehinderten, die sich nur langsam fort bewegen können, ein Gefühl von Sicherheit (»ich werden gesehen«).

Im Allgemeinen werden Straßen und Wege innerhalb bebauter Gebiete beleuchtet. Aus wirtschaftlichen Gründen erfolgt eine Beleuchtung außerhalb bebauter Gebiete nur in Ausnahmefällen.

Die Verpflichtung der Gemeinden, Anlagen zur Straßenbeleuchtung zu errichten und zu unterhalten, ergibt sich aus der Verkehrssicherungspflicht und aus einer allgemeinen öffentlich-rechtlichen Verpflichtung gegenüber den Bürgern. Die zuständigen Behörden können die Errichtung und den Betrieb von Beleuchtungsanlagen durch Abschluss eines privatrechtlichen Vertrages an Dritte übertragen.

Die Anordnung der Beleuchtung ist dabei von der Straße, der seitlichen Bebauung sowie von der Bauart der Leuchte abhängig.

Sie soll über den ganzen Straßenraum eine möglichst gleiche Leuchtdichte haben und nicht blenden. Knotenpunkte und andere Gefahrenstellen können durch eine entsprechende farbige Gestaltung optisch hervorgehoben werden. Die Wirkung der Farbe ist auch abhängig von der Art und der Farbe der Fahrbahnoberfläche.

Neben dem Aspekt der Verkehrssicherheit wird heute vielfach die Straßenbeleuchtung in Verbindung mit der Beleuchtung der Umgebung (Schaufenster usw.) auch nach gestalterischen Gesichtspunkten eingesetzt. Immer mehr internationale Großstädte lassen Lichtkonzepte entwickeln, nach denen die Städte in der Dunkelheit inszeniert werden.

12 Straßenunterhaltung und Instandsetzung

12.1 Fahrbahnschäden

Der »Wert« einer Straße wird durch den Gebrauchswert und den Substanzwert wiedergegeben. Der Gebrauchswert drückt dabei die Sicherheit und den Fahrkomfort aus. Dieser wird über visuelle, akustische und sensitive Eindrücke dem Fahrer übermittelt.

Der Straßenbaulastträger bewertet den Gebrauchswert anhand sogenannter Zustandsmerkmale. Innerhalb des Nutzungszeitraumes verändern sich diese. Dabei ist die Größe der Veränderungen von folgenden Faktoren abhängig:

- Verkehrsbelastung
- verwendete Baustoffe und Baustoffgemische
- klimatische Bedingungen
- örtliche Bedingungen.

Zustandsmerkmale

Aus der Veränderung der Zustandsmerkmale lässt sich der Zeitpunkt für Unterhaltungs- und Instandsetzungsarbeiten abschätzen.

Die folgenden Zustandsmerkmale können auf den Fahrbahnen auftreten:

- Risse
- Spurrinnen
- Längsunebenheiten
- Unzureichende Griffigkeit
- Ausbrüche
- Mörtelanreicherungen
- Mangelhafte Fugen
- Plattenbewegungen, Plattenversatz, Eckabbrüche
- Wasser.

Die jeweiligen Zustandsmerkmale und die ermittelten Werte werden in speziellen Karten dargestellt. Dies verschafft dem Planer einen Überblick über den Zustand der Straße und lässt ihn die erforderlichen Maßnahmen genau planen. Die Daten der Zustandserfassung von Bundesfernstraßen werden im Bundesinformationssystem BISStra gesammelt und ausgewertet. Damit lässt sich der erforderliche Bedarf an Finanzmitteln relativ genau ermitteln.

Spurrinnen

In den meisten Fällen resultieren Spurrinnen bei mangelhaften Asphaltdeck- und Binderschichten durch Fließvorgänge im Asphalt, häufig als Folge einer ungünstigen Mischgutzusammensetzung, wie z. B.

- zuviel Mörtel
- zuviel Bitumen
- falsches Bindemittel
- ungünstige Korngrößenverteilung der Mineralstoffe.

Lang andauernde starke Sonneneinstrahlung und langsam fahrender Schwerverkehr können die Bildung von Spurrinnen begünstigen.

Risse

Das Erscheinungsbild von Rissen ist sehr vielfältig. Sie können als Einzelriss oder als Netzrisse auftreten. Als Ursachen für Risse kommen Materialermüdung, eine falsche Materialzusammensetzung, der Einsatz ungeeigneter Verdichtungsgeräte, niedrige Temperaturen bei hoher Verkehrsbelastung und auch unterschiedliche Setzungen in Frage.

Längsunebenheiten

Längsunebenheiten resultieren aus einer mangelhaften Bauausführung und aus mangelhaften Baustoffen. Bei Betonfahrbahnen können Längsunebenheiten als Versätze auftreten.

Griffigkeit

Die Griffigkeit bezeichnet den Reibungswiderstand zwischen den Reifen und der Fahrbahn. Sie trägt wesentlich zur Verkehrssicherheit bei und ist von den folgenden Faktoren abhängig:

- von der Rauheit der Fahrbahnoberfläche
- von der Fahrgeschwindigkeit
- vom Zustand der Reifen
- von der Wassermenge auf der Fahrbahn.

Die Rauheit ist, entsprechend dem Schärfegrad und der Fahrbahnoberfläche, als Fein- oder Grobrauheit zu unterscheiden.

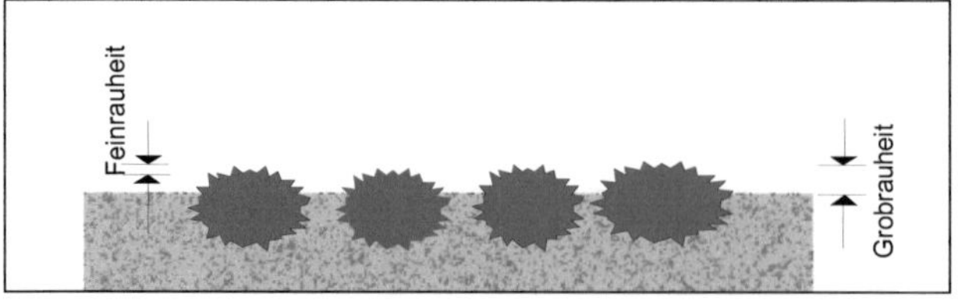

Abb. 114: Grob- und Feinrauheit

Splittverlust

Die Ursachen für einen Splittverlust können unzureichende Bindemittel oder Mörtel sein oder auch nicht geeignete Mineralstoffe. Eine ungenügende Verdichtung und eine Entmischung des Materials beim Einbau kann ebenso zu einem Splittverlust auf der Fahrbahn führen.

Ausbrüche (Schlaglöcher)

Schlaglöcher entstehen als Folge bereits vorhandener Schäden wie Risse oder gelöste Flächen aus der Deckschicht durch unzureichenden Schichtenverbund. Die Belastung durch den Verkehr sowie eindringendes gefrierendes Wasser lösen dann größere Schäden aus, die als Ausbrüche sichtbar werden

Mangelhafte Fugen und Nähte

Mangelhafte Fugen und Nähte resultieren häufig aus einer unsachgemäßen Ausführung der Anschlüsse an vorhandene Deckschichten.

Quernähte, die zwischen den einzelnen Arbeitstagen entstehen, müssen durch Erwärmen oder Aufbringen von Kaltbitumen verklebt werden. Ungeeignetes Fugenvergussmaterial kann ebenso zu schadhaften Fugen führen wie auch eine unzureichende Vorbehandlung der Fugen.

Bei Betonfahrbahnen können mangelhafte Fugen durch eine fehlende oder schadhafte Verdübelung der einzelnen Platten entstehen.

Plattenbewegung, Eckabbrüche, Plattenversatz

Schäden an der Betondecke können durch eine mangelhafte Unterlage (z. B. Erosion) und auch durch fehlende oder schadhafte Dübel und Anker ausgelöst werden. Als Schadensbilder treten Plattenversätze und Plattenbewegungen auf. Durch die Verkehrsbelastung der Platten, besonders an den stark beanspruchten Ecken, brechen häufig Teile der Fahrbahn ab.

Verschleiß

Eine geringe Betonfestigkeit, eine ungeeignete Betonzusammensetzung oder auch eine unsachgemäße Bauausführung kann dazu führen, dass Teile der Fahrbahnoberfläche durch Verwitterung oder die Verkehrsbelastung herausgelöst werden.

Wasser

Stehendes Wasser auf der Fahrbahn ist grundsätzlich zu vermeiden. Die Ursachen für ein zu langsames Abfließen des Oberflächenwassers sind neben Unebenheiten auch ein stark bewachsenes Bankett. Dies ist deshalb regelmäßig »abzuschälen«, damit auf der Fahrbahn anfallendes Wasser zügig abfließen kann.

12.2 Zustandserfassung

Die Erfassung des Zustandes der Straßen erfolgt mit zwei Methoden:

- **Visuelle Zustandserfassung**
  Die visuellen Wahrnehmungen im Rahmen von Kontrollfahrten oder Begehungen werden erfasst.
- **Messtechnische Zustandserfassung**
  Der Zustand der Fahrbahn wird mit messtechnischen Geräten und Vorrichtungen ermittelt.

Die visuell sensitive Zustandserfassung wird von besonders erfahrenem Personal durchgeführt. Dabei werden die Merkmale

- Netzrisse/Risshäufungen
- Ausmagerung/Splittverlust
- Flickstellen
- Wasserrückhalt

in ihren Abmessungen prozentual abgeschätzt. Zur Erleichterung der Abschätzung sind für das Unterhaltungspersonal Hinweise und Beispiele in einem Arbeitspapier aufgeführt.

Die zu beobachtende Strecke wird zweimal abgefahren. Dabei werden zunächst die sensitiv wahrgenommenen Unregelmäßigkeiten festgestellt. Im Rahmen einer weiteren Beobachtung werden die anderen Merkmale ermittelt. Damit vorhandenes Wasser auf der Fahrbahn und die Leistungsfähigkeit der Entwässerungseinrichtungen überprüft werden können, wird die zweite Beobachtung bei Regen durchgeführt.

Zur Erfassung von Rissen, offenen Arbeitsnähten und ähnlichen fehlerhaften Stellen sowie zur Messung der Spurrinnentiefe ist gelegentlich anzuhalten. Die Messung der Spur erfolgt mit einer 2 m oder 4 m langen Messlatte und einem Messkeil.

Auf Betonstraßen werden die Plattenbewegungen als wahrnehmbar oder nicht wahrnehmbar registriert. Die Höhe von Plattenversätzen wird gemessen. Die Länge von Längsrissen, Querrissen und Kantenschäden sowie die Flächen von Eckabbrüchen werden abgeschätzt.

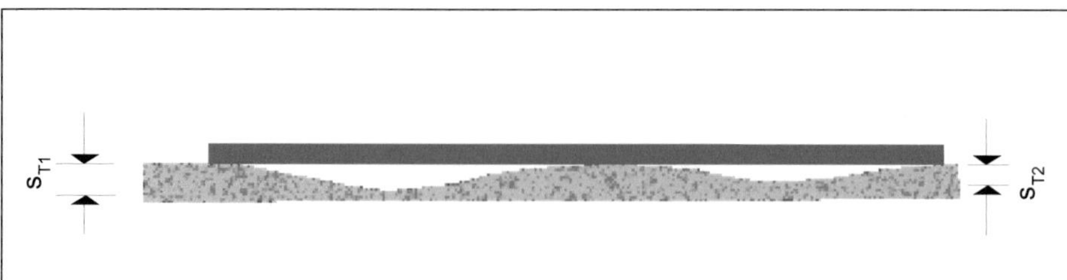

Abb. 115: Messung der Spurrinnentiefe

Die Bewegung von Platten wird durch das Befahren mit schweren Fahrzeugen festgestellt. Die maximale Höhe des Plattenversatzes in Längs- und Querrichtung jeder Platte wird mit einem Messkeil ermittelt.

Für die Erfassung der Zustandsmerkmale Plattenversatz, Längs- und Querrisse, Eckabbrüche und Kantenschäden werden mehrere Platten zu Teilstücken zusammengefasst. Für jedes Teilstück wird aus den erfassten Werten der Mittelwert gebildet.

Die visuell sensitive Zustandserfassung von Straßen setzt eine ausführliche Schulung des Beobachtungsteams voraus. Das Team sollte außerdem nicht groß sein, damit die erfassten Merkmale miteinander verglichen werden können.

Für die messtechnische Zustandserfassung werden speziell ausgerüstete Messfahrzeuge eingesetzt. Bei einer Messgeschwindigkeit von bis zu 100 km/h werden die Ebenheit im Längs- und im Querprofil und die Rauheit erfasst und dokumentiert. Der laufende Verkehr wird dabei nur gering bis gar nicht beeinträchtigt.

Digitale Videoaufnahmen über die gesamte Fahrstreifenbreite lassen Flickstellen, Bindemittelanreicherungen, Ausbrüche und Risse erkennen. Der Zustand der Beschilderung, der Entwässerungseinrichtungen, der Seitenstreifen und der Bepflanzung ist ebenfalls zu bewerten.

Der Einsatz statischer Systeme erfordert eine Absperrung der Fahrbahn und eine ausreichende Absicherung der Messstelle. Diese Systeme tasten die Fahrbahnoberfläche ab und werden hauptsächlich für Abnahmen und Kontrollen auf den Baustellen eingesetzt.

Zur Bestimmung der Querebenheit muss zwischen dynamisch und statisch arbeitenden Meßsystemen unterschieden werden. Dynamisch arbeitende Systeme benötigen Messwertaufnehmer, die berührungslos arbeiten. Es werden Laser-, Infrarot- und Ultraschall-Sensoren zur Messung des Abstandes zwischen Messfahrzeug und Fahrbahnoberfläche eingesetzt.

Zur messtechnischen Zustandserfassung der Griffigkeit werden mechanisch arbeitende Systeme verwendet, die sich in zwei unterschiedliche Systeme einteilen lassen. Ein System ist die Messung mit dem Schlepprad, das gebremst oder blockiert wird.

Bei der anderen Methode erfolgt die Messung der Griffigkeit mit einem schräg gestellten Rad.

Die Griffigkeitsmessungen erfolgen auf der nassen Fahrbahnoberfläche, wobei die Wassermenge entsprechend dem jeweiligen System unterschiedlich ist.

Die Bestimmung der Griffigkeit mit stationär arbeitenden Geräten erfolgt nur bei Sonderuntersuchungen und nicht bei Routineuntersuchungen im Straßennetz.

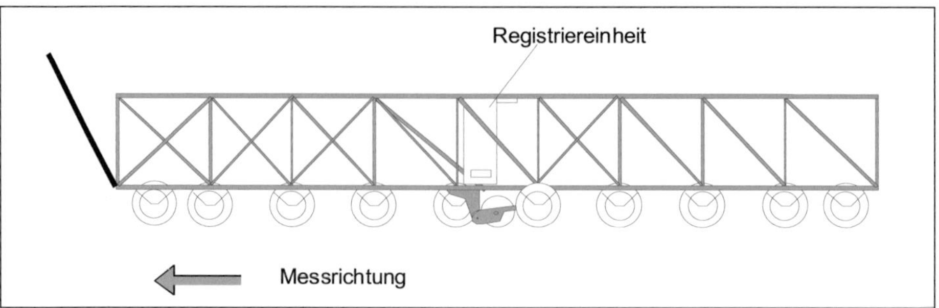

Abb. 116: Planograph zur Bestimmung der Längsebenheit

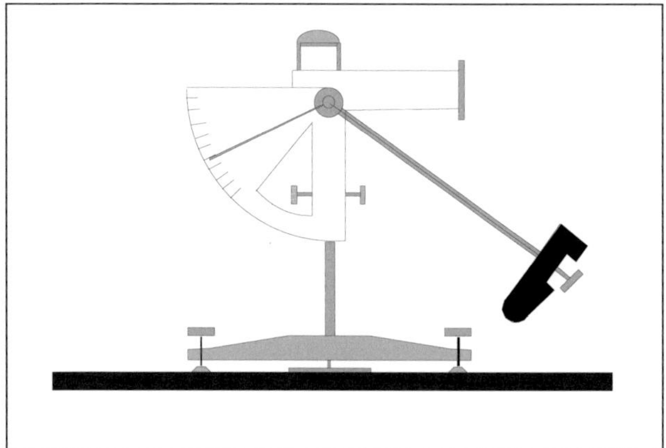

Abb. 117: Gerät zur Bestimmung der Griffigkeit

12.3 Zustandsbewertung

Auf der Grundlage der Zustandserfassung erfolgt die Zustandsbewertung. Die erfassten Zustandsmerkmale werden in Zustandswerte von 1 bis 5 übertragen. Der Zustandswert 1 entspricht einem sehr guten Zustand, der Wert von 5 einem sehr schlechten Zustand.

Einige Zustandswerte sind beschrieben als:

- Zielwert (1,5)
- Warnwert (3,5)
  Ursachen der Zustandsverschlechterung sollen untersucht werden, Erhaltungsmaßnahmen sind einzuplanen
- Schwellenwert (4,5)
  Erhaltungsmaßnahmen oder verkehrsbeschränkende Maßnahmen erforderlich.

Die Resultate der Zustandserfassung und -bewertung (ZEB) lassen Rückschlüsse auf die Qualität des Straßennetzes und damit verbundene Unterhaltungskosten zu. In den »Richtlinien für die Planung von Erhaltungsmaßnahmen (RPE-Stra)« sind die Vorgehensweise und Beispiele beschrieben.

12.4 Maßnahmen

12.4.1 Maßnahmen bei Asphaltstraßen

Die Erhaltung von Asphaltstraßen ist im »Merkblatt für die Erhaltung von Asphaltstraßen (MEA)« geregelt. Das Merkblatt ist wie folgt gegliedert:

- allgemeine Ausführungen
- bauliche Unterhaltung
- Instandsetzung
- Erneuerung
- Wiederverwendung von Asphalt
- Abtragen von Asphaltbefestigungen durch Fräsen oder Aufbrechen.

Gemäß dem MEA wird der Zustand der Fahrbahnoberfläche durch die Merkmale Verschleiß, Verformungen, Risse und verminderte Griffigkeit beschrieben.
Entsprechend dem MEA gehört zur baulichen Unterhaltung:

- Anspritzen der Fahrbahnoberfläche mit Bitumenemulsion und das Absplitten mit Edelsplitt. Diese Maßnahme eignet sich zum Beseitigen von Porosität und Abrieb und wird nach der Art einer Oberflächenbehandlung ausgeführt

- Aufbringen von Schlämmen

- Ausbessern mit Kalt-, Warm- oder Heißmischgut zur Beseitigung von Abrieb, Schlaglöchern, mangelhafter Ebenheit und verminderter Griffigkeit

- Verfüllen und Vergießen von Rissen, offenen Arbeitsnähten und Fugen

- Abfräsen von Unebenheiten.

Einige der genannten Maßnahmen gehören zur Instandsetzung. Diese erfordert im Gegensatz zur baulichen Unterhaltung einen höheren maschinellen Aufwand. Unterhaltungsmaßnahmen beschränken sich auf Sofortmaßnahmen und Maßnahmen kleineren Umfangs.

12.4.2 Maßnahmen bei Betonstraßen

Die Erhaltung von Betonstraßen ist in dem »Merkblatt für die Erhaltung von Betonstraßen (MEB)« beschrieben. Die Beschreibung des Oberflächenzustandes erfolgt dort durch die Merkmale:

1 mangelhafte Fugenfüllung
2 hoch gepresste Fugenvergussmassen
3 Kantenschäden
4 Abwandern von Platten
5 durchgehende Risse
6 Oberflächenschäden

7 Hohlräume im Fugenbereich
8 Stufen, Setzungen
9 verminderte Griffigkeit
10 Zerstörung von Platten.

Folgende bauliche Maßnahmen und Bauverfahren werden zur Beseitigung von Schäden auf der Fahrbahnoberfläche durchgeführt:

- Füllen von Fugen und Rissen
- Beseitigung von Kantenschäden
- nachträgliches Verdübeln und Verankern der Platten
- Festlegen und Heben von Platten
- Bearbeiten der Oberflächen
- Erneuern von Platten.

12.5 Erneuerung von Verkehrsflächen nach den RStO-E

Für die Erneuerung von Straßenbefestigungen innerhalb und außerhalb bebauter Gebiete sowie von ländlichen Wegen werden in der Regel die »Richtlinien für die Standardisierung des Oberbaues bei der Erneuerung von Verkehrsflächen (RStO-E)« angewandt. Sie enthalten ein Verfahren zur Dimensionierung von Schichtdicken für unterschiedliche Erneuerungsarten, Erneuerungsbauweisen und Erneuerungsklassen.

Bei der Planung einer Erneuerungsmaßnahme sollte stets die Linienführung im Lage- und Höhenplan sowie der Querschnitt überprüft werden.

In den RStO-E sind drei Erneuerungsarten beschrieben:

Erneuerung im Hocheinbau
Einbau von einer oder mehrerer Schichten auf die vorhandene Befestigung, sofern die Erhöhung der Gesamtdicke des Oberbaues mehr als 4 cm beträgt.

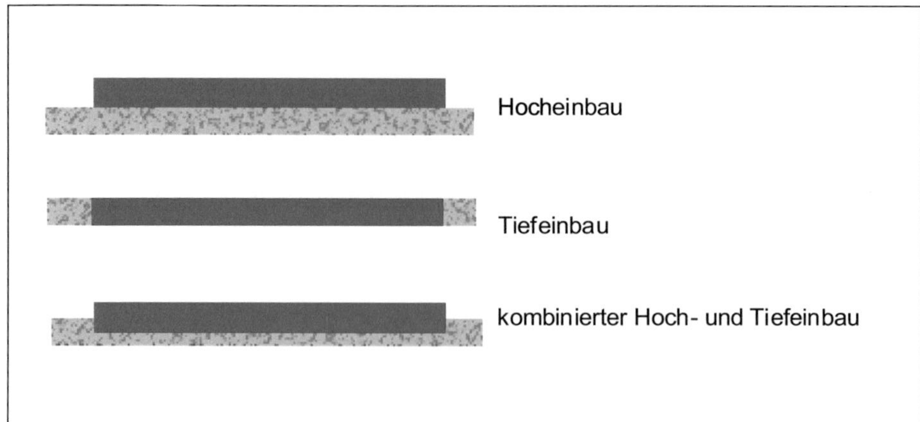

Abb. 118: Erneuerungsarten

Erneuerung im Tiefeinbau
Vollständiger Ersatz einer vorhandenen Befestigung, soweit notwendig bei einer gleichzeitigen Anpassung an geänderte Belastungen. Die Erneuerung im Tiefeinbau entspricht damit einem Neubau.

Erneuerung als kombinierter Hoch- und Tiefeinbau
Teilweiser Ersatz einer vorhandenen Befestigung bei Einbau von einer oder mehreren Schichten über die vorhanden Gradiente hinaus.

12.6 Straßenbetriebsdienst

Die Aufgabe des Straßenbetriebes (Straßenunterhaltung) ist es, eine ausreichende Sicherheit und Leistungsfähigkeit des Verkehrs zu gewährleisten. Die Zunahme des Verkehrsaufkommens und die damit verbundene Veränderung des Straßennetzes in den letzten Jahrzehnten haben die Arbeit des Straßenunterhaltungspersonals gewandelt. Bis in die sechziger Jahre hinein war der Straßenwärter mit Fahrrad oder Handwagen unterwegs, um »seinen« Streckenabschnitt »in Schuss zu halten«. Bei einer Länge von wenigen Kilometern reichten als Wergzeug Schaufel, Besen, Maurergerät und Petroleumlampe aus. Im Winter wurde von einem Lkw-Anhänger das Streusalz mit Muskelkraft auf die Fahrbahn aufgebracht. Dieses Bild hat sich grundlegend geändert.

Im Rahmen leerer Haushaltskassen ist die Aufrechterhaltung eines funktionierenden Straßennetzes bei gleichzeitiger Zunahme des Verkehrs zu einer Herausforderung geworden.

Die Straßenunterhaltung liegt in der Zuständigkeit der Straßenbauverwaltungen der Länder und der entsprechenden Verwaltungen der Kreise, Städte und Gemeinden. Sie wird von den Straßenmeistereien (SM) und den Autobahnmeistereien (AM) durchgeführt.

Im Bundesgebiet gibt es etwa 180 Autobahnmeistereien mit einer mittleren Streckenlänge von ca. 65 km und etwa 30 km Rampen sowie 586 Straßenmeistereien mit einer mittleren Streckenlänge von 275 km. Jede Straßenmeisterei ist mit etwa 25 Mitarbeitern ausgestattet. Das entspricht einem Mitarbeiter je 10 km Streckenlänge.

Bei Autobahnmeistereien ist der Personalbedarf von der Streckenlänge und der Anzahl der Fahrstreifen abhängig.

Für eine Autobahnmeisterei mit einer Gesamtlänge von:

70 km 2-streifig → 19 Mitarbeiter
3-streifig → 23 Mitarbeiter
105 km 2-streifig → 25 Mitarbeiter
3-streifig → 31 Mitarbeiter
140 km 2-streifig → 31 Mitarbeiter
3-streifig → 39 Mitarbeiter

Gute Erfahrungen hat man inzwischen auch mit so genannten »Mischmeistereien« gemacht. Sie betreuen neben den Bundesautobahnen auch die Bundes- und Landesstraßen. Die Zahl der Betriebshöfe kann dabei reduziert und die Auslastung des Fuhrparks deutlich gesteigert werden.

Die durchschnittliche repräsentative Autobahnmeisterei ist als Bemessungsmeisterei wie folgt definiert:

- 70 km durchgehende Fahrbahn
- 35 km ein- und zweistreifige Rampen- und Nebenfahrbahnen
- 10 Anschlussstellen
- 1 Autobahnkreuz und -dreieck
- 2 Tank- und Rastanlagen
- 1 Tank- und Kioskanlage
- 3 KWC bzw. PWC-Anlagen
- 8 ha zu unterhaltende befestigte Flächen bei Verkehrsanlagen
- 10 ha zu unterhaltende Grünflächen an Verkehrsanlagen
- 240 ha zu unterhaltende Grünflächen an Böschungen, Mittelstreifen, Banketten und Ähnliches einschl. unbewirtschafteter Rastplätze.

Zur Optimierung des Fahrzeug- und Geräteeinsatzes und zur schnellen Kommunikation zwischen den einzelnen Fahrzeugen und zur Zentrale sind die Fahrzeuge mit Sprechfunkgeräten ausgerüstet.

An den Autobahnen ist ein Fernmeldenetz mit Notrufsäulen vorhanden. Die Benutzung der Notrufsäulen ist kostenlos. Von den Fernmeldezentralen der Autobahnmeistereien können Pannenhilfsfahrzeuge oder die Polizei über Funk Tag und Nacht über Notrufe informiert werden.

Zu den Aufgaben der Straßen- und Autobahnmeistereien gehören

- Streckenkontrolle
- betriebliche Unterhaltung
- Winterdienst
- Straßenreinigung
- Unterhaltung der Grünflächen an Straßen
- Wartung des Straßenzubehörs
- Betrieb und Unterhaltung der Ingenieurbauwerke

- Sicherung von Arbeitsstellen
- Betreiben verkehrstechnischer Einrichtungen, Zustandsmeldungen, Katastrophenschutz, gefährliche Güter.

Zur Erfüllung der Verkehrssicherungspflicht und zur Überwachung der Einhaltung von Gesetzen, Vorschriften und baulichen Anlagen werden regelmäßige Streckenkontrollen durchgeführt. Der Umfang der Kontrollen ist abhängig von der Verkehrsbedeutung und der Beschaffenheit der Straße. Die Kontrolle der Beschilderung auf Nachtsichtbarkeit ist bei Dunkelheit auszuführen.

Die Streckenkontrolle wird in der Regel vom Streckenwart (evtl. mit Fahrer) durchgeführt. Sie bezieht sich auch auf Ingenieurbauwerke, Entwässerungseinrichtungen, Notrufsäulen und Straßenbäume. Außer der Kontrolle des Fahrbahnzustandes, der Verkehrszeichen, der Verkehrseinrichtungen und Nebenanlagen der Straße werden auch kleinere Reparaturen als Sofortmaßnahme ausgeführt und Gefahrenstellen beseitigt oder abgesichert.

Auf allen Straßen des überörtlichen Verkehrs ist die Streckenwartung mindestens einmal in der Woche durchzuführen. Gegebenenfalls ist eine mehrmalige Wartung erforderlich. Zentrale Einrichtungen wie Notrufsäulen, Rettungswege an Lärmschutzwänden usw. sind einmal im Monat zu kontrollieren.

Wenn Radwege von der Fahrbahn aus eingesehen werden können, sind sie von dort zu kontrollieren. Ansonsten müssen sie einmal im Monat gesondert kontrolliert werden.

Kontrollfahrten müssen grundsätzlich mit einer Geschwindigkeit von höchstens 40 km/h durchgeführt werden, wobei Mehrzweck- oder Standstreifen zu benutzen sind. Bei Straßen mit einer hohen Verkehrsbelastung ohne Zusatzstreifen muss sich das Streckenwartungsfahrzeug dem fließenden Verkehr anpassen. Die Kontrollfahrten sind nach Möglichkeit in verkehrsschwache Zeiten zu legen.

Damit die Verkehrssicherheit und der Bestand der Ingenieurbauwerke gewährleistet sind, werden sie regelmäßig durch sachkundiges Personal überwacht und geprüft. Die Häufigkeit und der Umfang der Prüfungen sind festgelegt. Die einzelnen Überwachungsstufen reichen von der einfachen Beobachtung bis zur Hauptprüfung.

Bei der Erkennung von Schäden werden unterschieden:

- Schäden, die ohne besondere Untersuchungsmethoden durch Inaugenscheinnahme sichtbar sind
- Schäden, die an der Oberfläche des Bauteiles nicht erkennbar oder noch nicht in Erscheinung getreten sind.

Für die zweite Gruppe sind besondere Prüfverfahren mit entsprechenden Geräten erforderlich.

Art	Termin
Bauwerksüberwachung	
Laufende Beobachtung	¼-jährlich (durch Streckenwart)
Besichtigung	1 mal jährlich (durch Straßenmeister)
Bauwerksprüfung	
Einfache Prüfung	Alle 3 Jahre (durch Straßenbauamt)
Hauptprüfung	Alle 6 Jahre (Straßenbauverwaltung des Landes)
Prüfung aus besonderem Anlass	Je nach Ereignis wie Hochwasser, Unfall usw.
Betrieb und Überwachung maschineller und elektrischer Anlagen	Nach besonderen Vorschriften

Tab. 30: Brückenprüfungen

Zerstörungsfreie Prüfverfahren

Der Vorteil dieser Verfahren ist, dass mehrere Messungen durchgeführt werden können. Zeitliche Veränderungen der Eigenschaften können damit erfasst werden. Der Nachteil ist, dass nicht die gesuchte Größe selbst, sondern Hilfsgrößen gemessen werden, die mit der gesuchten Größe in einem bestimmten Zusammenhang stehen.

Zerstörende Prüfungen

Vorteil dieser Verfahren ist, dass tatsächliche Eigenschaften festgestellt werden. Nachteilig ist, dass der Prüfumfang nur sehr klein ist, um den Eingriff in das Bauteil gering zu halten.

Es kann sinnvoll sein, zerstörende und zerstörungsfreie Prüfverfahren miteinander zu kombinieren.

Schäden an Brücken können verschiedene Ursachen haben. Ohne eine genaue Kenntnis der Ursache ist eine sinnvolle Sanierung des Bauwerkes nicht möglich.

Hauptgruppen der Schadensursachen:

- Schäden infolge Anstiegs der Verkehrs- und Umweltbelastung
- Schäden infolge zu geringer Erfahrung bei der Weiterentwicklung von Bauverfahren und Baustoffen
- Schäden infolge mangelhafter Unterhaltung
- Schäden infolge von Planungs- und Ausführungsmängeln.

Winterdienst

Regelungen über den Winterdienst sind im Bundesfernstraßengesetz, in den Straßengesetzten der Länder und in den Satzungen der Kommunen enthalten. Innerhalb und außerhalb geschlossener Ortslagen sind Inhalt, Umfang und Anforderungen für die Straßen verschieden.

Straßen außerhalb geschlossener Ortschaften

Die Straßen sind nach besten Kräften zu räumen und zu streuen. Eine allgemeine Räum- und Streupflicht besteht nicht.

Straßen innerhalb geschlossener Ortslagen

Aus der Reinigungspflicht ergibt sich im Winter die Schneeräumpflicht. Eine Streupflicht besteht nur an Fahrbahnen, die gefährlich und auch verkehrswichtig sind.

Zu den Aufgaben des Winterdienstes gehören der Schneeschutz, das Schneeräumen und die Glättebekämpfung. Das Anforderungsniveau des Winterdienstes ist abhängig von der Verkehrsbedeutung und dem Zustand einer Straße.

Der Schneeschutz ist eine vorbeugende Maßnahme des Winterdienstes, die die Straßen von Schneeverwehungen freihalten soll. Wenn aus wirtschaftlichen Gründen ein Schneeschutz durch bauliche Maßnahmen und Bepflanzungen nicht erreicht werden kann, werden Schneefangzäune eingesetzt. Hierfür sind standardisierte Systeme im Einsatz, die zügig auf- und abzubauen sind und geringe Lagerkapazitäten in Anspruch nehmen.

Bereits bei einer geringen Schneehöhe von max. 5 cm sollte bereits mit dem Räumen begonnen werden, da eine festgefahrene Schneedecke nur schwer vollständig zu beseitigen ist. Schneematsch muss ebenfalls von der Fahrbahn geräumt werden, um die Bildung von Glatteis zu verhindern. Gegebenenfalls sind vorhande Schneereste, die mit dem Schneepflug nicht erfasst werden, mit Schneekehrmaschinen zu beseitigen.

Bei starken Schneefällen werden auch Planierraupen, Schaufellader, Schneefräsen oder Schneeschleudern eingesetzt.

Die Glättebekämpfung erfolgt mit tauenden und abstumpfenden Streustoffen. Winterglätte wird unterschieden nach:

- Schneeglätte
- Reifglätte
- Eisglätte
- Glatteis.

Die folgenden Tausalze werden eingesetzt:

- Natriumchlorid (NaCl) bis −8° C
- Kalziumchlorid (CaCl2) bis −15° C
- Magnesiumchlorid (MgCl2) bis −20° C.

Es können auch Mischungen aus den genannten Salzen verwendet werden, deren Einsatzgrenzen aus dem Mischungsverhältnis ermittelt werden kann.

Die Tausalze können als Trockensalz, flüssiges gelöstes Tausalz oder in feuchter Form als Feuchtsalz verwendet werden.

Der Einsatz abstumpfender Stoffe wie Splitte, Sande, Asche oder Schlacke ist möglichst zu vermeiden, da sie die Entwässerungseinrichtungen verschmutzen und durch den Verkehr auf den Rad- und Gehwegen verbleiben. Nach der Frostperiode müssen die Stoffe dann aufwendig beseitigt und entsorgt werden. Deshalb ist ihre Verwendung auf Ausnahmefälle zu beschränken.

Auf Brücken, besonders über Wasserläufe, ist häufig mit Reif- und Eisglätte zu rechnen, so dass hier neben Glättemeldeanlagen auch Taumittelsprühanlagen sinnvoll sind.

Glättemeldegeräte unterstützen die rechtzeitige und umweltschonende Durchführung des Winterdienstes. Dabei werden die Luftfeuchtigkeit, die Lufttemperatur und die Temperatur auf der Fahrbahnoberfläche gemessen und an die zuständige Meisterei weitergeleitet.

Taumittelsprühanlagen sprühen elektronisch gesteuert flüssiges Auftaumittel auf die Fahrbahn. Sie ersetzen nicht den Winterdienst, können ihn aber ergänzen und seine Wirksamkeit und Wirtschaftlichkeit verbessern.

Die Streugeräte sind im Hinblick auf den Verwendungszweck, die Streckenart und das Einsatzfahrzeug auszuwählen. Die Streumengen werden in der Regel vom Bedienungspersonal aufgrund von Erfahrungen und der subjektiven Einschätzung des Straßenzustandes eingestellt.

Bei einer automatischen Ermittlung der Streumenge wird die Temperatur der Fahrbahn durch Infrarotmessungen erfasst und mit einer vom Bediener eingestellten Streustufe kombiniert. Daraus wird die erforderliche Streudichte ermittelt. Die einzelnen Streustufen berücksichtigen die Dicke des auf der Fahrbahn vorhandenen Wasserfilms und den Schneefall.

Die einzelnen Winterdiensteinsätze werden unter Angabe der Art und Menge der eingesetzten Streustoffe dokumentiert.

Vor jedem Winter werden die Räum- und Streupläne der einzelnen Meistereien überprüft und, soweit erforderlich, geändert. In den Einsatzplänen werden die Einsatzstrecken und die Reihenfolge, in der einzelne Streckenabschnitte bearbeitet werden, festgelegt.

Durch den Aufbau eines Straßenzustands- und Wetterinformationssystems (SWIS) sollen die Kosten für den Winterdienst verringert werden. Hierbei werden die Messdaten von Glättemeldeanlagen mit den eigenen Wetterdaten des zuständigen Wetteramtes miteinander verknüpft, so dass entsprechende Prognosen für den Winterdienst zur Verfügung stehen. Ziel ist es, die Kontrollfahrten zu reduzieren und Bereitschafts- und Einsatzstunden außerhalb der dienstplanmäßigen Arbeitszeit zu verringern.

Bei den Autobahnen wird der Winterdiensteinsatz von den Mitarbeitern der Notrufzentralen ausgelöst. Sie sind auch Ansprechpartner für die Polizei, das Betriebspersonal und die Verkehrsteilnehmer.

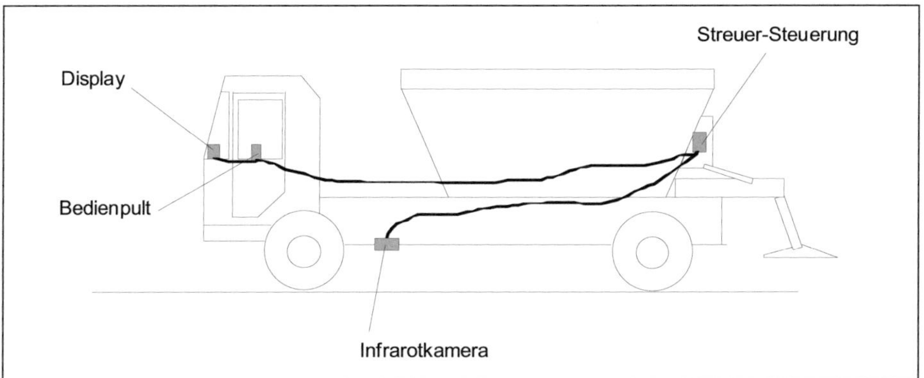

Abb. 119: Streugerät mit Infrarotsteuerung

Im Rahmen des Winterdienstes müssen die Belange des Umweltschutzes beachtet werden. Der Einsatz chemischer Auftaumittel hat unterschiedliche Langzeitwirkungen auf

- das Grund- und Oberflächenwasser
- den Boden
- die Vegetation
- die Lebewesen.

Durch einen rechtzeitigen Winterdiensteinsatz kann Glättebildung bereits mit geringen Streudichten verhindert werden. In innerstädtischen Bereichen kann durch gezielte bauliche Maßnahmen das Straßengrün weitestgehend geschützt werden.

Straßenreinigung

Im »Leistungsheft für den Straßenbetriebesdienst auf Bundesfernstraßen, Leistungsbereich 4: Reinigung« sind für die Reinigung die folgenden Leistungen aufgeführt:

- Kehren
- Entwässerungseinrichtungen reinigen
- Bauwerke und Straßenausstattung reinigen
- Abfallbeseitigung.

Zur Gewährleistung der Verkehrssicherheit, der Substanzerhaltung sowie zur Wahrung eines sauberen Erscheinungsbildes sind Reinigungsarbeiten durchzuführen. Die Beseitigung von Verschmutzungen, die über das übliche Maß des Gemeingebrauchs hinaus gehen, wie z. B. durch landwirtschaftlichen oder Baustellenverkehr, sind, wenn möglich, den Verursachern in Rechnung zu stellen. Ebenso ist das Entfernen von ordnungswidrig gelagerten Abfällen wie Sperrmüll, Fahrzeuge, Kühlschränke usw. nicht die Aufgabe des Betriebspersonals.

Verschmutzungen, die den Verkehr gefährden, sind umgehend zu beseitigen oder entsprechend abzusichern. Dies sind insbesondere ausgelaufener Treibstoff, Laub, Boden, Tierkadaver oder heruntergefallene Ladung.

Das anfallende Kehrgut ist Reststoff/Abfall, für den die jeweiligen landesrechtlichen Bestimmungen und Vorschriften gelten.

Für die Reinigung von Dränasphalt werden spezielle Geräte verwendet, die mit einer Saugwaschanlage die Verschmutzungen unter Einsatz von Wasser unter hohem Druck aus den Poren entfernen. Die Aufbereitung und Entsorgung des Schmutzwassers sind besonders zu beachten.

Ausgelaufenen Kraftstoffe und Chemikalien müssen unverzüglich mit geeigneten Streumitteln aufgesaugt oder gebunden werden.

Eine weitere Aufgabe im Rahmen von Reinigungsarbeiten ist das Säubern von Brückenbauwerken, Tunneln, Durchlässen, unbewirtschafteten WC-Anlagen, Beschilderungen und Leiteinrichtungen. Verkehrszeichen und -einrichtungen werden von Hand oder maschinell gereinigt. Im Winter ist gegebenenfalls häufiger zu reinigen. Für die Reinigung sind nur Geräte und Mittel zu verwenden, die die Oberfläche der Schilder nicht beschädigen.

Auf unbewirtschafteten und bewirtschafteten Rastanlagen der Autobahnen sind Behälter aufzustellen, in denen die Wertstoffe getrennt gesammelt werden. Abfälle auf Grünflächen, z. B. auf den Mittelstreifen, Trennstreifen, unbefestigten Seitenstreifen und Böschungen sind, besonders vor den Mäharbeiten, zu beseitigen. Besonders starke Verschmutzungen treten erfahrungsgemäß im Frühjahr nach der Schneeschmelze, während der Hauptreisezeit und auch im Staubereich vor Lichtsignalanlagen auf.[27]

Unterhaltung der Grünflächen

Im Rahmen der Grünpflege fallen die folgenden Arbeiten an:

- Grasflächen mähen an Bankette, Mittel- und Trennstreifen, Entwässerungsgräben und -mulden, Rastanlagen
- Freihalten von Sichtfeldern bei Knotenpunkten
- Pflege der Regenrückhalteeinrichtungen
- Gehölzpflege
- Pflegen und Fällen von Einzelbäumen und Alleen.

Eine gezielte Pflege der Bepflanzung an Straßen gewährleistet die Verkehrssicherheit und die landschaftsgerechte Einbindung der Straße in das Umfeld.

Entsprechend ihrer Lage und ihrer Aufgabe müssen Rasenflächen unterschiedlich häufig gemäht werden. Es wird zwischen dem Intensivbereich und dem Extensivbereich unterschieden.

Intensivbereich: muss aufgrund der Verkehrssicherheit zwei- bis dreimal im Jahr gemäht werden (Bankette, Entwässerungsmulden, Mittelstreifen, Sichtfelder an Knotenpunkten, Innenkurven)

Extensivbereich: muss maximal einmal im Jahr gemäht werden (BAB-Anschlussstellen, Böschungen)

Bei der Neuanlage von Rasenflächen sind sogenannte Magerrasen anzustreben, die aufgrund ihrer Artenvielfalt ökologisch besonders wertvoll sind und wegen ihres geringen und niedrigen Wuchses die Mäharbeiten verringern.

Zum Zerkleinern der bei der Gehölzpflege anfallenden Sträucher, Hecken und Äste können Zerspanungsgeräte verwendet werden, mit denen nicht nur das Volumen verringert sondern auch der Abtransport erheblich vereinfacht werden.

Nach Schätzungen fallen jährlich 550 000 m^3 schadstoffbelastetes Schnittgut an. Untersuchungen durch die BASt haben ergeben, dass mit Schadstoffen kontaminiertes Grüngut nach einer Kompostierung einen höheren Schadstoffgehalt aufweist.

Bei der Reinigung der Entwässerungseinrichtungen sind in regelmäßigen Abständen die Einläufe zu säubern, da diese häufig mit Laub u. Ä. verschmutzt sind. Das bei der Räumung anfallende Räumgut ist Abfall. Die Art der Entsorgung ist vom Schadstoffgehalt abhängig.

Die Pflege der Bankette, Seitenstreifen und Gräben ist eine besonders zeitintensive Aufgabe des Unterhaltungsdienstes. Durch sogenanntes Schälen der Bankette wird eine ausreichende Wasserabführung gewährleistet. Das anfallende Bankettschälgut ist mit verschiedenen Stoffen kontaminiert. In Abhängigkeit von der Schadstoffbelastung kann das Schälgut, z. B für Erdbauwerke, wiederverwendet werden.

Wartung des Zubehörs

Die umfangreiche Ausstattung von Straßen obliegt einer regelmäßigen Wartung und Instandhaltung. Hierzu zählen

- Verkehrszeichen
- Leitpfosten
- Stationierungszeichen
- passive Schutzeinrichtungen
- Wild- und Amphibienschutzeinrichtungen
- WC-Anlagen (bei unbewirtschafteten Rastanlagen)

- Ausstattung von Rastanlagen (Bänke usw.)
- Wechselverkehrszeichenanlagen
- Lichtsignalanlagen
- Beleuchtungsanlagen
- betriebestechnische Anlagen in Tunneln
- Taumittelsprühanlagen
- Straßenzustands- und Wetter-Informationssysteme
- Pumpenanlagen
- Telekommunikationsanlagen
- sonstige Ausstattung.

Betriebliche Unterhaltung

Zur betrieblichen Unterhaltung gehört die Beseitigung kleinerer Schäden, die sich auf die Verkehrssicherheit auswirken. Dies können sein:

- Schlaglöcher
- Abbrüche
- Versätze in Längs- und Querrichtung
- Schäden im Pflaster
- Verdrückungen und Verwerfungen
- Böschungsschäden
- Schäden an Ingenieurbauwerken
- Schäden an Entwässerungseinrichtungen
- Schäden an Regenrückhalte- und Versickeranlagen.

Sonstige Leistungen

Das Straßenbetriebspersonal verrichtet noch Aufgaben, die keiner anderen Leistung eindeutig zuzuordnen sind. Hier ist beispielsweise der Einsatz bei Unfällen zu nennen. Das Personal sorgt für eine Absicherung der Unfallstelle und hilft bei der Rettung von Verletzten und der Bergung von Fahrzeugen. Unfallschäden werden dokumentiert und anschließend soweit beseitigt, dass die Verkehrssicherheit wieder hergestellt ist.

Außerdem kommen die Mitarbeiter des Betriebsdienstes dann zum Einsatz, wenn Naturereignisse wie Überschwemmungen oder Stürme die Leistungsfähigkeit der Straßen beeinträchtigen.

13 Vertragswesen

13.1 Der Ingenieurvertrag

Gegenstand des Ingenieurvertrages sind Ingenieurleistungen. Ingenieurverträge sind in den meisten Fällen als Werkverträge im Sinne des § 631 BGB (Bürgerliches Gesetzbuch) anzusehen. Aus den Pflichten des Werkvertrages schuldet der Ingenieur den Werkerfolg. Bei einer vollständigen Beauftragung hat der Ingenieur für das mangelfreie Entstehen des Bauwerkes zu sorgen.

Die Vorschriften der »Honorarordnung für Architekten und Ingenieure (HOAI)« enthalten kein Vertragsrecht. Das, was der Ingenieur im Rahmen seiner Vertragserfüllung schuldet, ergibt sich aus dem Ingenieurvertrag und nicht aus den jeweiligen Leistungsbildern der HOAI.

Das »Handbuch für die Vergabe und Ausführung von freiberuflichen Leistungen der Ingenieure und Landschaftsarchitekten im Straßen- und Brückenbau (HVA F-StB)« enthält Regelungen zur Vertragsgestaltung, Vergabe- und Vertragsabwicklung.

Der Aufbau des HVA F-StB

Teil 1 Richtlinien für das Aufstellen der Verträge und das Durchführen der Vergabeverfahren

Teil 2 Richtlinien für die Honorarermittlung

Teil 3 Richtlinien für das Abwickeln der Verträge

Teil 4 Vordrucke

Teil 5 Allgemeine Technische Vertragsbedingungen

Teil 6 Mustertexte für Leistungsbeschreibungen

Anhang Ergänzende Unterlagen

Abschluss des Ingenieurvertrages

Ein Vertrag kommt durch zwei inhaltlich übereinstimmende Willenserklärungen (Auftrag und Annahme) zustande.[28]

Da das BGB keine besondere Form vorschreibt, kann ein Ingenieurvertrag mündlich geschlossen werden. Um spätere Unstimmigkeiten bereits im Vorfeld auszuräumen, wird jedoch dringend empfohlen, einen schriftlichen Vertrag abzuschließen.

Wird beispielsweise versäumt, mit dem Auftraggeber bei Auftragserteilung eine Vereinbarung über die Höhe des Honorars zu treffen, so gelten nach § 4(4) HOAI die jeweiligen Mindestsätze als vereinbart. Werden besondere Leistungen erbracht, aber nicht schriftlich vereinbart, so dürfen diese nach § 5(4) HOAI nicht abgerechnet werden.

Der Aufbau der HOAI

Die HOAI gliedert sich in folgende Teile:

Teil I Allgemeine Vorschriften
Teil II Leistungen bei Gebäuden, Freianlagen und raumbildenden Ausbauten
Teil III Zusätzliche Leistungen
Teil IV Gutachten und Wertermittlungen
Teil V Städtebauliche Leistungen
Teil VI Landschaftsplanerische Leistungen
Teil VII Leistungen bei Ingenieurbauwerken und Verkehrsanlagen
Teil VIIa Verkehrsplanerische Leistungen
Teil VIII Leistungen bei der Tragwerksplanung
Teil IX Leistungen bei der Technischen Ausrüstung
Tei X Leistungen für Thermische Bauphysik
Teil XI Leistungen für Schallschutz und Raumakustik
Teil XII Leistungen für Bodenmechanik, Erd- und Grundbau
Teil XIII Vermessungstechnische Leistungen
Teil XIV Schluss- und Überleitungsvorschriften

Die für den Bereich des Straßenbaus wichtigen Teile sind fett gedruckt.

Die Ermittlung des Honorars erfolgt mit den folgenden Daten:

- **Anrechenbare Kosten**
  In § 52 HOAI ist die Ermittlung der anrechenbaren Kosten für Ingenieurbauwerke und Verkehrsanlagen geregelt. Teilweise bestehen für beide getrennte Vorschriften. Als anrechenbare Kosten gelten die nach § 52(4) HOAI ermittelten Herstellungskosten. Gemäß § 9(2) HOAI ist die bei den Herstellungskosten anfallende Umsatzsteuer nicht Bestandteil der anrechenbaren Kosten. Nach § 52(3) HOAI gehören zu den anrechenbaren Kosten auch die Kosten für vorhandene und mitverarbeitete Bausubstanz gemäß § 10(3a) HOAI.

- **Honorarzone**
  Die §§ 53 und 54 HOAI regeln die Einstufung der Ingenieurbauwerke und Verkehrsanlagen in die jeweilige Honorarzone. Die Zuordnung zur jeweiligen Honorarzone wird anhand des Schwierigkeitsgrades von Planung und Bauüberwachung vorgenommen. Die Ingenieurbauwerke und Verkehrsanlagen sind in fünf Honorarzonen aufgeteilt.

- **Honorarsatz**
  Gemäß § 4(1) HOAI ist jede Honorarvereinbarung, die den Mindestsatz übersteigt, schriftlich bei der Auftragserteilung zu schließen. Nach § 4(4) HOAI gelten bei mündlicher Beauftragung die jeweiligen Mindestsätze als vereinbart. Nur bei außergewöhnlichen oder ungewöhnlich lange dauernden Leistungen dürfen gemäß § 4(3) HOAI die Höchstsätze bei schriftlicher Vereinbarung überschritten werden.

Eine Unterschreitung der Mindestsätze gemäß § 4(2) ist nur in Ausnahmefällen zulässig und muss ebenfalls schriftlich vereinbart werden.

- **Honorartafel**
  Die Honorartafeln für die Grundleistungen bei Ingenieurbauwerken und Verkehrsanlagen sind in § 56(1 und 2) HOAI aufgeführt. Bei anrechenbaren Kosten oberhalb von 25 564 594 € kann gemäß § 16(3) HOAI das Honorar frei vereinbart werden. Liegen anrechenbare Kosten unter 25 565 €, kann das Honorar als Pauschal- oder als Zeithonorar vereinbart werden, jedoch höchstens bis zu den in der Honorartafel für anrechenbare Kosten von 25 566 € festgelegten Höchstsätzen.

- **Leistungsumfang**
  § 55 HOAI unterteilt das Leistungsbild Objektplanung für Ingenieurbauwerke und Verkehrsanlagen in neun Leistungsphasen. Die einzelnen Leistungsphasen sind mit anteiligen Prozentsätzen aufgeführt und ergeben insgesamt 100 %. Die Leistungsphasen enthalten sogenannte Honorartatbestände, die zur ordnungsgemäßen Erfüllung eines Auftrages im Allgemeinen erforderlich sind. Wegen der Vielfalt der Bauvorhaben sind auch Leistungen aufgeführt, die nicht bei jedem Objekt gleich wichtig und auch nicht immer erforderlich sind.

§ 55(1) HOAI, Leistungsbild Objektplanung für Ingenieurbauwerke und Verkehrsanlagen

	Bewertung der Grundleistungen der Honorare [%]
1. Grundlagenermittlung Ermitteln der Voraussetzungen zur Lösung der Aufgabe Durch die Planung	2
2. Vorplanung (Projekt- und Planungsvorbereitung) Erarbeiten der wesentlichen Teile einer Lösung der Planungsaufgabe [1)]	15
3. Entwurfsplanung (System- und Integrationsplanung) Erarbeiten der endgültigen Lösung der Planungsaufgabe	30
4. Genehmigungsplanung Erarbeiten und Einreichen der Vorlagen für die erforderlichen Öffentlich-rechtlichen Verfahren	5
5. Ausführungsplanung Erarbeiten und Darstellen der ausführungsreifen Planlösung	15

1) Bei Objekten nach § 51(1) Nr. 6 und 7, die eine Tragwerksplanung erfordern, wird die Leistungsphase 2 mit 8 % bewertet.

6. Vorbereitung der Vergabe 10
Ermitteln der Mengen und Aufstellen von Ausschreibungs-Unterlagen

7. Mitwirkung bei der Vergabe 5
Einholen und Werten von Angeboten und Mitwirkung bei der Auftragsvergabe

8. Bauoberleitung 15
Aufsicht über die örtliche Bauüberwachung
Abnahme und Übergabe des Objektes

9. Objektbetreuung und Dokumentation 3
Überwachung der Beseitigung von Mängeln und Dokumentation des Gesamtergebnisses

Summe **100**

Sondertatbestände

- Nach § 57(2) HOAI kann das Honorar für die örtliche Bauüberwachung entweder mit 2,1 % bis 3,2 % der anrechenbaren Kosten des Objektes oder als Festbetrag unter Zugrundelegung der geschätzten Bauzeit vereinbart werden. Wird bei der Auftragserteilung keine schriftliche Vereinbarung getroffen, so ist das Honorar gemäß § 57(2) Satz 3 mit 2,1 % der anrechenbaren Kosten zu berechnen.
- Wird die Vorplanung (Leistungsphase 2, § 55 HOAI) oder die Entwurfsplanung (Leistungsphase 3, § 55 HOAI) als Einzelleistung in Auftrag gegeben, so können hierfür gemäß § 58 HOAI für die Vorplanung bis zu 17 % und für die Entwurfsplanung bis zu 45 % der Honorare nach § 56 vereinbart werden.
- Bei Umbauten und Modernisierungen von Ingenieurbauwerken und Verkehrsanlagen kann bei einem durchschnittlichen Schwierigkeitsgrad das Honorar um 20 bis 33 % erhöht werden (§ 59 HOAI). Sofern nicht etwas Anderes schriftliche vereinbart wurde, gilt ab einem durchschnittlichen Schwierigkeitsgrad ein Zuschlag von 20 % als vereinbart.
- Bei Instandhaltungen und Instandsetzungen von Ingenieurbauwerken und Verkehrsanlagen kann gemäß § 60 HOAI eine Erhöhung des Prozentsatzes für die Bauoberleitung (Leistungsphase 8, § 55 HOAI) und des Betrages für die örtliche Bauüberwachung nach § 57 HOAI um bis zu 50 % vereinbart werden.

Nebenkosten

Gemäß § 7 HOAI können die für die Ausführung des Auftrages entstehenden Auslagen (Nebenkosten) berechnet werden. Es kann bei Auftragserteilung schriftlich vereinbart werden, dass eine Erstattung der Nebenkosten ganz oder teilweise ausgeschlossen ist. Zu den Nebenkosten gehören nach § 7(2) HOAI:

1. Post- und Fernmeldegebühren,
2. Kosten für Vervielfältigungen von Zeichnungen und von schriftlichen Unterlagen sowie Anfertigung von Filmen und Fotos,
3. Kosten für ein Baustellenbüro einschließlich der Einrichtung, Beleuchtung und Beheizung,
4. Fahrtkosten für Reisen, die über den Umkreis von mehr als 15 Kilometern vom Geschäftssitz des Auftragnehmers hinausgehen, in Höhe der steuerlich zulässigen Pauschalsätze, sofern nicht höhere Aufwendungen nachgewiesen werden,
5. Trennungsentschädigungen und Kosten für Familienheimfahrten nach den steuerlich zulässigen Pauschalsätzen, sofern nicht höhere Aufwendungen an Mitarbeiter des Auftragnehmers aufgrund von tariflichen Vereinbarungen bezahlt werden,
6. Entschädigungen für den sonstigen Aufwand bei längeren Reisen nach Nummer 4, sofern die Entschädigungen vor der Geschäftsreise schriftlich vereinbart worden sind,
7. Entgelte für nicht dem Auftragnehmer obliegende Leistungen, die von ihm im Einvernehmen mit dem Auftraggeber Dritten übertragen worden sind,
8. im Falle der Vereinbarung eines Zeithonorars nach § 6 die Kosten für Vermessungsfahrzeuge und andere Messfahrzeuge, die mit umfangreichen Messinstrumenten ausgerüstet sind, sowie für hochwertige Geräte, die für Vermessungsleistungen und für andere messtechnische Leistungen verwandt werden.

Nebenkosten können nach § 7(3) HOAI pauschal über auf Einzelnachweis abgerechnet werden. Die pauschale Abrechnung der Nebenkosten ist nur möglich, wenn dies bei Auftragserteilung schriftliche vereinbart worden ist.[29]

13.2 Der Bauvertrag

Gegenstand des Bauvertrages sind Bauleistungen. Beim Bauvertrag schuldet der Auftragnehmer die körperliche Herstellung des Bauwerkes.

Vergabe- und Vertragsordnung für Bauleistungen (VOB)

Das Bürgerliche Gesetzbuch (BGB) regelt unter Anderem neben dem Ingenieurvertrag auch den Bauvertrag. Die VOB wurde geschaffen, weil das BGB keine Vorschriften beinhaltet, die auf das Baugeschehen ausgerichtet sind.

Wenn eine Straße, eine Brücke oder ein anderes Verkehrsbauwerk errichtet werden soll, werden von verschiedenen Baufirmen Preise eingeholt, um ein kostengünstiges und wirtschaftliches Angebot zu erhalten. Die öffentlichen Auftraggeber sind zur Ausschreibung von Bauleistungen verpflichtet.

Damit das Einholen der Angebote und die Erteilung von Bauaufträgen einheitlich gehandhabt werden, gelten für die Vergabe öffentlicher Aufträge Vorschriften. Die »Vergabe- und Vertragsordnung für Bauleistungen (VOB)« gliedert sich in drei Teile:

- Teil A, Allgemeine Bestimmung für die Vergabe von Bauleistungen
- Teil B, Allgemeine Vertragsbedingungen für die Ausführung von Bauleistungen
- Teil C, Allgemeine Technische Vertragsbedingungen für Bauleistungen (ATV).

Im Teil A der VOB sind die Methoden geregelt, nach denen Bauleistungen auszuschreiben sind. Folgende Arten der Ausschreibung sind dabei möglich:

- **Öffentliche Ausschreibung**
  Die öffentliche Ausschreibung ist das Verfahren, das in der Regel eingesetzt wird. Nach einer Bekanntmachung können sich beliebig viele Bieter um die Vergabe der Bauleistung bemühen. Ab einer bestimmten Auftragssumme müssen die Bauleistungen europaweit ausgeschrieben werden.
- **Beschränkte Ausschreibung**
  Bei der beschränkten Ausschreibung wird eine begrenzte Zahl von Unternehmen zur Abgabe eines Angebotes aufgefordert. Diese Form der Ausschreibung wird dann gewählt, wenn die Bauleistungen besondere Fachkenntnisse oder Ausstattung erfordern, oder wenn die Ausarbeitung eines Angebots mit einem ungewöhnlich hohen Aufwand verbunden ist.
- **Freihändige Vergabe**
  Ein Auftrag wird nur dann freihändig vergeben, wenn ein bestimmtes Bauverfahren angewendet werden soll, für das nur ein Bewerber in Betracht kommt, eine Leistung besonders dringend zu erledigen ist oder wenn sich die Bauleistung von einer bereits vergebenen Leistung nicht trennen lässt.

Darüber hinaus sind im Teil A Bestimmungen enthalten,

- wie die einzelnen Leistungen zu beschreiben sind
- welche formalen Unterlagen für die Vergabe notwendig sind
- welche Fristen eingehalten werden müssen
- ob Vertragsstrafen und Beschleunigungszuschläge gezahlt werden
- wie die Ausschreibungs- und Vergabeverfahren abzuwickeln sind.

Der Teil A enthält Richtlinien für das Verfahren bei der Vergabe von Bauleistungen. Die dort aufgeführten Bestimmungen können nur als Empfehlungen für das Vergabeverfahren angesehen werden. Es besteht kein Rechtsanspruch darauf, dass der Vertragspartner nach den Allgemeinen Bestimmungen für die Vergabe von Bauleistungen handelt.

Im Teil B werden die »Allgemeinen Vertragsbedingungen für die Ausführung von Bauleistungen» festgelegt. Diese Vertragsbedingungen müssen zwischen den Parteien ausdrücklich vereinbart werden. Erst dann werden sie zum Vertragsinhalt und somit zur Grundlage der rechtlichen Beziehungen.

Der Teil C der VOB ist ebenfalls gesondert zu vereinbaren, es sei denn, Teil B ist als Vertragsgrundlage vereinbart worden. Eine ausdrückliche Vereinbarung von Teil C ist dann nicht erforderlich.

Im Teil C werden für die einzelnen Gewerke in gleich aufgebauten Allgemeinen Technischen Vertragsbedingungen (ATV) die Beziehungen und Probleme der Vertragsparteien, die bei der Ausführung bestehen oder auftreten, geregelt. Sie sind in das Normenwerk eingegliedert.

Damit die Bieter genau kalkulieren können, müssen die einzelnen Leistungen ausführlich beschrieben werden. Diese Beschreibung erfolgt in einem Leistungsverzeichnis (LV).

Vollständig zusammengestellte Ausschreibungsunterlagen (Verdingungsunterlagen) enthalten:

- Vertragsbedingungen
  Allgemeine Vertragsbedingungen (gedruckter Auszug aus VOB/B)
  Zusätzliche Vertragsbedingungen
  Besondere Vertragsbedingungen
  Zusätzliche technische Vertragsbedingungen

- Ergänzende Angaben
  Planunterlagen
  Berechnungen
  Muster und Proben
  Ergebnisse von Bodenuntersuchungen u. a.

- Leistungsverzeichnis

Mit den Zusätzlichen Vertragsbedingungen werden Änderungen und Ergänzungen zu den Allgemeinen Vertragsbedingungen der VOB/B vereinbart, wie z. B. Abnahmeverfahren, Sicherheitsleistungen, Vertragsstrafen. Sie sind eine Ergänzung der Allgemeinen Vertragsbedingungen mit zusätzlichen Bestimmungen.

Die Besonderen Vertragsbedingungen beziehen sich auf das einzelne Bauvorhaben. Sie enthalten spezielle Bestimmungen, die für das jeweilige Bauwerk gelten. Durch die Art des Bauwerks oder durch besondere Voraussetzungen von Auftragnehmer und Auftraggeber können besondere Regelungen erforderlich sein.

Die Zusätzlichen Technischen Vertragsbedingungen ergänzen den Teil C der VOB. Teilweise bestehen besondere Bestimmungen, die vom Auftragnehmer eingehalten werden müssen. So kann z. B. eine Straßenbaubehörde die Einhaltung bestimmter Werte fordern.

Die kompletten Ausschreibungsunterlagen sind Bestandteile des Bauvertrages. Die Preise, die vom Bieter angeboten werden, sind bei der Auftragserteilung die vereinbarte Vergütung.

Außerdem wird das Leistungsverzeichnis Vertragsbestandteil in Bezug auf die Art und Weise des bestellten Werkes.

Die Erstellung eines Leistungsverzeichnisses erfolgt in der Regel mit Hilfe der EDV. Die Straßenbauverwaltung hat dafür den Standardleistungskatalog (STLK) erarbeitet.

Die einzelnen Bewerber erhalten zwei Ausfertigungen des Leistungsverzeichnisses; einmal als Kurztext und einmal als Langtext.

Im Langtext ist jede Position im vollständigen Wortlaut mit allen Einzelheiten enthalten. Bei Widersprüchen und Streitigkeiten bildet er die Vertragsgrundlage.

Im Kurztext werden die einzelnen Leistungen nur stichwortartig beschrieben. Der Bieter trägt hier seine Angebotspreise ein und gibt ihn bis zum Eröffnungstermin bei der ausschreibenden Stelle ab.

Der Gesamtpreis einer Position ergibt sich durch Multiplikation des Einheitspreises mit der ausgeschriebenen Menge. Für spätere Auseinandersetzungen hat es sich als sinnvoll erwiesen, die Anteile des Einheitspreises von Lohn, Material und Sonstigem anzugeben. Um Streitigkeiten über Schreibfehler in Zahlen zu vermeiden, kann die Angabe des Einheitspreises in Worten (EP i.W.) gefordert werden.

Leistungsverzeichnis 9999-05

Leistungsverzeichnis	01 Ausbau Musterstraße	
Bauvorhaben	Ausbau der Musterstraßen von A-Dorf bis B-Stadt	
Bauherr	Gemeinde A-Dorf Hauptstraße 7 12345 A-Dorf	Tel. 0 12 34-5 67 FAX 0 12 34-5 68
Planverfasser	Ingenieurbüro STRABAU Am Markt 6 23456 B-Stadt	Tel. 0 23 45-6 78 FAX 0 23 45-6 79
Bauleitung	Ingenieurbüro STRABAU Am Markt 6 23456 B-Stadt	Tel. 0 23 45-6 78 FAX 0 23 45-6 79
Währung	EUR	
Mehrwertsteuer	16 %	

Wir bitten um Rücksendung der Unterlagen, auch wenn Sie an einer Ausführung nicht interessiert sind. Die Ausschreibungsunterlagen können auf Wunsch auch auf Diskette im GAEB Austauschformat (DA81, DA83) geliefert werden.

Gesamtsumme Brutto EUR

....

(Vor der Prüfung) (Nach der Prüfung)

Der Anbieter erklärt sich sowohl mit der Leistungsbeschreibung, als auch mit den technischen und geschäftlichen Vorbemerkungen einverstanden.

....

(Ort und Datum) (Unterschrift und Stempel)

Leistungsverzeichnis 9999-05 Ausbau der Musterstraße

01 LV Ausbau Musterstraße
01.1 Position Ungeb. Tragschicht herstellen gebroch. Min. 0/45, D=20 cm

01.1 Ungeb. Tragschicht herstellen gebroch. Min. 0/45, D=20 cm
Ungebundene Tragschicht herstellen
für Straßen Bauklassen SV, I bis II
Schotter-Splitt-Brechsand-Gemisch 0/45,
Verformungsmodul EV2 mind. 120 MN/m^2,
Schichtdicke 20 cm.
zulässige Abweichung in der Ebenheit,
gemessen auf ein. 4-Meter Messstrecke +- 2 cm.
Die Einbaudicke wird entsprechend
TP D-StB 89 durch Nivellement bestimmt.

10 000,000 m^2 EP .... GP ....

01.2 Planum f. Sauberkeitsschicht, Breite >5,0 m, Sollhöhe +- 2 cm
Planum herstellen für Sauberkeitsschicht
zulässige Abweichung von der
profilgerechten Sollhöhe +- 2 cm,
Breite über 5,0 m

10 000,000 m^2 EP .... GP ....

01.3 Einrichten, Vorhalten, Räumen
Baustelleneinrichtung
Einrichten und Räumen der Baustelle
sowie Vorhalten der Baustelleneinrichtung
für sämtliche in der
Leistungsbeschreibung aufgeführten
Leistungen.

1,000 psch EP .... GP ....

01.4 Planum herstellen für Auf-/Abtrag bis 5 cm, Abweichung +-3 cm
Planum wiederherstellen
zur Aufnahme einer ungebundenen
Tragschicht,
Auf- und Abtrag bis 5 cm, zulässige
Abweichung von der Nennhöhe +- 3 cm.
überschüssigen Boden seitlich lagern,

10 000,000 m^2 EP .... GP ....

01.5 Frostschutzschicht Baukl. I-IV Kies-Sand-Gemisch, D=35 cm
Frostschutzschicht herstellen
für Straßen Bauklassen I bis IV
Kies-Sand-Gemisch 0/32,
Verformungsmodul EV2 mind. 80 MN/m²,
Schichtdicke 35 cm.
zulässige Abweichung in der Ebenheit,
gemessen auf 4-Meter Messstrecke +- 3 cm.
Die Einbaudicke wird entsprechend
TP D-StB 89 durch Nivellement bestimmt.
Abrechnung nach Auftragsprofilen.

3500,000 m³ EP .... GP ....

01.6 Ungeb. Tragschicht herstellen gebroch. Min. 0/45, D=20 cm
Ungebundene Tragschicht herstellen
für Straßen Bauklassen SV, I bis II
Schotter-Splitt-Brechsand-Gemisch 0/45,
Verformungsmodul EV2 mind. 120 MN/m²,
Schichtdicke 20 cm.
zulässige Abweichung in der Ebenheit,
gemessen auf ein. 4-Meter Messstrecke +- 2 cm.
Die Einbaudicke wird entsprechend
TP D-StB 89 durch Nivellement bestimmt.

10 000,000 m² EP .... GP ....

01.7 Asphaltbinder einbauen B 65, 0/16 d=8 cm
Asphaltbinder einbauen
für Straßen Bauklassen I bis IV
Mischgut 0/16, Schichtdicke 8 cm,
Bindemittel B 65 DIN 1995 Teil 1.
Gesteinsart: Basalt-Diabas-Edelsplitt.
Mineralstoff: Edelbrechsand aus
Gesteinsart – Füller
die Mitverwendung von Asphaltgranulat
ist bis zu 25 Gew.% zulässig
Die anteilige Zusammensetzung der Zuschlagstoffe sowie des
Bindemittelanteils erfolgt nach vom AN zu erbringender Eignungsprüfung.
Der AN hat rechtzeitig vor dem Einbau die Zustimmung des AG einzuholen.
zulässige Abweichung in der Ebenheit, gemessen auf einer
4-Meter Messstrecke +- 1 cm.
Die Einbaudicke wird nach dem elektromagnetischen Verfahren bestimmt.
Rand mit Neigung 2:1 herstellen.
Abgerechnet wird die für diese Schicht
geforderte Breite bis zur Mitte der Randausbildung.

10 000,000 m² EP .... GP ....

01.8 Gussasphaltdeckschicht einbauen B 65 mit Naturasphalt, 0/8, d=3,5 cm
Gussasphalt für Deckschichten im
Handeinbau herstellen
Die Bearbeitung d. Gussasphaltoberfläche
wird gesondert vergütet.
für Straßen Bauklassen I bis IV
Mischgut 0/8, Schichtdicke 3,5 cm,
Bindemittel B 65 DIN 1995 Teil 1 mit
2 Gew.% Naturasphalt.
Gesteinsart: Grauwacke-Edelsplitt.
Mineralstoff: Edelbrechsand aus
Gesteinsart – Füller
die Mitverwendung von Asphaltgranulat
ist nicht zulässig.
Die anteilige Zusammensetzung der
Zuschlagstoffe sowie des Bindemittelanteils erfolgt nach vom AN zu
erbringender Eignungsprüfung.
Der AN hat rechtzeitig vor dem Einbau
die Zustimmung des AG einzuholen.
Die Einbaudicke wird entsprechend
TP D-StB 89 durch Abstandsmessung mit
Schnur bestimmt.
Rand mit Neigung 2:1 herstellen.
Abgerechnet wird die für diese Schicht
geforderte Breite bis zur Mitte der
Randausbildung.

10 000,000 m^2 EP .... GP ....

Leistungsverzeichnis 9999-05 Ausbau der Musterstraße

01 LV Ausbau Musterstraße

Zusammenfassung der Gliederungspunkte

Gesamt ____________

MWSt.(16 %) ____________

inkl. MWSt. ____________

Bevor ein Leistungsverzeichnis erstellt werden kann, müssen zunächst die auszuschreibenden Teilleistungen anhand der vorliegenden Pläne tabellarisch ermittelt werden.

Die Aufstellung eines Leistungsverzeichnisses erfolgt in einzelnen Arbeitsschritten:

- Auflistung der auszuschreibenden Teilleistungen
- Ausarbeitung der vollständigen Leistungstexte
- überschlägige Mengenermittlung
- Leistungstexte mit Mengen schreiben oder Eingabe von Mengen und Schlüssel-Nummern zum Ausdruck in die EDV.

Eine überschlägige Mengenermittlung ist ausreichend, da nach Beendigung der Arbeiten die tatsächlich ausgeführten Leistungen abgerechnet werden. Die Abweichung der ausgeschriebenen und tatsächlichen Mengen sollte unter der 10%-Grenze liegen, da Abweichungen von mehr als 10% zu Änderungen des Einheitspreises berechtigen.

Das Angebotsverfahren beginnt mit der Entgegennahme der Ausschreibungsunterlagen, die entweder zugesandt oder gegen eine geringe Gebühr abgeholt werden. Das Verfahren endet mit der Abgabe des Angebots bis zum Eröffnungstermin (Submission). Hierbei werden die Endsummen der Angebote in der Reihenfolge ihres Eingangs vorgelesen. Jeder Bieter (oder ein Vertreter) kann an diesem Termin teilnehmen.

Die einzelnen Angebote werden nachgerechnet und geprüft. Innerhalb der Zuschlagsfrist ist der Auftrag (Zuschlag) an den »günstigsten« Bieter zu erteilen; das heißt, dass nicht unbedingt der »billigste« Bieter den Zuschlag bekommt.

Mit der Öffnung und Verlesung der Angebote bleibt der Bieter an sein Angebot gebunden. Er ist im Falle eines Zuschlags verpflichtet, die Arbeiten zu den Vertragsbedingungen und den angebotenen Preisen auszuführen.

Bauausführung

Der Auftragnehmer hat die Leistungen zügig und ohne Mängel durchzuführen und auch für die Sicherheit auf der Baustelle zu sorgen. Hierzu gehört auch die Baustellenabsicherung und die Verkehrsregelung, die mit der zuständigen Straßenverkehrsbehörde abzustimmen ist.

Die sachgerechte Herstellung wird während der Baudurchführung durch die Bauüberwachung des Auftraggebers kontrolliert. Wenn Fehler auftreten, wird die Bauleitung der Firma aufgefordert, diese zu beseitigen. Nur bei Gefahr im Verzug ist der Auftraggeber weisungsbefugt gegenüber den Mitarbeitern der Baufirma.

Während der laufenden Maßnahme werden alle Maße und Mengen aufgenommen, die später durch andere Schichten verdeckt werden. Diese Aufmaße sind von Auftragnehmer und Auftraggeber gemeinsam zu nehmen und zu unterschreiben. Sie bilden die Grundlage für Abschlagsrechungen und für die Schlussrechnung.

Mit der Schlussrechnung werden dem Auftraggeber alle Aufmaße und Berechnungsunterlagen, wie Querprofile, Lieferscheine oder Nachweise über geleistete Stundenlohnarbeiten übergeben.

Durch die ständige Fortführung der Aufmaße ist zu jeder Zeit der tatsächliche Baufortschritt erkennbar und Abschlagszahlungen können einfacher abgerechnet werden.

Auch Kostenüberschreitungen sind so leichter zu erkennen und können korrigiert werden.

Für die Fälligkeit der Schlussrechnung müssen einige Voraussetzungen erfüllt werden:

- die Leistung muss fertiggestellt und abgenommen sein
- eine prüffähige Schlussrechnung muss eingereicht werden
- die Rechnung muss geprüft worden sein oder die Prüfungsfrist muss abgelaufen sein.

Im Leistungsverzeichnis sind alle Arbeiten, die auszuführen sind, aufgeführt. Um zu gewährleisten, dass die geforderte Qualität eingehalten wird, sind laufende Kontrollen und Prüfverfahren erforderlich. Die geforderten Werte sind Vertragsbestandteil und in mehreren Zusätzlichen Vertragsbedingungen festgeschrieben, wie z. B. ZTVE-StB.

Für den Auftraggeber sind die Prüfungen ein wichtiger Bestandteil der Bauüberwachung, auf den nicht verzichtet werden darf.

Für den Auftragnehmer sind diese Prüfungen wichtig, da er so einen Überblick über die Qualität seiner Leistung erhält und, soweit erforderlich, entsprechende Maßnahmen durchführen kann, wenn die geforderten Werte nicht erreicht werden.

Einzelheiten über den Bauablauf werden im sogenannten Bautagebuch täglich dokumentiert. Es enthält z. B. Angaben über:

- Wetter
- Grundwasserstand (soweit erforderlich)
- tägliche Leistung der Auftragnehmer und die Zahl der beschäftigten Mitarbeiter (Poliere, Schachtmeister, Facharbeiter, Hilfsarbeiter)
- geleistete Stundenlohnarbeiten
- Einsatz von Großgeräten
- Eingang von Bauteilen und Baustoffen
- Beschaffenheit des Baugrundes
- genommene Proben und durchgeführte Prüfungen
- Unterbrechung und Verzögerung der Arbeiten und ihre Ursachen
- außergewöhnliche Ereignisse z. B. Unfälle
- mündliche Weisungen von Vorgesetzten.

Abnahme

Die Abnahme der fertigen Bauleistung gehört zu den Hauptpflichten des Auftraggebers. In der VOB/B sind die folgenden Abnahmeformen aufgeführt:

- **tatsächliche (förmliche) Abnahme**
  In der Regel erfolgt eine gemeinsame Begehung mit dem Auftragnehmer, bei der die Baumaßnahme auf ihre vertragsgemäße Ausführung geprüft wird.

- **stillschweigende (konkludente) Abnahme**
  Durch ein bestimmtes Handeln des Auftraggebers kann die Abnahme der Leistung vorausgesetzt werden, z. B. bedenkenloser Einzug in das Gebäude, Zahlung der Sicherheitsleistung,

- **fiktive Abnahme**
  Die Leistung gilt mit Ablauf von 12 Werktagen nach schriftlicher Mitteilung der Fertigstellung als abgenommen. Die Einreichung der Schlussrechnung wird dabei als Mitteilung der Fertigstellung betrachtet.

Die Leistung oder Teile der Leistung gelten nach Ablauf von 6 Werktagen nach Beginn der Benutzung als abgenommen. Die Benutzung von Teilen einer Baumaßnahme zur Fortführung der Arbeiten gilt nicht als Abnahme.

Mit der Abnahme werden wichtige Bestimmungen wirksam:

- Beginn der Verjährungsfrist
- Fälligkeit der Vergütung
- Verwirkung der Vertragsstrafe bei vorbehaltloser Abnahme
- Übergang der Gefahr auf den Auftraggeber
- Umkehr der Beweislast.

Gewährleistung

Die Gewährleistung ist eine Pflicht des Auftragnehmers. Er verbürgt sich dafür, dass die von ihm erbrachte Leistung in der zugesicherten Qualität erbracht worden ist.

Es besteht das Risiko, dass ein Mangel erst nach einer gewissen Frist festgestellt wird. Deshalb wird der Auftragnehmer verpflichtet, eine bestimmte Zeit nach der Fertigstellung der Maßnahme für die Mängelfreiheit der Maßnahme Gewähr zu leisten. Mit der Abnahme beginnt die Gewährleistungsfrist, d.h. der Zeitraum, in dem der Auftragnehmer sich für die Mängelfreiheit der Maßnahme verbürgt. Dies sind in der Regel fünf Jahre, falls im Vertrag nichts anderes vereinbart wurde.

Treten innerhalb der Gewährleistungsfrist Mängel auf, hat der Auftragnehmer diese innerhalb einer gesetzten Frist auf seine Kosten zu beseitigen. Wenn der Auftragnehmer der Aufforderung zur Mängelbeseitigung nicht nachkommt, kann der Auftraggeber diese entweder selbst oder durch Dritte beseitigen. In diesem Fall kann er den Ersatz der dafür angefallenen Aufwendungen vom Auftragnehmer verlangen. Der Ersatz dieser Aufwendungen kann in einer Klage gegen den Auftragnehmer geltend gemacht werden.

Der Auftraggeber kann einen bestimmten Betrag der Baukosten als »Sicherheit« einbehalten. Nach Ablauf der Gewährleistungsfrist kann dieser Betrag dann vom Auftragnehmer in Rechnung gestellt werden.

Literaturverzeichnis

[1] MARCUS VITRUVIUS POLLIO, »Zehn Bücher über Architektur«, übersetzt und erläutert von Jakob Prestel 3. Auflage 1987, Verlag Valentin Koerner, Baden-Baden, Seite 38

[2] »Neue Enzyklopädie des Wissens« Die Technik 1987, Genehmigte Lizenzausgabe für Weltbild Verlag GmbH, Augsburg Titel der Originalausgabe: THE JOY OF KNOWLEDGE, T. M. Mitchell Beazley Encyclopaedias, London, England

[3] Prof. Dipl.-Ing. Wolfgang Pietzsch, Prof. Dipl.-Ing. Günter Wolf »Straßenplanung«. 6. Auflage 2000, Werner Verlag Düsseldorf

[4] »Raumordnungsgesetz (ROG)« vom 18. August 1997 (BGBl. I S. 2081, 2102), zuletzt geändert durch Gesetz vom 24.06.2004 (BGBl. I S.1359)

[5] »Empfehlung für die Anlage von Hauptverkehrsstraßen (EAHV 93)«. Forschungsgesellschaft für Straßen- und Verkehrswesen, Köln, Kirschbaum-Verlag 1993

[6] »Gesetz über die Umweltverträglichkeitsprüfung (UVPG)« in der Fassung vom 5. September 2001 (BGBL. I S. 2350). zuletzt geändert durch Art. 3 des Gesetztes vom 24.06.2004 (BGBl. I S. 1359)

[7] »Gesetz über Naturschutz und Landespflege (Bundesnaturschutzgesetz – BNatSchG) vom 25. März 2002 (BGBL. I S. 1193), zuletzt geändert durch Art. 5 des Gesetzes vom 24.06.2004 (BGBl. I S. 1359)

[8] »Richtlinien für die Gestaltung von einheitlichen Entwurfsunterlagen im Straßenbau«. Forschungsgesellschaft für Straßen- und Verkehrswesen, Köln. Kartograph. Institut u. Verlag König, 1985

[9] »Bundesfernstraßengesetz (FStrG)« in der Fassung vom 20. Februar 2003 (BGBl. I S. 286)

[10] »Richtlinien für die Planfeststellung nach dem Bundesfernstraßengesetz (PlafeR 02) – Planfeststellungsrichtlinien« vom 18. Juni 2003 (Abl. Nr. 29 vom 23.07.2003 S. 670)

[11] »Richtlinien für die Anlage von Straßen, Teil: Leitfaden für die funktionale Gliederung des Straßennetzes (RAS-N 88)«. Forschungsgesellschaft für Straßen- und Verkehrswesen, Köln, Ausgabe 1988

[12] Wolfgang Mensebach, »Straßenverkehrsplanung, Straßenverkehrstechnik«. Werner Verlag Düsseldorf, 4. Auflage 2004

[13] »Richtlinien für die Anlage von Straßen, Teil: Linienführung (RAS-N 95)«. Forschungsgesellschaft für Straßen- und Verkehrswesen, Köln Ausgabe 1995

[14] Henning Natzschka, »Straßenbau Entwurf und Bautechnik«, 1997, Teubner Verlag, Stuttgart

[15] »Richtlinien für die Anlage von Straßen, Teil: Querschnittsgestaltung (RAS-Q 96)«. Forschungsgesellschaft für Straßen- und Verkehrswesen, Köln Ausgabe 1996

[16] »Richtlinien für die Anlage von Straßen, Teil: Knotenpunkte, Abschnitt 1: plangleiche Knotenpunkte. Forschungsgesellschaft für Straßen- und Verkehrswesen, Köln Ausgabe 1988

[17] Dietrich Richter, »Baufachkunde Straßenbau und Tiefbau«. 8. Auflage, Teubner Verlag Stuttgart, Leipzig, Wiesbaden, Dez. 2000

[18] »Richtlinien für den Lärmschutz an Straßen (RLS 90)«. Forschungsgesellschaft für Straßen- und Verkehrswesen, Köln, Vertrieb 1992

[19] »Empfehlungen für die Anlage von Erschließungsstraßen (EAE 85/95)«. Forschungsgesellschaft für Straßen- und Verkehrswesen, Köln Ausgabe 1985, ergänzte Fassung 1995

[20] »Richtlinien für die Anlage von Landstraßen, Abschnitt 2: planfreie Knoten (RAL-K-2)«. Forschungsgesellschaft für Straßen- und Verkehrswesen, Köln, Ausgabe 1993

[21] ANDREA PALLADIO, »Die vier Bücher zur Architektur«, nach der Ausgabe Venedig 1570, »I QUATTRO LIBRI DELL'ARCHITETTURA aus dem Italienischen übertragen und herausgegeben von Andreas Beyer und Ulrich Schütte, 4. Auflage 1993 Artemis Verlags-AG, Zürich, Seite 217

[22] Prof. Dr.-Ing. Siegfired Velske, Prof. Dr.-Ing. Horst Mentlein, Prof. Dr.-Ing. Peter Eyman, »Straßenbautechnik«, 5. Auflage 2002, Werner Verlag GmbH & Co. KG, Düsseldorf

[23] Prof. Dr.-Ing. Edeltraud Straube, Prof. Dr.-Ing. Hartmut Beckedahl, »Straßenbau und Straßenerhaltung«, 4. Auflage 1997, Erich Schmidt Verlag GmbH & Co., Berlin

[24] »Zusätzliche Technische Vertragsbedingungen und Richtlinien für Erdarbeiten im Straßenbau (ZTVE-StTB 94/97)«. Forschungsgesellschaft für Straßen- und Verkehrswesen, Köln, 2. Auflage, Fassung 1997

[25] »Zusätzliche Technische Vertragsbedingungen und Richtlinien für Tragschichten im Straßenbau (ZTV T-StB 95)«. Forschungsgesellschaft für Straßen- und Verkehrswesen, Köln, Ausgabe 1995

[26] Lothar Pesch, Peter Schmincke »Straßenbau heute«, Vorgefertigte Beton-Bauteile, Bundesverband der Deutschen Zementindustrie, Köln, Beton-Verlag GmbH, Düsseldorf

[27] »Leistungsheft für den Straßenbetriebsdienst auf Bundesfernstraßen«. Verband deutscher Straßenwärter, Köln, Version 1.1, Stand: 05.04.2004

[28] »Bürgerliches Gesetzbuch (BGB)« §§ 145 ff. 50. Auflage 2001, Deutscher Taschenbuch Verlag GmbH & Co. KG, München

[29] »Verordnung über die Honorare für Leistungen der Architekten und Ingenieure (Honorarordnung für Architekten und Ingenieure) (HOAI)«, vom 17. September 1976 (BGBl. I S. 2805, 3616), in der Fassung vom 21. September 1995 (BGBl. I S. 1174), zuletzt geändert durch Art. 8 des Neunten Euro-Einführungsgesetzes v. 10.11.2001 (BGBl. I S.2994)

[30] »Vergabe- und Vertragsordnung für Bauleistungen Teil A (VOB/A) – Teil B (VOB/B)«. Ausgabe 2002, In der Fassung der Bekanntmachung vom 12.09.2002 (BAnz. Nr. 202, S. 24057)

Sachregister